智能制造技术基础

主　编　王进峰
副主编　李　林　花广如　姚建涛
参　编　王会强　储开宇　周吉宇　孔祥广　祁复功
主　审　范孝良

ZHEJIANG UNIVERSITY PRESS
浙江大学出版社
·杭州·

图书在版编目（CIP）数据

智能制造技术基础 / 王进峰主编 . — 杭州 ：浙江
大学出版社，2022.11
ISBN 978-7-308-22803-9

Ⅰ.①智… Ⅱ.①王… Ⅲ.①智能制造系统 Ⅳ.
①TH166

中国版本图书馆 CIP 数据核字(2022)第 116613 号

智能制造技术基础
ZHINENG ZHIZAO JISHU JICHU

王进峰　主编

责任编辑	吴昌雷	
责任校对	王　波	
封面设计	卞艺瑾	
出版发行	浙江大学出版社	
	（杭州市天目山路 148 号　邮政编码 310007）	
	（网址：http：//www.zjupress.com）	
排　　版	杭州朝曦图文设计有限公司	
印　　刷	杭州杭新印务有限公司	
开　　本	787mm×1092mm　1/16	
印　　张	20.25	
字　　数	481 千	
版印次	2022 年 11 月第 1 版　2022 年 11 月第 1 次印刷	
书　　号	ISBN 978-7-308-22803-9	
定　　价	49.00 元	

序

　　制造活动是人类进化和生产活动中永恒的主题,是人类文明建立和发展的基础。制造业是国家的支柱产业,在国民经济中占有重要的地位。而机械制造业是制造业最主要的组成部分,包括了机械产品的开发、设计、制造、装配、销售、服务和回收的全过程。机械制造业能力的提高,对整个国民经济的发展、科技和国防实力的提高都将产生直接的作用和影响,是衡量一个国家综合国力的重要指标。

　　从历史的维度考查,机械制造业的发展主要经历了4个重要阶段。第一阶段是蒸汽机的使用。从蒸汽机的发明,到1776年瓦特改良了蒸汽机使之应用于工业领域,蒸汽机推动了机械工业甚至社会的发展,解决了大机器生产中最关键的问题,即从手工劳动向动力机器生产转变。因此,蒸汽机的改良是促成第一次工业革命的主要原因之一。

　　第二阶段是电动机的大规模使用。1873年,比利时人格拉姆发明大功率电动机,机床开始采用电动机集中驱动,从此被大规模用于工业生产。从1920—1950年的30年间,机械制造技术进入了半自动化时期,液压和电气元件在机床和其他机械上逐渐得到了应用。而电动机在工业领域的广泛使用,促成了世界工业技术发展中心从英国移向美国。

　　第三阶段是信息技术的发展和应用。在数控加工领域,1951年,第一台电子管数控机床样机研制成功,解决了多品种小批量复杂零件加工的自动化问题。以后,一方面数控原理从铣床扩展到镗铣床、钻床和车床,另一方面,数控元件则从电子管向晶体管、集成电路方向过渡。1958年,第一台能进行多工序加工的加工中心诞生。1968年,世界上第一条数控生产线诞生。20世纪70年代中期,出现了自动化车间和自动化工厂。1970年至1974年,由于小型计算机广泛应用于机床控制,出现了两次技术突破。第一次是直接数字控制器,使一台小型电子计算机同时控制多台机床,即群控;第二次是计算机辅助设计,用一支光笔进行设计和修改设计方案及计算程序。信息技术等新兴科学技术在机械制造业的持续渗入,使得制造业也全面进入了信息化时代,其影响持续至今。

　　20世纪80年代,产品性能的复杂化和功能的多样性,使其包含的制造信息量猛增,导致了生产线与设备内部信息流量的增长,制造系统由能量驱动型转变为信息驱动型。这一时期是以"智能化"为典型特征的制造系统发展的萌芽时期。进入21世纪以来,世界主要国家都非常重视制造业发展战略。2012年,美国提出"先进制造业国家战略计划"。2013年,德国政府宣布启动"工业4.0"国家级战略规划。2014年,日本发布制造业白皮书,提出重点发展机器人和下一代清洁能源汽车等技术。2015年,李克强总理在做政府工作报告时,首次提出"中国制造2025"战略规划。随着新一代信息技术与先进制造技术的深度融合,以"智能化"为典型特征的智能制造是目前机械制造业发展的重点,也是第四次工业革命迸发的潜在动力。

那么什么是智能制造呢?科技部2012年3月发布的《智能制造科技发展"十二五"专项规划》指出,智能制造技术是在现代传感技术、网络技术、自动化技术等先进技术的基础上,通过智能化的感知、人机交互、决策和执行技术,实现设计过程、制造过程和制造装备智能化,是信息技术和智能技术与装备制造技术的深度融合与集成。因此,智能制造技术是指一种利用计算机模拟制造专家的分析、判断、推理、构思和决策等智能活动,并将这些智能活动与智能机器有机融合,使其贯穿应用于制造企业的各个子系统(如经营决策、采购、产品设计、生产计划、制造、装配、质量保证和市场销售等)的先进制造技术。该技术能够实现整个制造企业经营运作的高度柔性化和集成化,取代或延伸制造环境中专家的部分脑力劳动,并对制造业专家的经验信息进行收集、存储、完善、共享、继承和发展,从而极大地提高生产效率。

工信部在2016年发布的《智能制造发展规划(2016—2020年)》中将智能制造明确定义为:"智能制造是基于新一代信息通信技术与先进制造技术深度融合,贯穿于设计、生产、管理、服务等制造活动的各个环节,具有自感知、自学习、自决策、自执行、自适应等功能的新型生产方式。"

路甬祥院士曾对智能制造给出定义:智能制造是"一种由智能机器和人类专家共同组成的人机一体化智能系统,它在制造过程中能进行智能活动,诸如分析、推理、判断、构思和决策等,通过人与智能机器的合作共事,去扩大、延伸和部分地取代人类专家在制造过程中的脑力劳动,它把制造自动化的概念更新、扩展到柔性化、智能化和高度集成化"。

李培根院士曾给出智能制造及智能制造系统的极简定义:"智能制造:把机器智能融合于制造的各种活动中,以满足企业相应的目标"。"智能制造系统:把机器智能融入包括人和资源形成的系统中,使制造活动能够动态地适应需求和制造环境的变化,从而满足系统的优化目标"。

《中国制造2025》指出:按照国家战略布局要求,实施制造强国战略,加强统筹规划和前瞻部署,到2020年,我国要基本实现工业化,这是第1个百年目标;到2050年实现第2个百年目标,迈入世界工业强国的前列。其指导思想为:全面贯彻党的十八大和十八届二中、三中、四中全会精神,坚持走中国特色新型工业化道路,以促进制造业创新发展为主题,以提质增效为中心,以加快新一代信息技术与制造业深度融合为主线,以推进智能制造为主攻方向,以满足经济社会发展和国防建设对重大技术装备的需求为目标,强化工业基础能力,提高综合集成水平,完善多层次多类型人才培养体系,促进产业转型升级,培育有中国特色的制造文化,实现制造业由大变强的历史跨越。

总体而言,中国制造2025可以概括为"一二三四五五十"的总体结构。

"一",就是从制造业大国向制造业强国转变,最终实现制造业强国的一个目标。

"二"，就是通过两化融合发展来实现这一目标。党的十八大提出了用信息化和工业化两化深度融合来引领和带动整个制造业的发展，这也是我国制造业所要占据的一个制高点。"三"，就是要通过"三步走"的战略，大体上每一步用10年左右的时间来实现我国从制造业大国向制造业强国转变的目标。"四"，就是确定了四项原则。第一项原则是市场主导、政府引导。第二项原则是既立足当前，又着眼长远。第三项原则是全面推进、重点突破。第四项原则是自主发展和合作共赢。"五五"，就是有两个"五"。第一就是有五条方针，即创新驱动、质量为先、绿色发展、结构优化和人才为本。还有一个"五"就是实行五大工程，包括制造业创新中心建设工程、强化基础工程、智能制造工程、绿色制造工程和高端装备创新工程。"十"，就是十大领域，包括新一代信息技术产业、高档数控机床和机器人、航空航天装备、海洋工程装备及高技术船舶、先进轨道交通装备、节能与新能源汽车、电力装备、农机装备、新材料、生物医药及高性能医疗器械等10个重点领域。

具体的内容，参考以下网址的内容：http://www.cm2025.org/list 23 1.html.

为了贯彻落实《中国制造2025》，相关部委先后出台了多项指南文件，指导智能制造相关工程的落地。例如，《智能制造工程实施指南(2016—2020)》《国家智能制造标准体系建设指南》(2015版、2018版、2021版)等。

但是，智能制造是先进制造技术与新一代信息技术的深度融合，贯穿于产品、制造、服务全生命周期的各个环节，以及相应系统的优化集成，实现制造的数字化、网络化、智能化，不断提升企业的产品质量、效益和服务水平，推动制造业创新、绿色、协调、开放和共享发展。数十年来，智能制造在实践演化中形成了许多不同的路线，包括精益生产、柔性制造、并行工程、敏捷制造、计算机集成制造、网络化制造、云制造、智能化制造等，在指导制造业智能化转型中发挥了积极作用。因此，数字化制造是智能制造的基础，贯穿于智能制造的全部发展历程。因此，智能制造的转型升级，可以加速，但是不能跨越数字化制造。

经过新中国成立以来70多年的发展，我国已经在装备制造业、航空航天、高速铁路、深海工程等领域内取得了突破性的进展。航天器的发展水平，不仅是衡量一个国家科技发展综合水平的重要标志，也是衡量高端装备、机械制造业水平的重要标志。1999年11月，"神舟一号"成功发射。2003年10月，"神舟五号"第一次完成了载人飞行，杨利伟成为浩瀚太空的第一位中国访客。2007年10月24日，探月工程"嫦娥一号"成功发射升空，前往月球。2008年9月，翟志刚穿着我国自主研制的"飞天"舱外航天服，迈出了中国人在浩瀚太空中的第一步，中国航天史上的又一个里程碑就此诞生，我国成为世界上第三个掌握出舱技术的国家。2011年，我国第一个空间实验室"天宫一号"顺利发射，而后，神舟八号成功完成了与"天宫一号"的交会对接。2012年6月，由景海鹏、刘旺和刘洋组成的神九飞行乘组第一次实现"神舟九号"与"天宫一号"的载人对接。2013年12月14日，"嫦娥三号"成功在月球表面软着陆。2019年1月3日，"嫦娥四号"探测器成功登陆月球，这是人类探测器首次造访月球背面，是航天事业发展的一座里程碑。2021年5月15日7时18分，"天问一号"着陆器顺利降落在火星乌托邦平原。

2022年6月5日，中国空间站进入全面建造阶段。在中国载人航天工程立项30周年之际，长征二号F遥十四运载火箭成功发射，将"神舟十四号"载人飞船和航天员陈冬、刘洋、蔡旭哲送入太空。任务期间将完成中国空间站在轨组装建造，建成国家太空实验室，这意味着历经30年，中国载人航天事业即将迎来空间站建成时刻，完成几代航天人的梦想。

随着《中国制造2025》强国战略的逐渐深入，必将会有很多优秀的团队和人才涌现而出，为了我国制造业和制造技术的发展，为中华民族的复兴，砥砺前行、拼搏奋斗，也必将诞生更多、更强的大国重器。

前　言

制造活动是人类进化和生产活动中永恒的主题,是人类文明建立和发展的基础。制造业是国家的支柱产业,在国民经济中占有重要的地位。随着新一代信息技术与先进制造技术的深度融合,以"智能化"为典型特征的智能制造是目前制造业和制造技术发展的重点,也是第四次工业革命迸发的潜在动力。

在我国"中国制造2025"的国家战略下,大力发展智能制造,是实现我国制造业,乃至综合国力,由大变强的必经之路。在此背景下,我国制造企业在国家相关政策指引下,竭尽全力奔赴智能制造。因此,企业急需大批智能制造方面的专业技术人员。自2017年,同济大学等首批四所大学开设智能制造工程专业以来,已经有265所高校申报、开设智能制造工程专业,为我国制造业的智能化转型升级提供源源不断的优秀人才。

为了适应智能制造工程专业技术人才培养的需要,教材编写工作组筹划了"智能制造技术基础""智能制造系统建模与仿真""工业大数据与云计算"等多门课程,并组织编写相关教材。《智能制造技术基础》教材的构思,主要是基于以下几方面的考虑。

(1)在思政建设方面,一方面,通过"中国制造2025"国家战略的引入,引导学生学习《智能制造工程实施指南》《国家智能制造标准体系建设指南》等资料,深刻理解我国在大力发展智能制造方面的举措,激发学生投身我国智能制造建设的斗志和热情,另一方面,深度融入我国制造业发展历史中的名人轶事,例如,倪志福的"群钻"、神舟飞船、天问1号、奋斗者号等国之重器关键装备研发过程中诞生的核心技术及光辉团队。

(2)在内容覆盖方面,制造系统和技术的发展经历了基础制造、数字化制造、网络化制造三个发展阶段。这三个发展阶段,是发展智能制造的必经之路,可以加速发展,但是不可缺席。因此,发展智能制造,离不开基础制造的支撑、数字化制造的骨架、网络化制造的丰满。内容覆盖方面的整体构思是基础制造＋数字化制造,这构成了智能制造的基础。因此,教材的内容覆盖了基础制造技术和数字化制造技术。基础制造技术侧重于面向机械制造冷加工方面的基础知识和理论、基本方法。数字化制造技术则侧重于数字化技术与工艺规划、质量分析和切削加工的高阶融合。

(3)在章节安排方面,既考虑了制造技术生命周期各知识点的内在联系,又遵循了基础知识、高阶知识前后贯通、延续递阶的原则,同时又强调以解决"复杂机械制造问题"为目标的工程教育思想的培养。基础制造技术包含了五章内容,依次为:切削机床及加工方法、切削过程及控制方法、工件定位原理与夹具设计、机械加工工艺规程设计、机械制造质量分析与控制。数字化制造技术包含三章内容,分别对应:计算机辅助工艺规划、计算机辅助质量控制,以及数控加工与编程。

本书的体系架构体现了思政、基础、系统、高阶、实用的特点,既可以作为高等院校智能制造工程、机械工程等机械类专业的教材使用,又可供相关工程技术人员参考使用。

本书由华北电力大学王进峰主编,参与编写的人员还包括:燕山大学姚建涛,河北农业大学王会强,华北电力大学李林、花广如、储开宇、周吉宇、孔祥广、祁复功。吴盛威、张佳祥两位研究生参与编写和修订了书中部分图、表、公式。全书最终由王进峰统稿。

感谢中国高等教育学会工程教育专委会、教育部高等教育司产学合作协同育人项目、全国高等院校计算机基础教育研究会对本书出版的支持,感谢吴昌雷编辑为本书顺利出版所做的卓有成效的工作。感谢浙江大学出版社为此教材出版所做的重大贡献。

由于编者水平有限,书中缺点和错误在所难免,敬请读者批评指正。

编者

2022年6月

目　录

第1章　切削机床及加工方法 ···1

1.1　概　述 ···1

1.1.1　机床的基本组成 ·····································1

1.1.2　机床的技术性能 ·····································2

1.1.3　金属切削机床的分类和型号的编制 ···············3

1.2　金属切削机床及刀具 ·······································7

1.2.1　机床运动分析 ·······································7

1.2.2　车削与车削机床 ····································10

1.2.3　铣削与铣削机床 ····································12

1.2.4　钻削与钻削机床 ····································21

1.2.5　镗削与镗削机床 ····································28

思考与练习题 ···30

第2章　切削过程及控制方法 ··31

2.1　切削加工基本知识 ···31

2.1.1　切削运动及切削参数 ································31

2.1.2　刀具几何角度 ······································34

2.1.3　刀具材料及其选择 ··································41

2.2　切削变形过程 ···47

2.2.1　切屑的形成及切削变形程度 ·······················47

2.2.2　切屑受力分析 ······································50

2.2.3　积屑瘤的形成及其对切削过程的影响 ···············51

2.2.4　切屑类型及其控制 ··································53

2.3　切削力和切削温度 ···55

2.3.1　切削力 ··55

2.3.2　切削热及切削温度 ··································61

2.4 刀具磨损和刀具耐用度 ···66

  2.4.1 刀具磨损 ···66

  2.4.2 刀具耐用度 ···70

2.5 工件材料的切削加工性 ···71

2.6 切削用量的选择 ···73

思考与练习题 ···73

第3章 工件定位原理与夹具设计 ···75

3.1 机床夹具概述 ···75

3.2 机床夹具定位机构的设计 ···82

  3.2.1 工件定位的基本原理 ···82

  3.3.2 常见的定位方式及其定位元件 ···89

  3.3.3 定位误差的分析与计算 ···96

3.3 机床夹具夹紧装置的设计 ···105

  3.3.1 夹紧装置的组成 ···106

  3.3.2 夹紧力的确定 ···106

思考与练习题 ···111

第4章 机械加工工艺规程设计 ···115

4.1 概　述 ···115

  4.1.1 生产过程与工艺过程 ···115

  4.1.2 机械加工工艺规程及工艺过程 ···118

4.2 工艺路线的拟定 ···122

  4.2.1 定位基准的选择 ···122

  4.2.2 加工方法和加工阶段 ···126

  4.2.3 工序数目与工序顺序 ···134

4.3 机械加工工序的设计 ···138

  4.3.1 机床设备与工艺装备的选择 ···138

  4.3.2 加工余量的确定 ···139

  4.3.3 工序尺寸及公差的确定 ···143

  4.3.4 工艺尺寸链的解算 ···144

  4.3.5 编制机械加工工艺文件 ···156

思考与练习题 ···159

第5章 机械制造质量分析与控制 ···162

5.1 概　述 ···162

5.2 机械加工精度 ···163
　　5.2.1 机械加工精度概述 ·······························163
　　5.2.2 工艺系统的几何误差 ···························164
　　5.2.3 工艺系统受力变形引起的误差 ···············170
　　5.2.4 工艺系统受热变形引起的误差 ···············178
　　5.2.5 内应力重新分布引起的误差 ···················182
　　5.2.6 保证和提高机械加工精度的主要途径 ·········184
5.3 机械加工表面质量 ·····································187
　　5.3.1 机械加工表面质量概述 ·······················187
　　5.3.2 机械加工表面质量对机械产品使用性能的影响 ···187
　　5.3.3 影响表面粗糙度的因素 ·······················189
　　5.3.4 影响加工表面层物理机械性能的因素 ·········191
5.4 机械加工过程中的振动 ································195
思考与练习题 ···196

第6章 计算机辅助工艺规划 ·································198

6.1 CAPP 概述 ···198
　　6.1.1 CAPP 的基本组成 ····························198
　　6.1.2 CAPP 的类型 ·······························200
6.2 零件信息的描述及输入 ································202
6.3 工艺数据处理与工艺数据库建立 ···················210
6.4 派生式 CAPP 系统 ····································211
　　6.4.1 派生式 CAPP 系统的工作原理及设计过程 ···211
　　6.4.2 零件族的划分 ·······························212
　　6.4.3 制定零件族的典型加工工艺规程 ···········214
　　6.4.4 机床的选择与布置 ··························217
6.5 创成式 CAPP 系统 ····································218
　　6.5.1 创成式 CAPP 系统的工艺决策逻辑 ·········218
思考与练习题 ···221

第7章 计算机辅助质量控制 ·································222

7.1 概　述 ···222
7.2 加工误差的性质 ·······································225
7.3 工艺过程的分布图分析法 ····························226
7.4 工艺过程的点图分析法 ································236
思考与练习题 ···240

第8章　数控加工与编程 ································· 242

　　8.1　数控加工概述 ····························· 242

　　　　8.1.1　数控技术的产生与发展 ················ 242

　　　　8.1.2　数控机床的组成和工作过程 ············· 243

　　8.2　插补原理 ······························· 246

　　　　8.2.1　插补基础知识 ······················ 246

　　　　8.2.2　逐点比较插补 ······················ 247

　　　　8.2.3　数字积分插补 ······················ 256

　　8.3　数控编程基础 ··························· 264

　　　　8.3.1　数控编程的基本概念及内容 ············· 264

　　　　8.3.2　数控机床的坐标系 ··················· 266

　　　　8.3.3　数控加工程序结构与格式 ·············· 269

　　　　8.3.4　数控编程中常用的功能指令 ············· 271

　　8.4　数控加工的工艺设计 ····················· 288

　　　　8.4.1　数控加工工艺的设计内容 ·············· 288

　　　　8.4.2　数控加工工艺路线设计 ················ 288

　　8.5　数控车床编程方法及编程实例 ·············· 292

　　　　8.5.1　数控车床程序编制的基本知识 ··········· 292

　　　　8.5.2　数控车床的常用编程指令 ·············· 293

　　　　8.5.3　数控车床的固定循环功能 ·············· 296

　　　　8.5.4　数控车床的螺纹加工功能 ·············· 301

　　复习思考题 ······························· 308

参考文献 ··································· 311

第1章　切削机床及加工方法

◇ **1.1　概　述** ◇

金属切削机床是用切削的方法将金属毛坯加工成具有一定几何形状、尺寸精度和表面质量的机器零件的机器。它是制造机器的机器,所以又称为"工作母机"或"工具机",习惯上简称为机床。

机床不同于一般的机械,它是用来生产其他机械的工作母机,因此在刚度、精度及运动特性方面有其特殊要求,下面简要介绍一下机床的一些基本概念。

1.1.1　机床的基本组成

各类机床通常都是由下列基本部分组成的。

1.动力源

为机床提供动力(功率)和运动的驱动部分,如各种交流电动机、直流电动机和液压传动系统的液压缸、液压马达等。

2.传动系统

包括主传动系统、进给传动系统和其他运动的传动系统,如变速箱、进给箱等部件,有些机床主轴组件与变速箱合在一起称为主轴箱。

3.支承件

用于安装和支撑其他固定的或运动的部件,承受其重力和切削力,如床身、底座、立柱等。支承件是机床的基础构件,也称机床大件或基础件。

4.工作部件

工作部件主要包括以下几种。

(1)与最终实现切削加工的主运动和进给运动有关的执行部件,如主轴及主轴箱、工作台及其溜板或滑座、刀架及其溜板及滑枕等安装工件或刀具的部件。

(2)与工件和刀具安装及调整有关的部件或装置,如自动上下料装置、自动换刀装置、砂轮修整器等。

(3)与上述部件或装置有关的分度、转位、定位机构和操纵机构等。

不同种类的机床,由于其用途、表面形成运动和结构布局不同,工作部件的构成和结构差异很大,但就运动形式来说,主要是旋转运动和直线运动,所以工作部件结构中大多含有轴承或导轨。

5.控制系统

用于控制各工作部件的正常工作,主要是电气控制系统,有些机床局部采用液压或气动控制系统。数控机床则是采用数控系统,它包括数控装置、主轴和进给的伺服控制系统(伺服单元)、可编程序控制器和输入输出装置等。

6.冷却系统

用于对加工工件、刀具及机床的某些发热部位进行冷却。

7.润滑系统

用于对机床的运动副(如轴承、导轨等)进行润滑,以减小摩擦、磨损和发热。

8.其他装置

如上下料装置、排屑装置、自动测量装置等。

1.1.2 机床的技术性能

机床的技术性能是根据使用要求提出和设计的。了解机床技术性能对于选用机床及安排零件的加工是很重要的。一般机床的技术性能包括下列内容。

1.机床的工艺范围

机床的工艺范围是指在机床上加工的零件类型和尺寸,能够完成何种工序,使用什么刀具等。通用机床有较宽的工艺范围,专用机床的工艺范围较窄。

2.机床的技术参数

机床的技术参数主要包括尺寸参数、运动参数和动力参数。在机床使用说明书中都给出了该机床的主要技术参数(也称技术规格),据此可进行合理的选用。

(1)尺寸参数,是具体反映机床的加工范围和工作能力的参数。它包括主参数、第二主参数和与加工零件有关的其他尺寸参数。

(2)运动参数,是指机床执行件的运动速度、变速级数等,如机床主轴的最高转速、最低转速及变速级数等。

(3)动力参数,是指机床电动机的功率,有些机床还给出主轴允许承受的最大扭矩和工作台允许的最大拉力等。

3.加工质量

加工质量主要指加工精度和表面粗糙度,它们由机床、刀具、夹具、切削条件和操作者技能等因素决定。机床的加工质量是指在正常工艺条件下所能达到的经济精度,主要由机床本身的精度保证。机床本身的精度包括几何精度、传动精度和动态精度。

(1)几何精度,是机床在低速空载时各部件间相互位置精度和主要零件的形位精度,如机床主轴的径向跳动和端面跳动、工作台面的平面度等。

(2)传动精度,是指机床传动链各末端执行元件之间运动的协调性和均匀性,如车床车螺纹时,要求传动链两端保持严格的传动比,传动链的传动误差将影响到螺纹的加工精度。

(3)动态精度,是指机床加工时,在切削力、夹紧力、振动和温升的作用下各部件间的相互位置精度和主要零件的形位精度。机床的动态精度主要受机床刚度、抗振性和热变形等因素的影响。

1.1.3 金属切削机床的分类和型号的编制

机床的分类方法很多,主要是按加工性质和所用刀具进行分类。目前将机床分为11大类:车床、钻床、镗床、磨床、齿轮加工机床、螺纹加工机床、铣床、刨插床、拉床、切断机床及其他机床。在每一类机床中,又按工艺范围、布局形式和结构性能等不同,分为若干组,每一组又细分为若干系(系列)。除上述基本分类方法外,机床还可以根据其他特征进行分类。同类型机床按其工艺范围又可分为以下几种。

(1)通用机床。这类机床可以加工多种零件的不同工序,加工范围较广,通用性较大,但结构比较复杂。这类机床主要适用于单件小批生产,例如,卧式车床、卧式镗床、万能升降台铣床等。

(2)专门化机床。这类机床的工艺范围较窄,专门用于加工某一类或几类零件的某一道(或几道)特定工序,如曲轴加工机床、齿轮加工机床等。

(3)专用机床。这类机床的工艺范围最窄,只能用于加工某一零件的某一道特定工序,适用于大批量生产。如加工机床主轴箱的专用镗床、加工车床导轨的专用磨床等。各种组合机床也属于专用机床。

同类型机床按其加工精度的不同又可分为普通精度机床、精密机床和高精度机床。

此外,机床还可按照自动化程度的不同,分为手动、机动、半自动和全自动机床。机床还可按质量与尺寸分为仪表机床、中型机床(一般机床)、大型机床(重量达10t及以上)、重型机床(重量在30t以上)、超重型机床(重量在100t以上)。按机床主要工作部件的数目,又可分为单轴、多轴、单刀或多刀机床。

随着机床的发展,其分类方法也在不断发展。现代机床正向数控化方向发展,数控机床的功能日趋多样化,工序更加集中。例如,数控车床是在卧式车床功能的基础上,又集中了转塔车床、仿型车床、自动车床等多种车床的功能;车削中心是在数控车床功能的基础上,又加入了钻、铣、镗等类机床的功能,并对主轴进行伺服控制(c轴控制);又如,具有自动换刀功能的镗铣加工中心机床,集中了钻、铣、镗等多种类型机床的功能,习惯上称为"加工中心"(machining center)。可见,机床数控化引起了机床传统分类方法的变化。

机床型号是机床产品的代号,用以简明地表示机床的类型、通用和结构特性及主要技术参数等。我国现行的机床型号是按2008年颁布的标准《金属切削机床型号编制方法GB/T 15375—2008》编制的。此标准规定,机床型号由汉语拼音字母和数字按一定的规律组合而成,它适用于新设计的各类通用及专用金属切削机床、自动线,不包括组合机床、特种加工机床。

通用机床的型号由基本部分和辅助部分组成,中间用"/"隔开,读作"之"。基本部分需统一管理,辅助部分是否写入型号由企业自定。通用机床的型号的构成如下:

$$(\triangle)\bigcirc \ (\bigcirc)\triangle \ \triangle \ \triangle \ (\times\triangle)(\bigcirc)(/\bigcirc)$$

表达式从左端开始,(△)表示"分类代号",○表示"类代号",(○)表示"通用特性和结构特性代号",第一个△表示"组代号",第二个△表示"系代号",第三个△表示"主参数或设计顺序号",(×△)表示"主轴数或第二主参数",(○)表示"重大改进顺序号",(/◎)表示"其他特性代号"。

需说明的是:( )表示可有可无,有内容时不带括号,无内容时不表示;○表示大写汉语拼音字母;△表示数字;◎表示大写汉语拼音字母或阿拉伯数字或两者兼之。

(1)机床的类代号。机床的类代号,用大写的汉语拼音字母表示。必要时,每类可分为若干分类。分类代号在类代号之前,作为型号的首位,并用阿拉伯数字表示。第一分类代号前的"1"省略,第"2""3"分类代号则应予以表示。例如,磨床类分为M、2M、3M三个分类。机床的类别和分类代号及其读音见表1-1。

表1-1 机床的类别和分类代号及其读音

类别	车床	钻床	镗床	磨床			齿轮加工机床	螺纹加工机床	铣床	刨插床	拉床	锯床	其他机床
代号	C	Z	T	M	2M	3M	Y	S	X	B	L	G	Q
读音	车	钻	镗	磨	二磨	三磨	牙	丝	铣	刨	拉	割	其

(2)机床的通用特性代号和结构特性代号,用大写的汉语拼音字母表示,位于类代号之后。

①通用特性代号。通用特性代号具有统一的固定含义,在各类机床的型号中表示的意义相同,如表1-2所示。当某类机床除有普通型外还有表中某种通用特性时,在类代号之后加通用特性代号予以区分,如"CK"表示数控车床。如果某类机床仅有某种通用特性而无普通型时,通用特性不必表示,如C1107型单轴纵切自动车床。由于这类车床没有"非自动型",所以不必用"Z"表示通用特性。当在一个型号中需同时使用2或3个通用特性代号时,一般按重要程度排列顺序,如"MBG"表示半自动高精度磨床。

表1-2 通用特性代号

通用特性	高精度	精密	自动	半自动	数控	加工中心（自动换刀）	仿形	轻型	加重型	简式或经济型	柔性加工单元	数显	高速
代号	G	M	Z	B	K	H	F	Q	C	J	R	X	S
读音	高	密	自	半	控	换	仿	轻	重	简	柔	显	速

②结构特性代号。对主参数值相同而结构性能不同的机床,在型号中加结构特性代号予以区分,它在型号中没有统一的含义,只在同类机床中起区分机床结构、性能的作用,为避免混淆,通用特性已用的字母及"I""O"都不能作为结构特性代号。如"CA6140"中的"A"表示该机床在结构上区别于"C6140"型车床。当型号中已有通用特性代号时,结构特性代号应排在通用特性代号之后。

(3)机床的组别、系别代号。机床按其工作原理划分为11类。每类机床划分为10个组,每个组又划分为10个系(系列)。在同一类机床中,主要布局或使用范围基本相同的机床,即为同一组。在同一组机床中,其主要参数相同、主要结构及布局形式相同的机床,即为同一系。

机床的组,用一位阿拉伯数字表示,位于类代号或通用特性代号、结构特性代号之后。机床的系,用一位阿拉伯数字表示,位于组代号之后。机床类、组划分及其代号见表1-3。

表1-3　机床类、组划分及其代号

类别		0组	1组	2组	3组	4组	5组	6组	7组	8组	9组
车床C		仪表车床	单轴自动车床	多轴自动、半自动车床	回轮、转塔车床	曲轴及凸轮轴车床	立式车床	落地及卧式车床	仿形及多刀车床	轮、轴、辊、锭及铲齿车床	其他车床
钻床Z		—	坐标钻床	深孔钻床	摇臂钻床	台式钻床	立式钻床	卧式钻床	铣钻床	中心孔钻床	其他钻床
镗床T		—	—	深孔镗床	—	坐标镗床	立式镗床	卧式铣镗床	精镗床	汽车、拖拉机修理用镗床	其他镗床
磨床	M	仪表磨床	外圆磨床	内圆磨床	砂轮机	坐标磨床	导轨磨床	刀具刃磨床	平面及端面磨床	曲轴、凸轮轴、花键轴及轧辊磨床	工具磨床
	2M	—	超精机	内圆珩磨机	外圆及其他珩磨机	抛光机	砂带抛光及磨削机床	刀具刃磨及研磨机床	可转位刀片磨削机床	研磨机	其他磨床
	3M	—	球轴承套圈沟磨床	滚子轴承套圈滚道磨床	轴承套圈超精机		叶片磨削机床	滚子加工机床	钢球加工机床	气门、活塞及活塞环磨削机床	汽车、拖拉机修磨机床
齿轮加工机床Y		仪表齿轮加工机床	—	锥齿轮加工机床	滚齿及铣齿机	剃齿及珩齿机	插齿机	花键轴铣床	齿轮磨齿机	其他齿轮加工机	齿轮倒角及检查机
螺纹加工机床S		—	—	—	套丝机	攻丝机	—	螺纹铣床	螺纹磨床	螺纹车床	—
铣床X		仪表铣床	悬臂及滑枕铣床	龙门铣床	平面铣床	仿形铣床	立式升降台铣床	卧式升降台铣床	床身铣床	工具铣床	其他铣床
刨插床B		—	悬臂刨床	龙门刨床			插床	牛头刨床		边缘及模具刨床	其他刨床
拉床L		—	—	侧拉床	卧式外拉床	连续拉床	立式内拉床	卧式内拉床	立式外拉床	键槽、轴瓦及螺纹拉床	其他拉床

续表

类别	0组	1组	2组	3组	4组	5组	6组	7组	8组	9组
锯床G	—	—	砂轮片锯床	—	卧式带锯床	立式带锯床	圆锯床	弓锯床	锉锯床	—
其他机床Q	其他仪表机床	管子加工机床	木螺钉加工机	—	刻线机	切断机	多功能机床	—	—	—

(4)机床主参数、设计顺序号及主轴数和第二主参数的表示方法。机床主参数代表机床规格大小,用折算值(主参数乘以折算系数,一般取两位数字)表示,位于系代号之后。几种常见机床的主参数和折算系数见表1-4。

某些通用机床,当无法用一个主参数表示时,则在型号中用设计顺序号表示,设计顺序号由1起始,当设计顺序号小于10时,则在设计顺序号之前加"0"。

对于多轴机床,机床的主轴数应以实际数值列入型号,置于主参数之后,用"×"分开,读作"乘",单轴可以省略。

第二主参数(多轴机床的主轴数除外)一般不予表示,它是指工作台面长度、最大跨距、最大工件长度等,也用折算值表示。

表1-4 常见机床的主参数和折算系数

机床名称	主参数名称	主参数折算系数	第二主参数
卧式车床	床身上最大间转直径	1/10	最大工件长度
立式车床	最大车削直径	1/100	最大工件高度
摇臂钻床	最大钻孔直径	1	最大跨度
卧式镗床	镗轴直径	1/10	—
外圆磨床	最大磨削直径	1/10	最大磨削长度
升降台式铣床	工作台面宽度	1/10	工作台面长度
龙门铣床	工作台面宽度	1/100	工作台面长度
插床及牛头刨床	最大插削及刨削长度	1/10	—
龙门刨床	最大刨削宽度	1/100	最大刨削长度
拉床	额定拉力	1/1	最大行程

(5)机床的重大改进序号。当对机床的结构、性能有更高的要求,并需按新产品重新设计、试制和鉴定时,按改进的先后顺序选用汉语拼音字母A,B,C,…("I、O"两个字母不得选用),加在型号基本部分的尾部,以区别原机床型号。

(6)其他特性代号。其他特性代号主要用以反映各类机床的特性,应置于辅助部分之首。其中同一型号机床的变型代号,一般应放在其他特性代号之首。

其他特性代号可用汉语拼音字母("I、O"两个字母除外)表示,当单个字母不够用时,可将两个字母组合起来使用,如AB、AC、AD等,或BA、CA、DA等。其他特性代号也可用阿拉伯数字表示,还可用阿拉伯数字和汉语拼音字母组合表示。

例如,CA6140型卧式车床型号含义为:

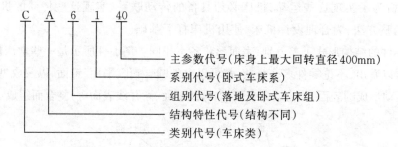

又如,某机床厂生产的最大磨削直径为320mm的半自动高精度外圆磨床,其型号为MBG1432A,表示意义如下。

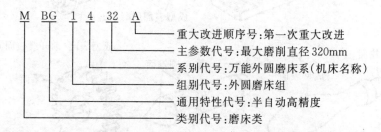

(7)企业代号。企业代号中包括机床生产厂及机床研究单位代号。企业代号置于辅助部分之尾部,用"-"分开,读作"至"。若在辅助部分中仅有企业代号,则不加"-"。

根据上述通用机床型号的编制方法,举例如下。

【例1-1】北京机床研究所生产的精密卧式加工中心,其型号为THM6350/JCS。

【例1-2】大河机床厂生产的经过第一次重大改进,最大钻孔直径为25mm的四轴立式排钻床,其型号为Z5625X4A/DH。

专用机床的型号一般由设计单位代号和设计顺序号组成。

设计单位代号包括机床生产厂和机床研究单位代号(位于型号之首)。设计顺序号按该单位的设计顺序号排列,由001起始,位于设计单位代号之后,并用"-"隔开,读作"至"。

【例1-3】上海机床厂设计制造的第15种专用机床为专用磨床,其型号为H-015。

由通用机床或专用机床组成的机床自动线,其代号为"ZX",读作"自线",它位于设计单位代号之后,并用"-"分开,读作"至"。机床自动线设计顺序号的排列与专用机床的设计顺序号相同,位于机床自动线代号之后。

【例1-4】北京机床研究所以通用机床或专用机床为某厂设计的第一条机床自动线,其型号为JCS-ZX001。

1.2 金属切削机床及刀具

1.2.1 机床运动分析

机床运动分析是为了研究机床所应具有的各种运动及其相互关系。首先,根据在机床上加工的各种表面和使用的刀具类型,分析得到这些表面的方法和所需的运动。在此基础上,分析为了实现这些运动,机床必须具备的传动联系、实现这些传动的机构以及机床运动的调整方法,为合理设计机床、使用机床打下基础。

机械零件的结构形式千差万别,表面形状各不相同。图1-1所示是一些常用机械零件。从图1-1可以看出,不论零件多么复杂,都可以由外圆、内孔、平面、锥面,以及成型机床中有利于成形运动形成的表面,称为成型表面(如螺纹表面、渐开线表面等)复合而组成。

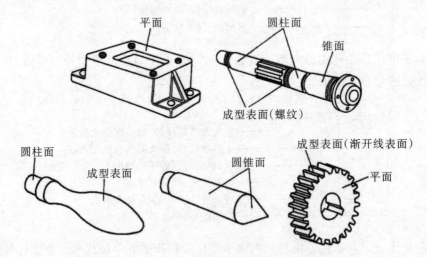

图1-1　构成不同形状零件的常用各种表面

零件的几何形状就其本质来说,都可以看成是母线沿着导线运动形成的轨迹。母线和导线统称为形成表面的发生线。图1-2揭示了各种零件表面的成形过程。图1-2(a)所示平面是由直线1(母线)沿直线2(导线)运动形成;图1-2(b)(c)所示圆柱面和圆锥面是由直线1(母线)沿圆2(导线)运动形成;图1-2(d)所示为圆柱螺纹的螺旋面,是由"∧"型线1(母线)沿着螺旋线2(导线)运动形成;图1-2(e)所示为直齿圆柱齿轮的渐开线齿廓表面,是由渐开线1(母线)沿着直线2(导线)运动形成。

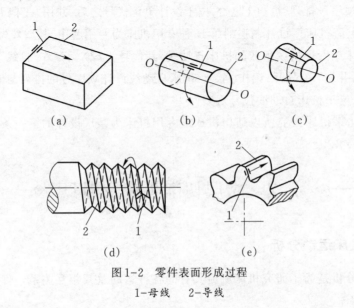

图1-2　零件表面形成过程

1—母线　2—导线

根据母线和导线的运动关系,一般情况下母线和导线可以互换,如图1-2(a)平面、图1-2(b)圆柱面和图1-2(e)直齿齿轮齿面。但对于一些特殊表面,如图1-2(c)圆锥面和图1-2(d)螺纹表面,则不可互换。

有些表面的两条发生线完全相同,但可以形成不同的表面。例如图1-3所示,母线为直线,导线为圆,所需的运动相同,但是由于母线相对于旋转轴的原始位置不同,所产生的表面可以是圆柱面、圆锥面或双曲面,是三个完全不同的表面。

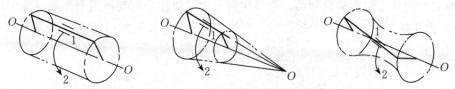

图1-3 母线原始位置变化时形成的表面

1—母线 2—导线

在零件加工过程中,刀具或工件之一运动或两者按一定规律同时运动就可以形成两条发生线,从而生成所需的加工表面。因此零件表面的形成方法就是发生线的形成方法,发生线的形成方法有4种。

(1)轨迹法。利用刀具切削点按一定规律的轨迹运动来对工件进行加工的方法。如图1-4(a)所示,刀具切削点1沿着轨迹3运动,形成工件的母线,工件回转形成导线,从而形成旋转表面。采用轨迹法形成发生线时,刀具需按一定轨迹进行成形运动,刀具的运动精度直接影响加工表面的精度。

(2)成型法。通过刀刃的形状来控制加工表面的形状。如图1-4(b)所示,刀刃的形状1就是母线的形状,工件回转形成导线,从而形成加工表面。用成型法来形成发生线时,刀具不需要专门的成形运动,加工表面的精度主要靠刀刃的精度来保证。

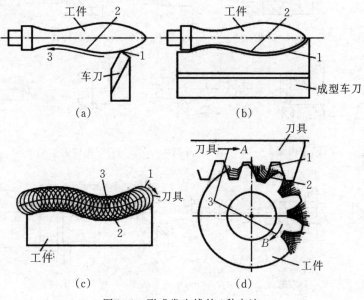

图1-4 形成发生线的4种方法

(3)相切法。用铣刀、砂轮等旋转类刀具加工时,刀具在自身旋转的同时按一定的轨迹运动。如图1-4(c)所示,刀具旋转并且刀具中心按轨迹3运动,切削点1与工件相切就形成了发生线2。用相切法形成发生线时,刀具需要有两个独立的成形运动,即刀具的旋转运动和刀具中心按一定规律运动。

(4)展成法。用展成法生成发生线时,工件的旋转与刀具的旋转(或移动)两个运动之间必须保持严格的运动协调关系,如图1-4(d)所示,即刀具与工件之间犹如一对齿轮之间或齿轮与齿条之间作啮合运动。刀具切削刃为切削线1,它与所需要形成的发生线2完全不同,发生线2是切削线1的包络线。利用工件和刀具作展成运动进行切削加工的包络方式有两种:

①切削线1沿着发生线2作纯滚动。

②切削线1和发生线2共同完成复合的纯滚动。

用展成法形成发生线时,工件的旋转和刀具的旋转必须保持严格的速比关系。

1.2.2 车削与车削机床

车削加工是指在车床或车削中心等机床上的加工,主要用于加工各种回转体零件,它是机械加工中应用最广泛的加工方法之一。

车削加工时工件的旋转运动为主运动,刀具的移动为进给运动。车削的工艺范围很广,适于加工各种轴类和盘套类零件。如图1-5所示,能车削内外圆柱面、圆锥面,还能车槽、车成形面、车端面、车螺纹,还可以钻孔、铰孔、钻中心孔、攻螺纹、滚花等。

车削加工通常为连续切削,切削过程平稳,可以选用较大的切削用量,故生产率较高。

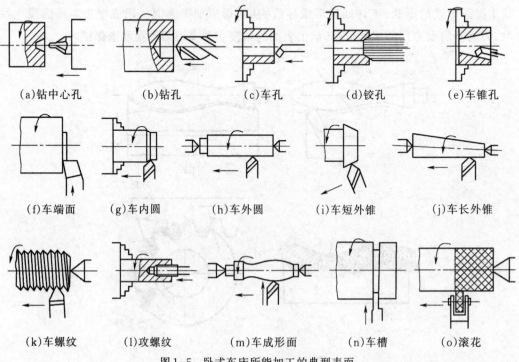

(a)钻中心孔　　(b)钻孔　　(c)车孔　　(d)铰孔　　(e)车锥孔

(f)车端面　　(g)车内圆　　(h)车外圆　　(i)车短外锥　　(j)车长外锥

(k)车螺纹　　(l)攻螺纹　　(m)车成形面　　(n)车槽　　(o)滚花

图1-5　卧式车床所能加工的典型表面

1.车削用刀具

车削用刀具——车刀,按加工的表面特征可分为外圆车刀、端面车刀、内孔车刀、切断车刀、螺纹车刀等多种形式,常用车刀的种类及用途如图1-6所示。

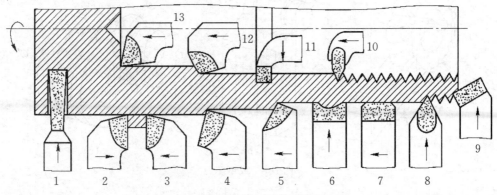

图1-6 普通车刀的使用类型

1—车槽、切断刀;2—左偏刀;3—右偏刀;4—弯头外圆车刀;5—直头外圆车刀;6—成型车刀;7—宽刃精车刀;8—外螺纹车刀;9—端面车刀;10—内螺纹车刀;11—内槽车刀;12—通孔车刀;13—不通孔车刀

车刀在结构上分为整体式车刀、焊接式车刀、机夹可重磨式车刀、可转位式车刀和成型车刀,如图1-7所示。其中可转位车刀的应用日益广泛,在车刀中所占比例逐渐增加。

(1)整体车刀。如图1-7(a)所示,刀体和切削部分为一整体,用高速钢制造,刃口可磨得较锋利,适用于小型车床或加工有色金属。

(2)硬质合金焊接车刀。如图1-7(b)所示,所谓焊接式车刀,就是在碳钢刀杆上按刀具几何角度的要求开出刀槽,用焊料将硬质合金刀片焊接在刀槽内,并按所选择的几何参数刃磨后使用的车刀。

(3)机夹车刀。如图1-7(c)所示,是采用普通刀片,用机械夹固的方法将刀片夹持在刀杆上使用的车刀。

(4)可转位车刀。如图1-7(d)所示,可转位车刀是使用可转位刀片的机夹车刀。一条切削刃用钝后可迅速转位换成相邻的新切削刃,即可继续工作,直到刀片上所有切削刃均已用钝,刀片才报废回收。更换新刀片后,车刀又可继续工作。

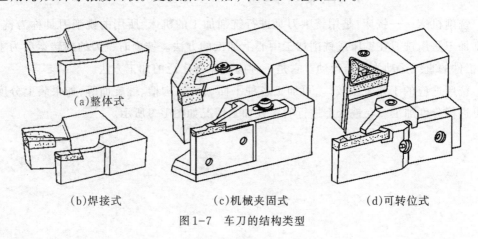

(a)整体式 (b)焊接式 (c)机械夹固式 (d)可转位式

图1-7 车刀的结构类型

（5）成型车刀。如图1-8所示,成型车刀是加工回转体成型表面的专用刀具,其刃形是根据工件廓形设计的,可用在各类车床上加工内外回转体的成型表面。

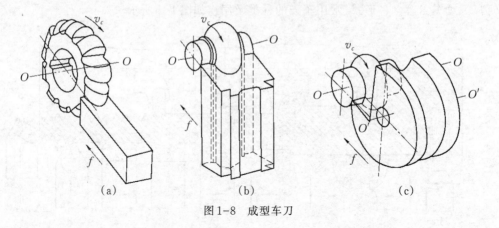

(a)   (b)   (c)

图1-8　成型车刀

2.车削机床——CA6140卧式车床

车削机床——车床,是制造业中使用最广泛的一类机床,其数量约占机床总数的20%~30%。车床是以主轴带动工件旋转作为主运动,刀架带动刀具移动作为进给运动来完成工件和刀具之间的相对运动的一类机床,主要用来加工各种回转体零件,如内外圆柱面、圆锥面、成形回转面和回转体的端面等。车床的种类很多,按其用途和结构的不同,可分为卧式车床、立式车床、转塔车床、单轴自动和半自动车床、多轴自动和半自动车床、仿形及多刀车床、专门化车床等。随着科学技术的发展,各类数控车床及车削中心的应用也日益广泛。

车床的详细内容,可通过下方二维码扫码阅读。

1.2.3　铣削与铣削机床

铣削机床——铣床,是用铣削刀具进行铣削加工的机床,所用的铣削刀具称为铣刀。铣削加工是用铣刀在铣床或铣削加工中心上加工的方法。铣削时铣刀的旋转运动为主运动,工件的直线运动为进给运动。它是一种应用非常广泛的加工方法。

铣床适应的工艺范围较广,可加工各种平面、台阶、沟槽、螺旋面等,如果装上分度头还可进行分度加工。在铣床上进行的各种加工情况如图1-9所示。

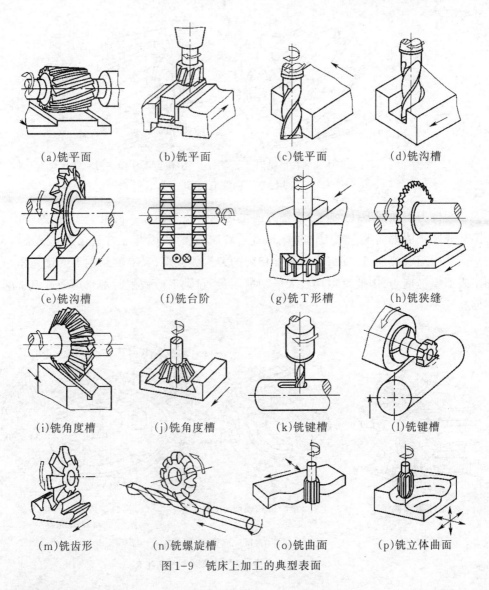

(a)铣平面　　　(b)铣平面　　　(c)铣平面　　　(d)铣沟槽

(e)铣沟槽　　　(f)铣台阶　　　(g)铣 T 形槽　　　(h)铣狭缝

(i)铣角度槽　　　(j)铣角度槽　　　(k)铣键槽　　　(l)铣键槽

(m)铣齿形　　　(n)铣螺旋槽　　　(o)铣曲面　　　(p)铣立体曲面

图 1-9　铣床上加工的典型表面

1.铣削用刀具

铣削用刀具——铣刀,其种类很多,按其用途可分为加工平面用铣刀、加工沟槽用铣刀和加工特形面用铣刀三大类。

(1)加工平面用铣刀

①圆柱形铣刀。如图 1-10(a)所示,它一般是用高速钢制成整体,螺旋形切削刃分布在圆柱表面上,没有副切削刃。螺旋形的刀齿在切削时是逐渐切入和脱离工件的,所以切削过程较平稳,但加工时会产生较大的轴向力。主要用于卧式铣床上加工宽度小于铣刀长度的狭长平面。

根据加工要求的不同,圆柱形铣刀有粗齿、细齿之分。粗齿的齿数少(8~10)、刀齿强度高、容屑槽大、可重磨次数多,适用于粗加工;细齿齿数多(>12)、刀齿强度低、容屑空间小、工作平稳,适用于精加工。铣刀外径较大时,常制成镶齿的,如图 1-10(b)所示。

(a)整体式圆柱形铣刀　　(b)镶齿圆柱形铣刀

图 1-10　圆柱形铣刀

②面铣刀。如图 1-11 所示,面铣刀的主切削刃位于圆柱或圆锥表面上,副切削刃位于圆柱或圆锥的端面上。铣刀的轴线垂直于被加工表面,因此非常适合在立式铣床上加工平面。用面铣刀加工平面,同时参加切削的刀齿数较多,又有副切削刃的修光作用,已加工表面粗糙度小,因此可以用较大的切削用量,在大平面铣削时都采用面铣刀铣削,生产率高。

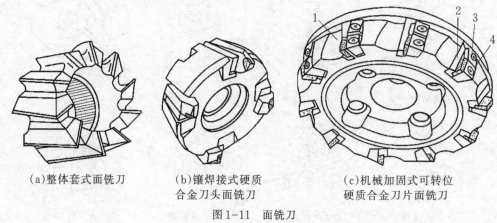

(a)整体套式面铣刀　　(b)镶焊接式硬质　　(c)机械加固式可转位
　　　　　　　　　　合金刀头面铣刀　　　硬质合金刀片面铣刀

图 1-11　面铣刀

1-刀体;2-定位座;3-定位座夹板;4-刀片夹板

面铣刀有整体式、镶焊式和可转位(机械夹固)式三种,小直径的面铣刀一般用高速钢制成整体,如图 1-11(a)所示。大直径的面铣刀一种是采用在刀体上装配焊接式硬质合金刀头,如图 1-11(b)所示,另一种是采用机械加固式可转位硬质合金刀片,如图 1-11(c)所示,可用于粗、精铣各种平面。

(2)加工沟槽用铣刀

①三面刃铣刀,又称盘铣刀。这种铣刀在刀体的圆周上及两侧环形端面上均有刀刃,所以称为三面刃铣刀。如图 1-12 所示,三面刃铣刀可分为直齿三面刃铣刀、交错齿三面刃铣刀和镶齿三面刃铣刀,它主要用在卧式铣床上加工台阶面和一端或两端贯穿的浅沟槽。三面刃铣刀的圆周刀刃为主切削刃,侧面刀刃是副切削刃,只对加工侧面起修光作用,从而改善了切削条件,提高了切削效率和降低了表面粗糙度数值。

直齿和交错齿三面刃铣刀如图 1-12(a)、(b)所示,后者能改善两侧的切削性能。直径较大的三面刃铣刀常采用镶齿结构,如图 1-12(c)所示。

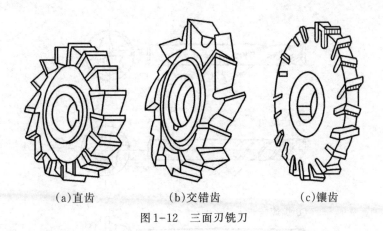

(a)直齿 　　　　(b)交错齿 　　　　(c)镶齿

图1-12 三面刃铣刀

②立铣刀。立铣刀相当于带柄的小直径圆柱形铣刀,圆柱上的切削刃是主切削刃,它们可同时进行切削,也可单独进行切削。主切削刃一般为螺旋齿,可以增加切削平稳性,提高加工精度。端面上分布的切削刃是副切削刃,主要用来加工与侧面相垂直的底平面,如图1-13所示。为了能加工较深的沟槽,并保证有足够的备磨量,立铣刀的轴向长度一般较长。为了改善切屑卷曲情况,增大容屑空间,防止切屑堵塞,立铣刀的齿数比较少,容屑槽圆弧半径则较大。立铣刀分粗齿、细齿两种。一般粗齿立铣刀齿数 $Z=3\sim4$,细齿立铣刀齿数 $Z=5\sim8$,套式结构 $Z=10\sim20$,容屑槽圆弧半径 $r=2\sim5$mm。

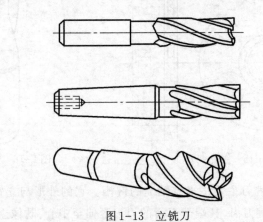

图1-13 立铣刀

立铣刀主要用于加工台阶面、平底槽以及利用靠模加工成型面,也常用于加工二维凸轮曲面。其刀齿分为直齿和螺旋齿两类,大多用高速钢制造,也有用硬质合金制造的。小直径做成整体式,大直径做成镶齿或可转位式。

标准立铣刀的螺旋角 β 为40°~45°(粗齿)和30°~35°(细齿),套式结构立铣刀的 β 为15°~25°,如图1-14所示。

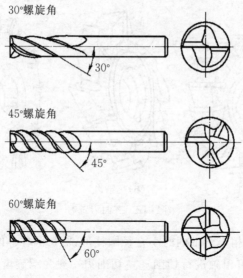

30°螺旋角

45°螺旋角

60°螺旋角

图1-14　标准立铣刀

　　③锯片铣刀。锯片铣刀本身很薄,只在圆周上有刀齿,它用于切断工件和铣狭槽,如图1-15所示。为了避免夹刀,其厚度由边缘向中心减薄使两侧形成副偏角。

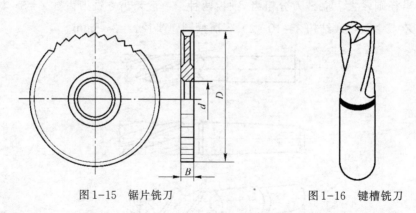

图1-15　锯片铣刀　　　　　　　　　图1-16　键槽铣刀

　　④键槽铣刀。键槽铣刀主要用来铣轴上的键槽。它的外形与立铣刀相似,不同的是它在圆周上只有两个螺旋刀齿,其端面刀齿的刀刃延伸至中心,既像立铣刀,又像钻头,如图1-16所示。因刀齿数少,螺旋角小,端面齿强度高。因此在铣两端不通的键槽时,可以作适量的轴向进给。它主要用于加工圆头封闭键槽。特殊用途的还有T形槽铣刀和燕尾槽铣刀用于加工T形槽和燕尾槽,如图1-17所示。

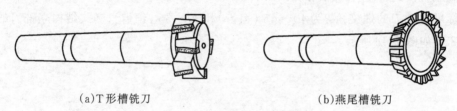

(a)T形槽铣刀　　　　　　　　　　　(b)燕尾槽铣刀

图1-17　T形槽铣刀和燕尾槽铣刀

（3）加工特形面用铣刀

①角度铣刀。分单角铣刀、对称双角铣刀和不对称双角铣刀三种，如图1-18所示。单角铣刀用于各种刀具的外圆齿槽与端面齿槽的开齿和铣削各种锯齿形离合器与棘轮的齿形；对称双角铣刀用于铣削各种V形槽和尖齿、梯形齿离合器的齿形；不对称双角铣刀主要用于各种刀具上外圆直齿、斜齿和螺旋齿槽的开齿。

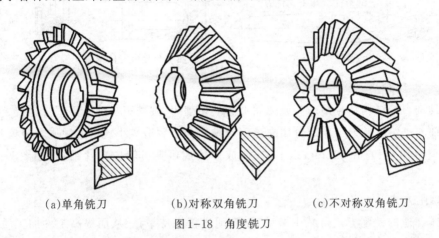

(a)单角铣刀　　　　　(b)对称双角铣刀　　　　(c)不对称双角铣刀

图1-18　角度铣刀

②成型铣刀。根据特形面的形状而专门设计的铣刀称为成型铣刀。如图1-19(a)所示为凸半圆形铣刀，用于铣削凹半圆特形面；如图1-19(b)所示为凹半圆形铣刀，用于铣削凸半圆特形面；如图1-19(c)所示为齿轮铣刀，用于铣削齿轮齿面；如图1-19(d)所示为成形铣刀，用于铣削成形表面。

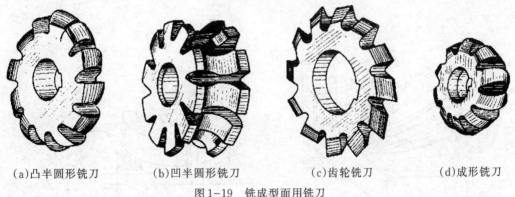

(a)凸半圆形铣刀　　　(b)凹半圆形铣刀　　　(c)齿轮铣刀　　　(d)成形铣刀

图1-19　铣成型面用铣刀

③模具铣刀。模具铣刀是加工模具型腔或凸模成型表面的铣刀，也称作指状铣刀。模具铣刀由立铣刀发展而成，可分为圆锥形立铣刀(圆锥半角 $\alpha/2=3°$、5°、7°、10°)，圆柱形球头立铣刀和圆锥形球头立铣刀三种，其柄部有直柄、削平型直柄和莫氏锥柄，如图1-20(a)、(b)、(c)所示。

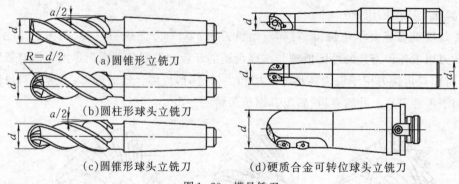

<table>
</table>

(a)圆锥形立铣刀

(b)圆柱形球头立铣刀

(c)圆锥形球头立铣刀

(d)硬质合金可转位球头立铣刀

图1-20 模具铣刀

模具铣刀的结构特点是球头或端面上布满切削刃,圆周刃与球头刃圆弧连接,可以作径向和轴向进给。铣刀工作部分用高速钢或硬质合金制造。小规格的硬质合金模具铣刀多制成整体结构,直径$\phi16mm$以上的,制成焊接或机夹可转位刀片结构,如图1-20(d)所示。

2.铣削方式

选择合适的铣削方式可减少振动,使铣削过程保持平稳,从而提高工件加工质量、铣刀寿命以及铣削生产率。

铣刀在铣床上的铣削方式分周铣和端铣两种,如图1-21所示。用排列在铣刀圆柱面上的刀齿进行铣削称为周铣;用排列在铣刀端面上的刀齿进行铣削称为端铣;端铣的生产率和加工表面质量都比周铣高。目前在平面铣削中,大多采用端铣,周铣用来加工成型表面和组合表面。

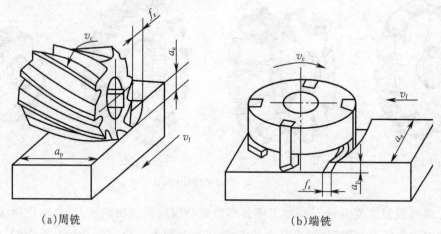

(a)周铣

(b)端铣

图1-21 周铣和端铣

(1)周铣。周铣是用圆柱形铣刀圆周上的刀齿对工件进行切削。根据铣刀旋转方向和工件移动进给方向的关系,周铣可分为逆铣和顺铣两种,如图1-22所示。

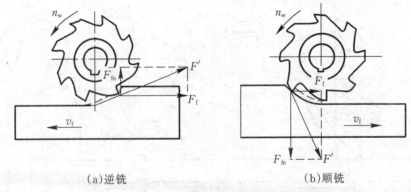

（a）逆铣　　　　　　　　　　　　　（b）顺铣

图1-22　周铣时顺铣与逆铣的比较

①逆铣。如图1-22（a）所示，逆铣指铣刀切削速度方向与工件进给速度方向相反的铣削方式。逆铣时，每个刀齿的切削厚度由零增至最大，由于切削刃不是绝对锋利，均有切削刃钝圆半径存在，因此在切削开始时不能立即切入工件，而是在工件已加工表面上挤压滑行，这会加剧工件加工表面的硬化，降低表面加工质量，同时刀齿磨损加快，刀具的耐用度降低。

逆铣时，垂直方向的分力 F_{fn} 始终向上，有将工件向上抬起的趋势，易引起振动，同时工件在铣削时需要较大的夹紧力。

②顺铣。如图1-22（b）所示，顺铣指铣刀切削速度方向与工件进给速度方向相同的铣削方式。顺铣时，刀齿的切削厚度是从最大逐渐减小到零，因此，铣刀后刀面与工件已加工表面的挤压、摩擦小，刀刃磨损慢，工件加工表面质量较好，但工件表层的硬皮和杂质对刀具磨损影响较大。

顺铣时，铣刀对工件在垂直方向的分力 F_{fn} 始终向下，对工件起压紧作用。因此，铣削平稳，对不易夹紧或细长的薄壁件尤为适宜。

由上述分析可知，从提高刀具耐用度和工件表面质量、增加工件夹持的稳定性等目的出发，一般以采用顺铣法为宜。但是，顺铣时忽大忽小的水平分力 F_f 与工件的进给方向是相同的。而工作台进给丝杠与固定螺母之间一般都存在间隙，如图1-23所示，该间隙在进给方向的前方。由于 F_f 的作用（当 F_f 大于进给力 F_c 时），工件就会连同工作台和丝杠一起向前"窜动"，造成进给量突然增大，甚至引起打刀，加工过程不平稳。"窜动"产生后，间隙在进给方向的后方，又会造成丝杠虽然在旋转但是工作台暂时不进给的现象。而逆铣时，水平分力 F_f 与进给方向相反，铣削过程中，工作台丝杠始终压向螺母，不会因为间隙的存在而引起工件窜动，加工过程比较平稳。目前，一般铣床未设有消除工作台丝杠与螺母之间间隙的装置，所以在铣削时，粗加工多采用逆铣法，精加工采用顺铣法。

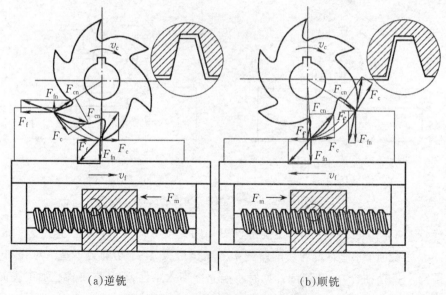

(a)逆铣   (b)顺铣

图1-23 逆铣与顺铣对进给机构的影响

    综合上述比较,顺铣可减小工件表面粗糙度值,尤其适宜铣削不易夹紧或薄壁工件,铣刀寿命可比逆铣提高2~3倍,但顺铣不宜加工有硬皮的工件。另外,应用顺铣时,工作台丝杠、螺母传动副间需配有间隙调整机构,以免造成工作台窜动。

    (2)端铣。端铣是以端铣刀端面上的刀刃铣削工件表面的一种加工方式。由于端铣刀具有较多同时工作的刀齿,所以加工表面粗糙度较小,采用端铣法时铣刀的耐用度、生产效率都比采用周铣法时高。根据铣刀和工件相对位置的不同,端铣法可以分为对称铣削法和不对称铣削法,如图1-24所示。

    ①对称端铣。如图1-24(a)所示,对称端铣指工件相对铣刀回转中心处于对称位置时的铣削方法。此时,刀齿切入工件与切出工件时的切削厚度相同。每个刀齿在切削过程中,有一半是逆铣、一半是顺铣。当刀齿刚切入工件时,切屑较厚,没有滑行现象,但在转入顺铣阶段后,对称端铣与圆柱铣刀顺铣方式一样,会使工作台顺着进给方向窜动,造成不良后果。对称端铣方式宜用于加工表层带有硬皮的工件,因为对称端铣可以保证刀齿超越冷硬层切入工件,能提高端铣刀的耐用度和获得粗糙度较均匀的加工表面。

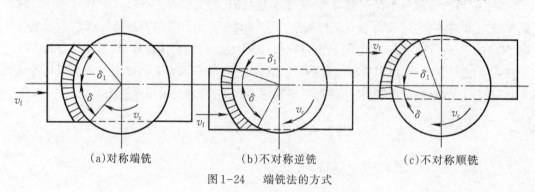

(a)对称端铣   (b)不对称逆铣   (c)不对称顺铣

图1-24 端铣法的方式

②不对称端铣。不对称端铣指铣削时切入时的切削厚度小于或大于切出时的切削厚度的铣削方法。这种铣削方式又可分为不对称逆铣和不对称顺铣两种。

a.不对称逆铣。如图1-24(b)所示,不对称逆铣是指刀齿切入工件时的切削厚度小于切出时的厚度的铣削方式。这种铣削方式在加工碳钢及高强度合金钢之类的工件时,可减少切入时的冲击,能提高硬质合金端铣刀的耐用度。不对称逆铣方式还可减少工作台窜动现象,特别是在铣削中采用大直径的端铣刀加工较窄平面时,切削很不平稳,若采用逆铣成分比较多的不对称端铣方式将更为有利。

b.不对称顺铣。如图1-24(c)所示,不对称顺铣是指刀齿以最大的切削厚度切入工件,而以最小的切削厚度切出工件的铣削方式。实践证明,不对称顺铣用于加工不锈钢和耐热合金时,可以减少硬质合金刀具的热裂磨损,可使切削速度提高40%~60%,或提高刀具耐用度达3倍之多。

端铣法可以通过调整铣刀和工件的相对位置,调节刀齿切入和切出时的切削层厚度,来达到改善铣削过程的目的。一般情况下,当工件宽度接近铣刀直径时,采用对称铣。当工件较窄时,采用不对称铣。

(3)周铣法与端铣法的比较

①端铣的加工质量比周铣高。端铣同周铣相比,同时工作的刀齿数多、铣削过程平稳,端铣的切削厚度虽小,但不像周铣时切削厚度最小时为零,并可改善刀具后刀面与工件的摩擦状况,提高刀具耐用度,并减小表面粗糙度,端铣刀的修光刃可修光已加工表面,使表面粗糙度较小。

②端铣的生产率比周铣高,端铣的铣刀直接安装在铣床主轴端部,其刀具系统刚性好,同时刀齿可镶硬质合金刀片,易于采用大的切削用量进行强力切削和高速切削,使生产率和加工表面质量得到提高。

③端铣的适应性比周铣差。端铣一般只用于铣平面,而周铣可采用多种形式的铣刀加工平面、沟槽和成型面等,因此周铣的适应性强,生产中广泛使用。

3.铣削机床

铣床的主要类型有升降台式铣床、床身式铣床、龙门铣床、工具铣床、仿形铣床以及数控铣床等。

铣床的详细内容,可通过下方二维码扫码阅读。

1.2.4 钻削与钻削机床

用钻头在实体材料上加工孔的工艺方法称为钻削加工。钻削是孔加工的基本方法之一,钻削通常在钻床或车床上进行,也可在镗床或铣床上进行。

钻床是孔加工的主要机床。在钻床上主要用钻头(麻花钻)进行钻孔,在钻床上加工时,工件不动,刀具作旋转主运动,同时沿轴向移动作进给运动。故钻床适用于加工没有对称回转轴线的工件上的孔,尤其是多孔加工,如加工箱体、机架等零件上的孔。除钻孔外在钻床上还可完成扩孔、铰孔、锪平面以及攻螺纹等工作,其加工方法如图1-25所示。

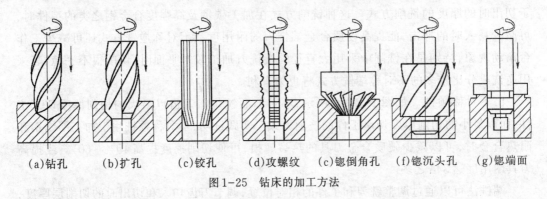

(a)钻孔　　(b)扩孔　　(c)铰孔　　(d)攻螺纹　(e)锪倒角孔　(f)锪沉头孔　(g)锪端面

图1-25　钻床的加工方法

1.钻削用刀具

(1)中心钻。中心钻用于轴类等零件端面上的中心孔加工。中心钻有三种形式,如图1-26所示。加工直径d=1~10mm的中心孔时,通常采用A型,用于不需要多次装夹或不保留中心孔的工件;对于长度较大、精度较高的工件,为了避免60°定心锥被损坏,一般采用B型;对于需要多次安装的工件,一般采用R型中心钻可减少中心孔与顶尖的接触面积,减少摩擦力,提高定位精度。

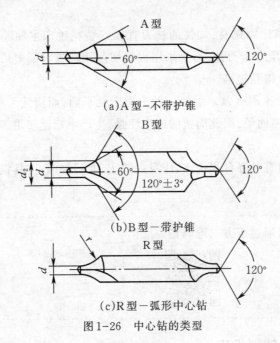

(a)A型-不带护锥

(b)B型-带护锥

(c)R型-弧形中心钻

图1-26　中心钻的类型

(2)麻花钻

①标准麻花钻的结构。麻花钻主要用来在工件上钻孔,其结构有相应的标准,标准麻花钻通常由刀体、刀柄和颈部组成,如图1-27所示。

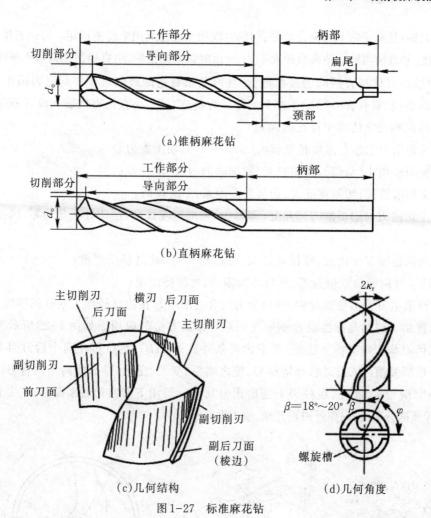

（a）锥柄麻花钻

（b）直柄麻花钻

（c）几何结构　　　　　　（d）几何角度

图1-27 标准麻花钻

a.刀体：也称作工作部分,刀体有两条对称的螺旋槽,用于容屑和排屑和导入切削液。刀体包括切削部分与导向部分。

刀体的前端为切削部分,承担主要的切削工作;麻花钻在其轴线两侧对称分布有两个切削部分,如图1-28所示。两螺旋槽面是后刀面(简称后面),麻花钻顶端的两个曲面是前刀面(简称前面),两后面的交线称为横刃,前面与后面的交线是主切削刃。刀体的后端为导向部分,导向部分是切削部分的后备部分,在钻削时沿进给方向起引导钻头的作用。导向部分包括副切削刃、第一副后面(刃带)、第二副后面和螺旋槽等。

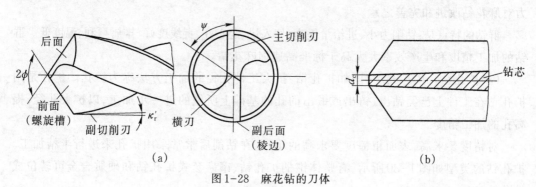

（a）　　　　　　　　　　　　　　　（b）

图1-28 麻花钻的刀体

b.刀柄:是麻花钻上的夹持部分,切削时既用于连接又用来传递扭矩。刀柄有锥柄(莫氏标准锥度)和直柄两种。钻头直径大于ϕ12mm时做成圆锥柄,小直径钻头则做成圆柱柄。

c.颈部:刀体与刀柄间的过渡部分,在麻花钻制造的磨削过程中起退刀槽作用,通常麻花钻的直径、材料牌号标记在这个部分。为制造方便,小直径直柄钻头没有颈部。

②标准麻花钻使用中存在的问题

a.主切削刃上各点前角相差较大(30°~-30°),切削能力悬殊;

b.横刃前角小(负值),横刃且长,钻削轴向力大,定心差;

c.主切削刃长,切削宽度大,切屑卷曲困难,不易排屑;

d.主切削刃与副切削刃转角处(即刀尖)切削速度最高,但该处后角为零,因而刀尖磨损最快;

e.切削速度V变化大,外径处最大,钻芯处$V=0$,此处挤压严重;

f.棱带处副偏角近似为零,副后角为零,因此摩擦严重;

g.两条主刀刃不易磨对称,径向分力的合力易引起孔的直径加大或孔的轴线偏斜。

③群钻。群钻是标准高速钢麻花钻综合修磨方法的应用。如图1-29所示为基本型群钻几何形状。修磨的方法是:先磨出两条外直刃(AB),然后再在两个后刀面上分别磨出月牙形圆弧槽(BC),最后修磨横刃,使之缩短、变尖、变低,以形成两条内直刃(CD),留下一条窄横刃b_w,此外,在外刃上还磨出分屑槽。可用下面四句话来概括:三尖七刃锐当先,月牙弧槽分两边,一侧外刃再开槽,横刃磨低窄又尖。

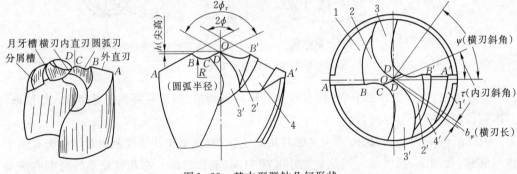

图1-29 基本型群钻几何形状

群钻是指将标准麻花钻的切削部分修磨成特殊形状的钻头。群钻是中国人倪志福于1953年创造的,原名倪志福钻头,后经本人倡议改名为"群钻",寓广大群众参与,群策群力对麻花钻改进和完善之意。

群钻的特点是:钻削力小、进给量提高、切入快、定心好、直线度好、排屑顺利、温度低。群钻的加工精度和生产效率大大高于标准高速钢麻花钻。

(3)扩孔钻。用扩孔工具(如扩孔钻)扩大工件孔径的加工方法称为扩孔。扩孔是用扩孔钻在工件上已经钻出、铸出或锻出的孔的基础上所做的进一步加工,以扩大孔径,提高孔的加工精度。

对精度要求高,表面粗糙度要求高的小孔,在钻削后常常采用扩孔来进行半精加工。扩孔钻的类型如图1-30所示,有整体锥柄扩孔钻、镶齿套式扩孔钻和硬质合金可转位式扩孔钻三种。

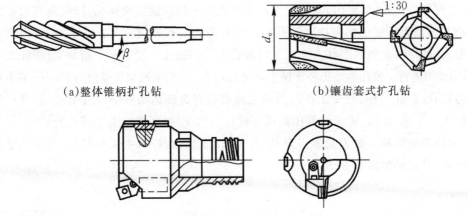

（a）整体锥柄扩孔钻　　　　　　　（b）镶齿套式扩孔钻

（c）硬质合金可转位式扩孔钻

图1-30　扩孔钻

用扩孔钻扩孔,加工余量比钻孔时小得多。它可以是为铰孔前的预加工,也可以是精度要求不高孔的最终加工工序。如图1-31所示。扩孔比钻孔的精度高,扩孔的加工经济精度等级为IT11~IT10,表面粗糙度值为Ra6.3~3.2μm。且在一定程度上还可以校正原有孔的轴线偏差,使其获得较正确的几何形状。

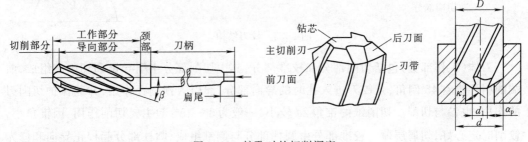

图1-31　扩孔时的切削深度

（4）锪钻。用锪钻加工各种沉头螺钉孔、锥孔、凸台面的方法称为锪孔。锪孔一般在钻床上进行。如图1-32所示是锪孔的几种形式。

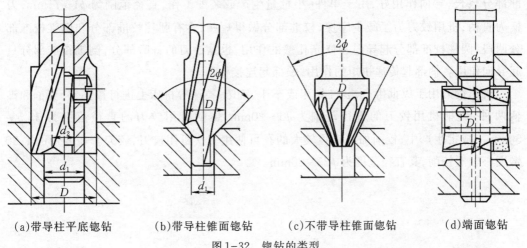

（a）带导柱平底锪钻　　（b）带导柱锥面锪钻　　（c）不带导柱锥面锪钻　　（d）端面锪钻

图1-32　锪钻的类型

(5)铰刀。铰孔(即铰削)是用铰刀从工件孔壁上切除微量金属层,以提高其尺寸精度和减小其表面粗糙度值的方法。铰孔是应用较普遍的孔的精加工方法之一,常用作直径不是很大、硬度不太高的工件上孔加工的最后工序。铰孔一般在孔半精加工(扩孔或半精镗)后用铰刀进行。铰孔的加工经济精度等级为IT6~IT8,表面粗糙度值为Ra1.6~0.4μm。

与钻孔、扩孔一样,只要工件与刀具之间有相对旋转运动和轴向进给运动,就可进行铰削加工。车床、钻床、镗床和铣床都可完成铰孔作业,也可进行手工铰孔。

(6)铰刀的结构。铰刀是多刃刀具,有6~12条刀齿,铰刀由工作部分、颈部及柄部三部分组成,其结构如图1-33所示。

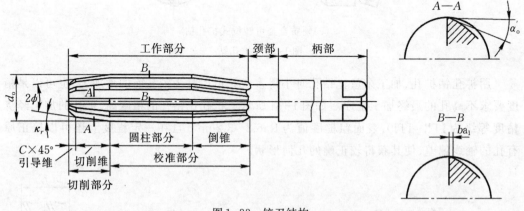

图1-33 铰刀结构

刀体(工作部分)包括切削部分和校准部分,其中切削部分由引导锥和切削锥组成,前端的引导锥有45°倒角,是铰刀进入孔时的导向部分,起引入预制孔作用,并起保护切削刃的作用,也参与切削。切削锥的锥角2ϕ较小,一般为3°~15°,起主要切削作用,因锥角小,铰削时定心好,切屑层薄。校准部分由圆柱部分与倒锥组成,圆柱部分起校正导向和修光作用,刀体后半部分呈倒锥,主要为了减小铰刀与孔壁的摩擦;铰刀刀齿齿数多,导向性好,刚性好,加工余量小,铰削时工作平稳。

(7)铰刀的类型。如图1-34所示,铰刀分手用铰刀和机用铰刀两种。手用铰刀的校准部分较长,导向作用好,用于单件、小批量生产或装配工作,直径范围为ϕ1~71mm,刀柄为直柄;机用铰刀为了减少摩擦,校准部分做得短些,含有圆柱校准部分和倒锥校准部分两段,圆柱校准部分起导向和修光孔壁的作用,也是铰刀的备磨部分,倒锥校准部分只起导向作用。柄部起传递扭矩的作用,颈部起连接作用。

机用铰刀用于成批生产,装在钻床或车床、铣床、镗床等机床上进行铰孔,分直柄和锥柄两种:直柄机用铰刀的直径范围为ϕ1~20mm,锥柄机用铰刀的直径范围为ϕ5.5~50mm。成批生产中,铰削加工直径较大的孔可使用套式机用铰刀,铰刀套在专用的1:30锥度心轴上铰削,其直径范围为ϕ25~80mm。

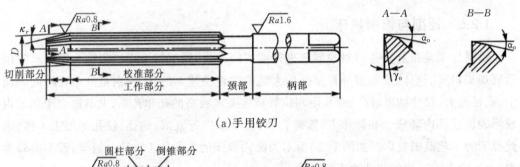

(a)手用铰刀

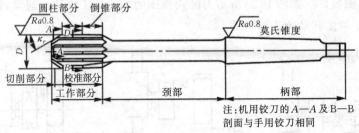

注:机用铰刀的 $A—A$ 及 $B—B$
剖面与手用铰刀相同

(b)机用铰刀

图1-34 手用与机用铰刀结构

铰刀的结构和切削条件比扩孔更为优越,有如下特点:

①铰刀为定直径的精加工刀具,铰刀的刀刃更多,为6~12个,刚性和导向性更好,铰孔容易保证尺寸精度和形状精度,生产率也较高。但铰孔时,一种规格的铰刀只能加工一种尺寸和精度的孔,且不能铰削非标准孔、台阶孔和盲孔。

②铰刀在机床上常用浮动连接,这样可防止铰刀轴线与机床主轴轴线偏斜,造成孔的形状误差、轴线偏斜或孔径扩大等缺陷。但铰孔不能校正原有孔的轴线偏斜,孔与其他表面的位置精度需由前道工序保证。

③铰孔的精度和表面粗糙度不取决于机床的精度,而取决于铰刀的精度和安装方式以及加工余量、切削用量和切削液等条件。

④铰削的速度较低,这样可避免产生积屑瘤和引起振动。

⑤"钻→扩→铰"是生产中典型的孔加工方案,但只能保证孔本身的精度,不能保证孔与孔之间的尺寸精度和位置精度。因此,位置精度要求严的箱体上的孔系应采用镗削加工。

2.钻削机床

钻削机床——钻床,其主参数是最大钻孔直径。根据用途和结构的不同,钻床可分为立式钻床、摇臂钻床、台式钻床、深孔钻床及其他钻床等。

钻床的详细内容,可通过下方二维码扫码阅读。

1.2.5 镗削与镗削机床

镗削加工是指利用镗刀对预制孔进行加工的方法,镗削加工用机床称为镗床。镗削适宜加工机座、箱体、支架等外形复杂的大型零件直径较大的孔,特别是分布在不同表面上、孔径较大、尺寸精度较高、有孔距和位置精度要求较高的孔和孔系,尤其适合于加工内成形表面或孔内环槽。在镗床上,除镗孔外,还可以进行铣削、钻孔、铰孔等加工工作,因此镗床的工艺范围较广。如图1-35所示为卧式镗床的主要加工方法。通常,镗刀旋转为主运动,镗刀或工件的移动为进给运动。

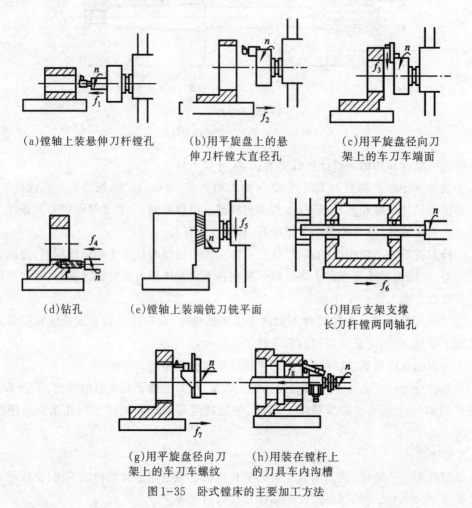

(a)镗轴上装悬伸刀杆镗孔   (b)用平旋盘上的悬   (c)用平旋盘径向刀
　　　　　　　　　　　　伸刀杆镗大直径孔   架上的车刀车端面

(d)钻孔   (e)镗轴上装端铣刀铣平面   (f)用后支架支撑
　　　　　　　　　　　　　　　　　　　长刀杆镗两同轴孔

(g)用平旋盘径向刀   (h)用装在镗杆上
架上的车刀车螺纹   的刀具车内沟槽

图1-35 卧式镗床的主要加工方法

1.镗削用刀具

镗削用刀具——镗刀,可分为单刃镗刀和双刃镗刀两大类。

(1)单刃镗刀。单刃镗刀实际上是将类似车刀的刀头装夹在镗刀杆上组成镗杆镗刀。单刃镗刀只有一个主切削刃在单方向进行切削,结构简单、制造方便、通用性好。用一把镗刀可以加工不同直径的孔。单刃镗刀刀头的横截面有圆形和方形两种。圆形截面的刀头和刀杆上孔槽制造比较容易。方形刀头与刀杆槽孔接触面积大,刀齿刚度好,所以实际使用中方形截面刀头居多。刀头在镗杆上的安装形式有多种,如图1-36所示。

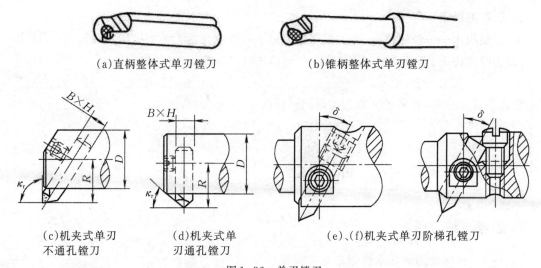

(a)直柄整体式单刃镗刀   (b)锥柄整体式单刃镗刀

(c)机夹式单刃   (d)机夹式单   (e)、(f)机夹式单刃阶梯孔镗刀
不通孔镗刀   刃通孔镗刀

图1-36 单刃镗刀

  刀头在镗杆上的悬伸量不宜过大,以免刚性不足,同时也要注意有足够的容屑空间。一般情况下,镗孔直径D_s、镗杆直径D和刀头横截面边长B(或直径d)三者的关系可参考式$(D_s-D)/2=(1\sim1.5)B$选定。

  单刃镗刀的刚性差,切削时易引起振动,所以主偏角选得较大,以减小径向力F_p。镗铸件或精镗时,一般取$K_r=90°$;粗镗钢件时,取$K_r=60°\sim75°$。为避免工件材质不均等原因造成扎刀现象,往往使镗刀刀尖高于工件孔中心h,一般$h=D_s/20$或更大些。

  (2)双刃镗刀。双刃镗刀具有两个对称的切削刃,两刀刃在两个对称方向同时切削,切削时作用在镗杆的径向力相互平衡,切削过程比较平稳,故可消除由径向力F_y对镗杆的作用而造成的加工误差,如图1-37(a)所示。这种镗刀切削时,孔的直径尺寸是由镗刀尺寸保证的,刀具外径是根据工件孔径确定的,结构比单刃镗刀复杂。刀片和刀杆制造较困难,但生产率较高,所以,适用于加工精度要求较高,生产批量大的场合。

  双刃镗刀又称为镗刀块,镗刀块可以是整体高速钢、镶焊硬质合金或机夹硬质合金刀块。

  双刃镗刀可分为定装镗刀和浮动镗刀两种,如图1-37(b)所示。

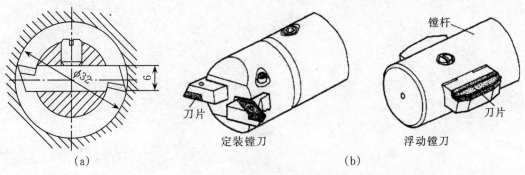

(a)   (b)

图1-37 双刃镗刀工作示意图

2.镗削机床

镗削机床——镗床,是一种主要用镗刀加工有预制孔的工件的机床。根据用途,镗床可分为卧式镗床、坐标镗床、金刚镗床、落地镗床以及数控镗铣床等。

镗床的详细内容,可通过下方二维码扫码阅读。

思考与练习题

1-1　机床常用的技术性能指标有哪些?

1-2　试举例说明从机床型号的编制中可获得哪些有关机床产品的信息。

1-3　请说明工件表面的成形方法和机床所需的运动以及各种运动之间的联系。

1-4　请说明车刀的主要类型,可转位车刀的组成和典型结构特点。

1-5　请说明孔加工机床的种类和常用的孔加工刀具。

1-6　请说明摇臂钻床可以实现哪几个方向的运动。

1-7　请说明铣床的种类和常用的铣刀有哪些。

1-8　请说明卧式镗床可实现哪些运动。

1-9　标准高速钢麻花钻由哪几部分组成? 切削部分包括哪些几何参数?

1-10　群钻的特点是什么? 为什么能提高切削效率?

1-11　镗削加工有何特点? 常用的镗刀有哪几种类型? 其结构和特点如何?

1-12　试分折钻、扩和铰三种加工方法的工艺特点,并说明这三种孔加工工艺之间的联系。

第2章　切削过程及控制方法

◆——— 2.1　切削加工基本知识 ◆———

切削加工是指通过刀具和工件之间的相互作用,使刀具在被加工工件表面上切去多余材料,从而获得具有一定的尺寸精度、几何形状精度、位置精度和表面质量的机械加工方法。目前切削加工是机械制造业中使用最广的加工方法,在现代制造中绝大多数的机械零件,特别是有尺寸精度和表面粗糙度要求的零件,一般都要通过切削加工而得到,所以切削加工是机械制造过程的一个重要组成部分。为了实现切削加工必须具备三个条件:①刀具和工件之间必须具有相对运动;②刀具必须具有一定的切削性能;③刀具必须具有合理的几何角度。因此,本章主要介绍切削运动、刀具材料和刀具几何参数等基本知识,同时研究在切削过程中切削变形、切削力、切削热与刀具磨损等一系列物理现象的成因、作用和变化规律;掌握这些规律,对于合理使用与设计刀具、夹具和机床,保证零件加工质量,减少能量消耗,提高生产率和促进生产技术发展等方面起着重要的作用。

2.1.1　切削运动及切削参数

1.切削运动

为了切除多余的材料,刀具和工件之间必须具有相对运动,即切削运动。切削运动可分为主运动和进给运动。

(1)主运动,是刀具切下材料所必需的最主要的运动。它使刀具切削刃切入工件材料,使被切削层转变为切屑,从而形成工件的新表面。切削加工中主运动只有一个,其特征是速度最高、消耗功率最大。主运动速度是切削速度,用 v_c 表示,其方向是切削刃上选定点相对于工件的瞬时运动方向,如图2-1所示。主运动既可以是回转运动也可以是直线运动;可由工件完成,也可由刀具完成;如车削和镗削时工件的旋转运动、铣削时铣刀的旋转运动、刨削时刨刀的往复直线运动等,如图2-1所示。

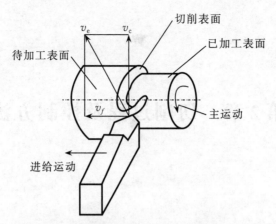

图2-1 外圆车削时的切削运动与加工表面

(2)进给运动,是不断把被切削层材料投入切削过程中,以便形成已加工表面的运动。进给运动一般速度较低,消耗功率小;可以由一个或多个运动组成;可由刀具完成(车削、钻削),也可由工件完成(铣削、磨削);可以是连续的(车削、铣削等),也可以是间歇的(刨削)。进给运动的速度用v_f表示,如图2-2所示;如车削时,车刀的纵向或横向运动,磨削时工件的旋转和工作台带动工件的移动等。

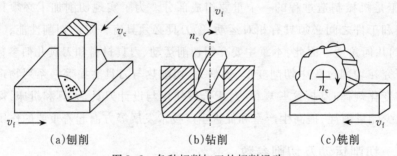

(a)刨削　　　　　　　(b)钻削　　　　　　　(c)铣削

图2-2 各种切削加工的切削运动

2.切削加工过程中的加工表面

在切削过程中,工件被加工表面上始终存在着三个不断变化着的表面,如图2-1所示。

(1)待加工表面:工件上即将被切除的表面。

(2)已加工表面:工件上经刀具切削后产生的新表面。

(3)切削表面:工件上切削刃正在切削的表面。它是待加工表面和已加工表面之间的过渡表面。

3.切削用量

切削用量是切削速度、进给量和背吃刀量(切削深度)的总称,又称切削用量三要素。切削用量是机床调整、切削力与切削功率计算、时间定额计算及工序成本核算的重要依据。

(1)切削速度。切削速度v_c是指刀具切削刃上选定点相对于工件待加工表面在主运动方向上的瞬时速度,单位为m/s或m/min。

当主运动是旋转运动时,则切削速度由下式确定:

$$v_c = \frac{\pi dn}{1000} \qquad (2-1)$$

式中:d—工件待加工表面的直径或刀具的最大直径(mm);

$\qquad n$—主运动在单位时间内的转数,即主轴的转速(r/s 或 r/min)。

若主运动为往复直线运动(如刨削),则用其平均速度作为切削速度,即:

$$v_c = \frac{2Ln_r}{1000} \qquad (2-2)$$

式中:L—往复直线运动的行程长度(mm);

$\qquad n_r$—主运动每分钟的往复次数(次/s 或 次/min)。

(2)进给量。进给量是刀具在进给运动方向上相对于工件的位移量,用 f 表示。

当主运动是回转运动时(如车、铣、钻、磨削等),进给量是指工件或刀具每回转一周时两者沿进给运动方向的相对位移量,单位是 mm/r。

当主运动为往复直线运动时(如刨削、插削等),进给量是指工件或刀具每往复一个行程时,两者沿进给运动方向的相对位移量,其单位为 mm/双行程。

对于铣刀、铰刀、拉刀、齿轮滚刀等多刃刀具,在进行加工时,还应规定每齿进给量,即在每转或每一行程中每个刀齿相对于工件在进给运动方向上的位移,用 f_z 表示,单位是 mm/z。

进给运动的大小可以用进给速度 v_f 表示,即单位时间内的进给位移量,单位是 mm/s (或 mm/min)。

进给速度、进给量和每齿进给量之间的关系为:

$$v_f = nf = nzf_z \qquad (2-4)$$

式中:z—刀具齿数。

(3)背吃刀量。刀具切削刃与工件的接触长度在同时垂直于主运动和进给运动的方向上的投影值称为背吃刀量,用 a_p 表示,其单位是 mm。外圆车削的背吃刀量就是工件已加工表面和待加工表面间的垂直距离,如图 2-3(a)所示。

$$a_p = \frac{d_w - d_m}{2} \qquad (2-5)$$

式中:d_w—工件上待加工表面直径(mm);

$\qquad d_m$—工件上已加工表面直径(mm)。

4.切削层参数

在切削过程中,刀具或工件沿进给方向移动一个进给量或一个刀齿时,刀具的刀刃从工件待加工表面切下的金属层称为切削层。切削层参数是指在垂直于主运动方向的平面中测量的切削层的截面尺寸,包括切削层的厚度、宽度和面积。它决定刀具所承受的负荷和切屑尺寸大小。

现以外圆车削为例来说明,如图 2-3(a)所示,车削外圆时,工件每转一转,车刀沿工件轴线移动一个进给量 f 的距离,主切削刃及其对应的工件切削表面也由位置Ⅰ连续移至位置Ⅱ,因而Ⅰ、Ⅱ之间的金属转变为切屑,被切下的这层金属即为切削层。

（1）切削层公称厚度 h_d。垂直于切削表面度量的切削层尺寸称为切削层公称厚度 h_d（简称为切削厚度）。

车外圆时，如车刀主切削刃为直线，如图2-3(b)所示，则：

$$h_d = f \sin \kappa_r \qquad (2-6)$$

（2）切削层公称宽度 b_d。沿切削表面度量的切削层尺寸称为切削层公称宽度 b_d（简称为切削宽度），车外圆时则：

$$b_d = a_p / \sin \kappa_r \qquad (2-7)$$

（3）切削层公称横截面积 A_d。切削层在切削层尺寸度量平面内的横截面积称为切削层公称横截面积 A_d（简称为切削面积），车外圆时则：

$$A_d = h_d b_d = f a_p \qquad (2-8)$$

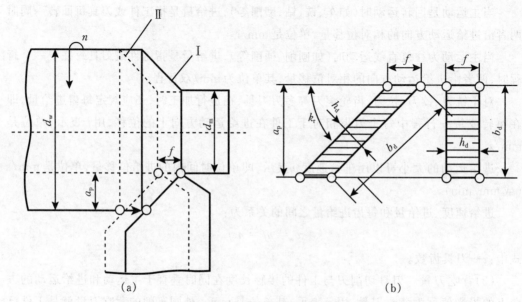

图2-3 切削用量与切削层参数

2.1.2 刀具几何角度

切削刀具虽然种类很多，形状各异，但它们切削部分的结构要素和几何形态有着许多共同的特征。它们的切削部分都可以近似看成是一把外圆车刀的切削部分。下面就从车刀着手进行分析和研究刀具切削部分。

1.刀具切削部分的构成

外圆车刀的切削部分如图2-4所示，由刀头和刀体组成。刀体的主要作用是将刀具夹持在刀架上，刀头是参与切削的部分，由以下要素组成：

（1）前刀面 A_γ：切屑沿其流出的刀具表面；

（2）主后刀面 A_α：刀具上与工件切削表面相接触并相互作用的表面；

（3）副后刀面 A'_α：刀具上与工件已加工表面相接触并相互作用的表面；

（4）主切削刃 S：前刀面与主后刀面的交线，它承担主要切削工作，也称为主刀刃；

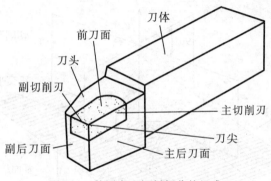

图2-4　外圆车刀切削部分的组成

（5）副切削刃S'：前刀面与副后刀面的交线，它协同主切削刃完成切削工作，并最终形成已加工表面，也称为副刀刃；

（6）刀尖：连接主切削刃和副切削刀的一段刀刃，它可以是一段小的圆弧，也可以是一段直线。

其他各类刀具可看作是车刀的演变和组合。

2.刀具角度参考系

刀具要从工件表面上顺利地切除多余的材料并获得预期的加工质量，刀具切削部分必须具有合理的几何形状。刀具切削部分的几何形状主要是由各刀面和刀刃的方位角度来表示。为了确定刀具的这些方位角度，必须将刀具置于相应的参考系中。按构造参考系时所依据的切削运动的差异，参考系可分为：刀具标注角度参考系和刀具工作角度参考系。

（1）刀具标注角度参考系。刀具标注角度参考系（或静止参考系）是在设计、制造、刃磨和测量刀具时，用于定义刀具角度的参考系，在该参考系中定义的角度称为刀具的标注角度。

刀具的标注角度实际上是在假定条件下的工作角度。在定义刀具标注角度参考系时设定了两个假设条件：

①运动条件：忽略进给运动的影响，合成切削运动方向由主运动方向确定，即$\vec{v}_e = \vec{v}_c$。

②安装条件：刀具安装基准面垂直于主运动方向，刀杆中心线与进给运动方向垂直，刀尖与工件回转中心等高，即无安装误差。

构成刀具标注角度参考系的参考平面常用是正交平面参考系，通常有基面、切削平面、主剖面，各参考平面定义如下（如图2-5所示）：

1）基面P_r：通过主切削刃上选定点，与该点主运动方向相垂直的平面。通常，基面应平行或垂直于刀具上便于制造、刃磨和测量的某一安装定位平面或轴线。例如，普通车刀、刨刀的基面平行于刀具底面，如图2-5所示。钻头、铣刀和滚刀等旋转类刀具，其切削刃各点的旋转运动（即主运动）方向，都垂直于通过该点并包含刀具旋转轴线的平面，故其基面就是刀具的轴向剖面。

2）切削平面P_s：通过主切削刃上选定点，与主切削刃相切，并垂直于基面的平面。也就是主切削刃与主运动方向构成的平面，如图2-5所示。

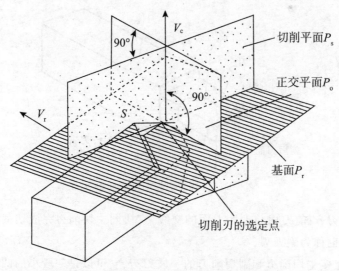

图2-5　确定车刀角度的正交平面参考系

3)主剖面(或正交平面)P_o:通过主切削刃上选定点,并与主切削刃在基面上的投影相垂直的平面,即主剖面同时垂直于该点基面和切削平面,如图2-5所示。

4)副切削平面P'_s:通过副切削刃上选定点,与副切削刃相切,并垂直于基面的平面。

5)副主剖面(或副正交平面)P'_o:通过副切削刃上选定点,并与副切削刃在基面上的投影相垂直的平面,副主剖面同时垂直于该点基面和副切削平面。

除正交平面参考系外,常用的标注刀具角度的参考系还有法平面参考系、背平面参考系和工作平面参考系等。

(2)刀具工作角度参考系。刀具标注角度参考系,是在假定条件下确定的。刀具在实际使用时,刀具标注角度参考系所确定的刀具角度往往不能确切地反映切削加工的真实情形。如果考虑进给运动和刀具实际安装情况的影响,各参考平面的位置应按合成切削运动方向$\vec{v}_e$来确定,这时的参考系为刀具工作角度参考系。

刀具工作角度参考系同标注角度参考系的唯一区别是构造参考系时,前者由主运动方向确定,而后者则由合成切削运动方向确定。构成刀具工作角度参考系的参考平面常用是正交平面参考系,通常有工作基面、工作切削平面、工作主剖面,各工作参考平面定义如下:

①工作基面P_{re}:通过主切削刃上选定点,与该点合成切削运动方向相垂直的平面。

②工作切削平面P_{se}:通过主切削刃上选定点,与主切削刃相切,并垂直于工作基面的平面。

③工作主剖面(或正交平面)P_{oe}:通过主切削刃上选定点,并与主切削刃在工作基面上的投影相垂直的平面,工作主剖面同时垂直于该点的工作基面和工作切削平面。

3.刀具切削部分的几何角度

(1)刀具标注角度。在刀具的标注角度参考系中确定的切削刃和各刀面的方位角度,称为刀具标注角度。由于刀具角度的参考系沿切削刃各点可能是变化的,故所定义的刀具角度应指明是切削刃选定点处的角度;凡未特殊注明者,则指切削刃上与刀尖毗邻的那一点的角度。当切削刃(如铣刀、钻头等刀具)是曲线或者前、后刀面是曲面时,定义刀具的角度时,应该用通过切削刃选定点的切线或切平面代替曲线刃或曲面。

在正交平面参考系中,刀具标注角度的名称、符号与定义如下(如图2-6所示):

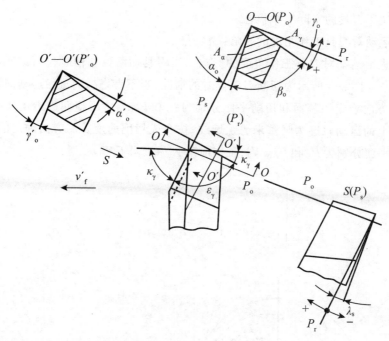

图 2-6　刀具的标注角度

①前角 γ_o：在主剖面 P_o 内测量，前刀面与基面之间的夹角。前刀面在基面之下时前角为正值，前刀面在基面之上时前角为负值。

②后角 α_o：在主剖面 P_o 内测量，主后刀面与切削平面之间的夹角，一般为正值。

③主偏角 κ_r：在基面 P_r 内测量，主切削刃在基面上的投影与进给运动方向之间的夹角。

④刃倾角 λ_s：在切削平面 P_s 内测量，主切削刃与基面之间的夹角。在主切削刃上，刀尖为最高点时，刃倾角为正值；刀尖为最低点时，刃倾角为负值；主切削刃与基面平行时，刃倾角为零。

⑤副偏角 κ'_r：在基面 P_r 内测量，副切削刃在基面上的投影与进给运动反方向之间的夹角。

⑥副后角 α'_o：在副主剖面 P'_o 内测量，副后刀面与副切削平面 P'_s 之间的夹角，一般为正值。

上述前角 γ_o、后角 α_o、主偏角 κ_r 和刃倾角 λ_s 四个角度可以确定车刀主切削刃及其前刀面和主后刀面的方位。其中前角 γ_o 和刃倾角 λ_s 确定了前刀面的方位，主偏角 κ_r 和后角 α_o 确定了主后刀面的方位，主偏角 κ_r 和刃倾角 λ_s 确定了主切削刃的方位。同理，副切削刃及其相关的副前刀面、副后刀面在空间的定位也需用四个角度：即副前角 γ'_o、副偏角 κ'_r、副后角 α'_o、副刃倾角 λ'_s。

如图 2-6 所示的车刀副切削刃与主切削刃共处在同一前刀面上，因此，当前角 γ_o 和刃倾角 λ_s 两者确定后，前刀面的方位已经确定，所以不需要定义副前角和副刃倾角。

一般刀具的三个刀面和两个切削刃所需标注的独立角度只有上述六个。主切削刃与副切削刃之间的夹角 ε_r 被称为刀尖角。

（2）刀具工作角度。在刀具工作角度参考系中确定的刀具角度称为刀具的工作角度。

037

工作角度反映了刀具的实际工作状态。

①进给运动对刀具工作角度的影响：

1)横向进给运动对刀具工作角度的影响。当刀具切断或切槽时,刀具进给运动是沿横向进行的。如图2-7所示为切断刀工作时的情况,当不考虑横向进给运动的影响时,按切削速度的方向确定的基面和切削平面分别为P_r和P_s,当考虑横向进给运动的影响后,刀具在工件上的运动轨迹为阿基米德螺旋线,按合成切削速度$\vec{v}_e$的方向确定的工作基面和工作切削平面分别为P_{re}和P_{se}。则,工作前角γ_{oe}和工作后角α_{oe}为：

$$\begin{cases} \gamma_{oe} = \gamma_o + \eta \\ \alpha_{oe} = \alpha_o - \eta \\ \eta = \arctan v_f / v_c = \arctan \left(\dfrac{f}{\pi d_w} \right) \end{cases} \quad (2-9)$$

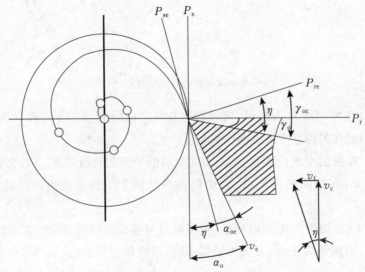

图2-7　横向进给运动对工作角度的影响

η称为螺旋升角,它使刀具的工作前角增大,工作后角减小。一般车削时,进给量比工件直径小很多,故η很小,其对刀具的工作角度的影响不大。但在车端面、切断或车螺纹时,则应考虑螺旋升角的影响。

2)纵向进给运动对刀具工作角度的影响。纵向进给运动对刀具工作角度也会产生影响,它使得车外圆及车螺纹的实际切削表面是螺旋面,如图2-8所示。假定车刀刃倾角$\lambda_s=0$,在不考虑进给运动时,基面P_r垂直于主运动$\vec{v}_c$,切削平面P_s垂直于基面P_r,刀具标注前角和标注后角就是工作前角和后角;若考虑进给运动,工作基面P_{re}垂直于合成切削速度方向$\vec{v}_e$,工作切削平面P_{se}为切于螺旋面的平面。因此,工作基面P_{re}和工作切削平面P_{se}均倾斜了一个角度μ_f,则刀具在进给剖面P_f内的工作前角γ_{fe}和工作后角α_{fe}变为：

$$\begin{cases} \gamma_{fe} = \gamma_f + \mu_f \\ \alpha_{fe} = \alpha_f - \mu_f \\ \tan\mu_f = f / (\pi d_w) \end{cases} \quad (2-10)$$

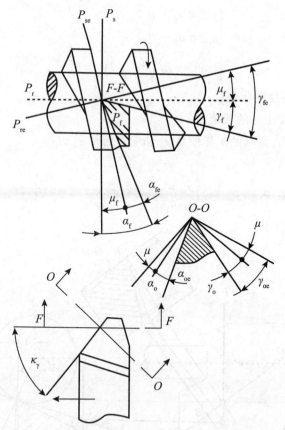

图2-8　车螺纹时纵向进给运动对工作角度的影响

在主剖面内,刀具的工作角度为:

$$\begin{cases} \gamma_{oe} = \gamma_o + \mu \\ \alpha_{oe} = \alpha_o - \mu \\ \tan\mu = \tan\mu_f \sin\kappa_r = f\sin\dfrac{\kappa_r}{\pi d_w} \end{cases} \qquad (2-11)$$

由上式可知,μ_f 和 μ 与进给量 f 和工件直径 d_w 有关。f 愈大或 d_w 愈小,μ_f 和 μ 将增大,工作前角将增大,工作后角将减小。

②刀具安装位置对刀具工作角度影响:

1)刀具安装高低对刀具工作角度的影响。安装车刀时,如刀尖高于或低于工件回转中心,切削速度方向将发生变化,引起基面和切削平面的变化,从而使刀具工作角度发生变化。

当刀尖高于工件回转中心时,如图2-9所示,若不考虑车刀进给运动的影响,在背平面 P–P 内与工件上的切削表面相切的工作切削平面 P_{se} 以及与其垂直的工作基面 P_{re} 都逆时针地转了一个角度 θ_p,使工作前角增大,工作后角减小。在背平面 P–P 上的工作前角 γ_{pe} 和工作后角 α_{pe} 为:

$$\begin{cases} \gamma_{pe} = \gamma_p + \theta_p \\ \alpha_{pe} = \alpha_p - \theta_p \\ \tan\theta_p = h/\sqrt{(d_w/2)^2 - h^2} \end{cases} \quad (2\text{-}12)$$

式中：θ_p—背平面内角度变化值；

h—刀尖高于工件中心的数值。

在主剖面 $O\text{-}O$ 内，刀具的工作前角 γ_{oe} 和工作后角 α_{oe} 为：

$$\begin{cases} \gamma_{oe} = \gamma_o + \theta_o \\ \alpha_{oe} = \alpha_o - \theta_o \\ \tan\theta_o = \tan\theta_p \cos\kappa_r \end{cases} \quad (2\text{-}13)$$

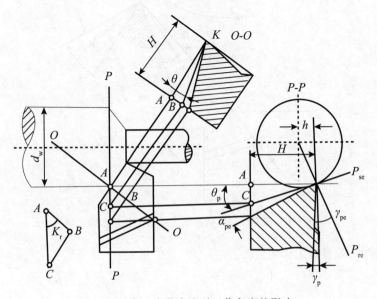

图 2-9　车刀安装高度对工作角度的影响

当刀尖低于工件中心时，实际工作前角 γ_{oe} 将比标注前角 γ_o 小一个 θ_o，工作后角 α_{oe} 将比标注后角 α_o 大一个 θ_o。

2)刀杆中心线与进给方向不垂直对刀具工作角度的影响。当车刀刀杆中心线与进给方向不垂直时，会引起工作主偏角 κ_{re} 和工作副偏角 κ'_{re} 的改变。如图 2-10 所示，由于存在刀杆安装角度 θ_A，使得工作主偏角增大了 θ_A，工作副偏角减小了 θ_A。

在主剖面 $O\text{-}O$ 内，刀具的工作主偏角和副偏角计算公式如下：

$$\begin{cases} \kappa_{re} = \kappa_r \pm \theta_A \\ \kappa'_{re} = \kappa'_r \mp \theta_A \end{cases} \quad (2\text{-}14)$$

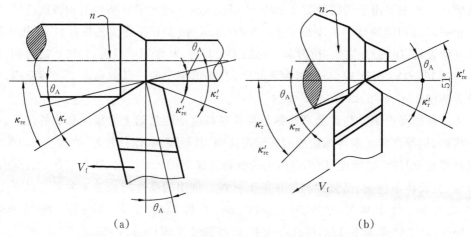

图2-10　刀杆中心线与进给方向不垂直对主偏角和副偏角的影响

4.刀具几何角度的合理选择

刀具几何角度的选择是否合理,对刀具使用寿命、加工质量、生产效率和加工成本有着重要影响。因此,合理的刀具几何角度是指在保证已加工表面质量前提下,能获得最高刀具耐用度,从而能达到提高生产率和降低成本的刀具几何角度。

扫描以下二维码,阅读详细刀具几何角度的合理选择。

2.1.3　刀具材料及其选择

在金属切削过程中,刀具切削性能的优劣对工件表面加工质量、生产率有决定性的影响。随着机床性能的提高,刀具的性能也将直接影响机床性能的发挥。刀具性能的优劣,不仅取决于刀具切削部分的几何参数,还取决于刀具切削部分的材料。因此,金属切削过程中不仅要求刀具切削部分应该具有合理的几何参数,而且还要求刀具材料具有良好的切削性能,包括:①高的硬度;②高的耐磨性;③足够的强度和韧性;④高的耐热性与化学稳定性;⑤良好的热物理性能和耐热冲击性;⑥良好的工艺性和经济性。

1.常用刀具材料

(1)高速钢。高速钢是指含有较多 W、Cr、Mo、V 等合金元素的高合金工具钢,俗称锋钢或白钢。高速钢有较高的硬度(62~67HRC)、耐磨性和耐热性(约600~650℃);有足够的强度和韧性,可在有冲击、振动的场合应用;制造工艺性好,容易磨出锋利的切削刃。目前,高速钢是主要的刀具材料之一。高速钢按其化学成分不同可分为钨系、钨钼系高速钢;按其制造方法不同可分为熔炼高速钢和粉末冶金高速钢;按其用途和切削性能不同可分为普通高速钢和高性能高速钢。

①普通高速钢。普通高速钢含碳量约为 0.7%~0.9%,热稳定性约为 615~620℃,综

合性能好。其主要用于切削硬度在250~280HBS以下的大多数结构钢和铸铁材料,切削普通钢料时的切削速度一般不高于40~60m/min。由于其制造工艺性好,广泛用于制造形状复杂刀具,如铣刀、钻头、拉刀和齿轮加工刀具等,其常用牌号有:1)钨系高速钢:典型牌号为W18Cr4V,简称W18;2)钨钼系高速钢:将钨钢中的一部分钨以钼代替而得,典型牌号为W6Mo5Cr4V2,简称M2。

②高性能高速钢。高性能高速钢是在普通高速钢的基础上增加碳和钒的含量,并添加一些钴、铝等合金元素熔炼而成的新型高速钢,其硬度高、耐热性好,在630~650℃时仍能保持接近60HRC的硬度,使用寿命约为普通高速钢的2.3~3倍,适用于加工高温合金、钛合金、奥氏体不锈钢、高强度钢等难加工材料。常用的高性能高速钢主要有以下几种:1)钴高速钢:典型牌号为W2Mo9Cr4VCo8,简称M42;2)铝高速钢:典型牌号为W6Mo5Cr4V2Al,简称501;3)高钒高速钢:典型牌号为W12Cr4V4Mo。

(2)硬质合金。硬质合金是由高硬度和高熔点的金属碳化物(WC、TiC、TaC、NbC等)和金属黏结剂(Co、Mo、Ni等)用粉末冶金工艺制成。金属碳化物的成分、性能、数量和粒度决定了硬质合金的硬度、耐磨性和耐热性;黏结剂的数量决定了硬质合金的强度和韧性。硬质合金常温硬度为89~93HRC,化学稳定性好、热稳定性好、耐磨性好,耐热温度为800~1000℃,与高速钢相比,硬度高、耐磨性好、耐热性高,允许的切削速度比高速钢高5~10倍。但是,硬质合金的抗弯强度只有高速钢的1/2~1/4,其冲击韧性为高速钢的1/8~1/30,因此,硬质合金承受切削振动和冲击的能力较差。

硬质合金以其优良的性能被广泛用作刀具材料,常用于制造车刀和面铣刀,也可用硬质合金制造深孔钻、铰刀、拉刀和滚刀,可加工包括淬硬钢在内的多种材料。尺寸较小和形状复杂的刀具,可采用整体硬质合金制造,但整体硬质合金刀具成本较高。

硬质合金按其化学成分与使用性能分为四类:钨钴类(WC+Co)、钨钛钴类(WC+TiC+Co)、钨钛钽(铌)类(WC+TiC+TaC(或NbC)+Co)及碳化钛基类(TiC+WC+Ni+Mo)。按ISO标准,以硬质合金的硬度、抗弯强度等指标为依据,硬质合金刀片材料大致分为K、P、M三大类。

①钨钴类硬质合金(WC+Co),代号为YG类,相当ISO标准的K类。

常用牌号有YG8、YG6X、YG6A、YG6、YG3X、YG3等。YG代号后的数字为该牌号合金含钴量的百分数;YG类硬质合金有粗晶粒、中晶粒、细晶粒、超细晶粒之分;在含Co量相同时,一般细晶粒(YG6X)与中晶粒(YG6)相比较,其硬度、耐磨性要高些,但抗弯强度、韧性则低些;合金中含钴量越高,韧性越好,适于粗加工,含钴量少的用于精加工。YG类硬质合金抗弯强度与韧性比YT类高,切削时不易崩刃。在加工脆性材料时切屑呈崩碎状,YG类硬质合金刀具能承受切屑的冲击,因此主要适合于加工产生崩碎切屑及有冲击载荷的脆性金属材料(如铸铁、有色金属及其合金与非金属材料,以及含Ti元素的不锈钢等)。YG类硬质合金导热性较好,有利于降低切削温度。另外,YG类硬质合金磨削加工性好,可以刃磨出较锋利的刀口。

②钨钛钴类(WC+TiC+Co),代号为YT类,相当ISO标准的P类。

钨钛钴类硬质合金以WC为基体,添加TiC,用Co作黏结剂烧结而成。合金中TiC含量提高,Co含量就降低。常用牌号有YT30、YT15、YT14、YT5等,YT代号后的数字为该牌号含合金 TiC 的百分数。YT 类硬质合金有较高的硬度,特别是有较高的耐热性、较好的抗黏结、抗氧化能力,但抗弯强度及抗冲击韧性较差。加工钢时塑性变形大、摩擦剧烈、切削温度较高,而 YT 类硬质合金磨损慢、刀具寿命高,因此 YT 类硬质合金常用于加工塑性变形大的钢材等。随着合金中 TiC 含量提高,其硬度、耐磨性和耐热性进一步提高,但抗弯强度、导热性,特别是冲击韧性明显下降。因此合金中含钴量越高、韧性越好,适于粗加工,反之用于精加工。

③钨钛钽(铌)类硬质合金(WC+TiC+TaC(或 NbC)+Co),代号为 YW 类,相当 ISO 标准的 M 类。

YW 类硬质合金是在 WC、TiC、Co 的基础上再加入 TaC(或 NbC)而成。常用牌号有 YW1 和 YW2。加入 TaC(或 NbC)后,可改善硬质合金的综合性能,TaC 或 NbC 在合金中的主要作用是提高硬质合金的高温硬度与高温强度,TaC 或 NbC 还可提高硬质合金的常温硬度、抗弯强度与冲击韧性,特别是提高硬质合金的抗疲劳强度,加入 TaC 或 NbC 能阻止 WC 晶粒在烧结过程中的长大,有助于细化晶粒,提高硬质合金的耐磨性。这类硬质合金既适用于加工脆性材料,又适用于加工塑性材料,还可以加工高温合金和不锈钢等难加工材料,有通用硬质合金之称。

常用硬质合金的牌号、性能与用途见表 2-1。

表 2-1 常用硬质合金的牌号、性能与用途

类别	牌号	相当于 ISO 分组代号	物理力学性能			用途
			热导率/ W·(m·k)$^{-1}$	抗弯强度/ MPa	硬度/ HRA	
钨钴类	YG3	K01	87.9	1080	91	铸铁、有色金属及其合金与非合金材料连续切削时的精车、半精车
	YG3X	K01		981	92	
	YG6X	K10	79.6	1320	91	冷硬铸铁、合金铸铁、耐热钢的加工及普通铸铁的加工
	YG6	K20	79.6	1370	89.5	铸铁、有色金属及其合金与非合金材料的粗加工与半精加工
	YG8	K30	75.4	1470	89	铸铁、有色金属及其合金、非金属材料的粗加工,可用于断续加工
钨钛钴类	YT30	P01	20.9	880	92.5	碳钢、合金钢及调质的精加工
	YT15	P10	33.49	1130	91	碳钢及合金钢连续切削时的半精加工及精加工,间断切削时的精加工
	YT14	P20	33.5	1180	90.5	碳钢及合金钢连续切削时的粗车,不平端面和间断切削时的半精车及精车,连续面的粗铣等
	YT5	P30	62.8	1280	89.5	碳钢及合金钢,包括钢锻件以及不平整端面和间断切削时的粗车、粗刨、半精刨、粗铣

续表

类别	牌号	相当于ISO分组代号	物理力学性能			用途
			热导率/W·(m·k)-1	抗弯强度/MPa	硬度/HRA	
添加钽或铌类	YG6A	K10		1320	92	冷硬铸铁、白口铁、有色金属及其合金的半精加工,高锰钢、淬火钢及合金钢的半精加工及精加工
	YG8N	K20		1470	89.5	冷硬铸铁、白口铁、有色金属的精加工,不锈钢的粗加工和半精加工
	YW1	M10		1230	92	耐热钢、高锰钢、不锈钢等难加工材料及普通钢和铸铁的精加工与半精加工
	YW2	M20		1470	91	耐热钢、高锰钢、不锈钢、高合金钢等难加工及普通钢和铸铁的加工的粗加工与半精加工
碳化钛基类	YN05	P01		880	93	碳素钢、合金钢、不锈钢、工具钢、淬硬钢连续表面的精加工
	YN10	P01		1080	92	碳素钢、合金钢、不锈钢、工具钢、淬硬钢、铸铁及合金铸铁的高速车,系统刚度较高的细长轴精加工

注:表中 Y—硬质合金;G—元素 Co,其后数字表示 Co 的含量;X—细晶粒合金;T—TiC,其后数字表示 TiC 的含量;A—含 TaC(或 NbC)的合金;W—通用合金;N—以 Ni(Mo)作黏合剂的合金。

(3)涂层刀具。涂层是指通过化学或物理的方法在韧性较好的刀具基体表面上涂覆一层耐磨性好的难熔金属化合物,既能提高刀具材料的耐磨性,又不降低其韧性。常用的涂层材料有 TiC、TiN、Al_2O_3 及其复合材料等,涂层厚度随刀具材料不同而异。数控机床所用切削刀具中有 80% 左右使用涂层刀具。

根据刀具基体不同,涂层刀具可分为硬质合金涂层刀具、高速钢涂层刀具、陶瓷和超硬材料涂层刀具。涂层硬质合金一般采用化学气相沉积法(CVD),沉积温度 1000℃;涂层高速钢采用物理气相沉积法(PVD),沉积温度 500℃。

常用的涂层材料,可通过下方二维码扫码阅读。

(4)陶瓷刀具材料。陶瓷刀具材料的主要成分是硬度和熔点都很高的 Al_2O_3 或 Si_3N_4 等氧化物或氮化物,再加入少量的金属碳化物、氧化物或纯金属等添加剂,经压制成形后烧结而成的一种刀具材料。

陶瓷刀具的特点,可通过下方二维码扫码阅读。

陶瓷刀具主要用于半精加工和精加工高硬度、高强度钢和冷硬铸铁等难加工材料的车削、铣削加工。

常用的陶瓷刀具材料有:氧化铝基氧化物陶瓷(CA,白陶瓷);氧化铝基＋碳化物复合陶瓷(CM,黑陶瓷);氮化硅基氮化物陶瓷(CN,非氧化物陶瓷)。目前氧化铝基和氮化硅基陶瓷刀具材料的应用最为广泛。

(5)立方氮化硼刀具材料。立方氮化硼(Cubic Boron Nitride,CBN)是由六方氮化硼(俗称白石墨)在高温高压下加入催化剂转变而成的,它是20世纪70年代才发展起来的一种新型刀具材料。

立方氮化硼刀具的特点,可通过下方二维码扫码阅读。

立方氮化硼有单晶体和多晶体之分,即CBN单晶和聚晶立方氮化硼(Polycrystalline cubic bornnitride,简称PCBN)。CBN是氮化硼(BN)的同素异构体之一,结构与金刚石相似。PCBN(聚晶立方氮化硼)是在高温高压下将微细的CBN材料通过结合相(TiC、TiN、Al、Ti等)烧结在一起的多晶材料,是目前利用人工合成的硬度仅次于金刚石的刀具材料,它与金刚石统称为超硬刀具材料。PCBN主要用于制作刀具或其他工具。

根据CBN的性能特点,立方氮化硼刀具最适于用来精加工各种淬火钢、硬铸铁、高温合金、硬质合金、表面喷涂材料等难切削材料。加工精度可达IT5(孔为IT6),表面粗糙度值可小至 Ra1.25～0.20μm。立方氮化硼刀具材料韧性和抗弯强度较差。因此,立方氮化硼车刀不宜用于低速、冲击载荷大的粗加工;同时不适合切削塑性大的材料(如铝合金、铜合金、镍基合金、塑性大的钢等),因为切削这些金属时会产生严重的积屑瘤,而使加工表面质量恶化。由于CBN脆性大,不宜低速切削,通常采用负前角高速切削,以发挥刀具材料在高温时相对工件材料的硬度优势。

(6)金刚石。金刚石是碳的同素异形体,它是在高温高压下由石墨转化而成。是目前人工制造出的最坚硬物质。金刚石刀具具有高硬度、高耐磨性和高导热性能,在有色金属和非金属材料加工中得到广泛的应用。在铝和硅铝合金的高速切削加工中,金刚石刀具是难以替代的主要切削刀具品种,并且是现代数控加工中不可缺少的重要工具,可实现高效率、高稳定性加工,且刀具耐用度高。

金刚石刀具的主要性能特点,可通过下方二维码扫码阅读。

由于金刚石刀具的特点,可用于在高速下加工硬度达65～70HRC的硬质合金、陶瓷等材料;也可用于加工高硬度的非金属材料,如石材、压缩木材、玻璃等;还可加工有色金属,如铝硅合金材料以及复合难加工材料的精密及超精密加工。

一般而言,PCBN、陶瓷刀具、涂层硬质合金及TiCN基硬质合金刀具适合于钢铁等黑色金属的数控加工;而PCD刀具适合于对Al、Mg、Cu等有色金属材料及其合金和非金属材料的加工。表2-2列出了上述各种刀具材料所适合加工的一些工件材料。

表2-2 新型刀具材料所适合加工的一些工件材料

刀具	高硬钢	耐热合金	钛合金	镍基高温合金	铸铁	纯钢	高硅铝合金	FRP复材料
PCD	×	×	◎	×	×	×	◎	◎
PCBN	◎	◎	○	◎	◎		△	△
陶瓷刀具	◎	◎	×	◎	◎	△	×	×
涂层硬质合金	○	◎	◎	△	◎	◎	△	△

注:符号含义是:◎—优,○—良,△—尚可,×—不合适。

2.刀具材料的选择原则

刀具材料选择是否合理不仅影响刀具的寿命,同时对工件的加工质量也有较大的影响。如何正确选择刀具材料、牌号,需要全面掌握金属切削的基本知识和规律,同时还要了解刀具材料的切削性能和工件材料的切削加工性能以及加工条件,抓住切削中的主要矛盾并考虑经济合理来决定刀具材料选择。

一般刀具材料的选择应遵循以下原则:

(1)加工普通工件材料时,一般选用普通高速钢与硬质合金;加工难加工材料时,可选用高性能和新型刀具材料牌号。只有在加工高硬材料或精密、超精密加工中常规刀具材料难以胜任时,才考虑用超硬材料立方氮化硼和金刚石。

(2)由于刀具材料在强度、韧性和硬度耐磨性两者之间总是难以完全兼顾的,在选择刀具材料牌号时,根据工件材料的切削加工性和加工条件,通常先考虑耐磨性,崩刃问题尽可能用最佳刀具几何参数解决;如果因刀具材料脆性导致崩刃,要考虑降低耐磨性要求,选强度和韧性较好的牌号。

(3)低速切削时,切削过程不平稳,容易产生崩刃现象,宜选强度和韧性好的刀具材料。高速切削时,高的切削温度对刀具材料的磨损影响最大,应选择耐磨性好的刀具材料牌号。

2.2 切削变形过程

金属切削过程实际上是切屑形成与已加工表面形成过程,而金属切削加工过程中的各种物理现象,如切削力、切削热与切削温度、刀具磨损以及加工表面质量等,均是以切屑形成过程和已加工表面形成过程为基础的。

2.2.1 切屑的形成及切削变形程度

切屑是切削过程中工件材料经过刀具的作用而形成的,是加工过程中产生的废物。但切削过程的一切物理化学变化都是因为形成切屑而引起的。所以了解切屑的形成过程,对理解切削规律及其本质是非常重要的。

1.切屑的形成过程

切削层金属在切削过程中的变形是比较复杂的。切削层金属在刀具前刀面作用下发生滑移,产生塑性变形,然后在沿前刀面流出去的过程中,受摩擦力作用再次发生滑移变形,最后形成切屑。图 2-11 所示为在直角自由切削工件条件下金属切削过程中的变形滑移线和流线示意图。OA 滑移线称作始滑移线,OM 称作终滑移线。流线表明被切削金属中的某一点在切削过程中流动的轨迹。切削过程中,切削层金属的变形可划分为三个区域。

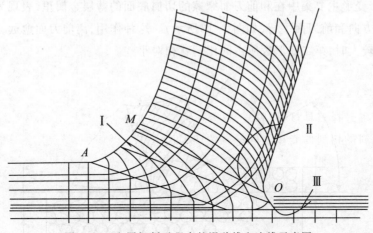

图 2-11　金属切削过程中的滑移线和流线示意图

(1)第一变形区。从 OA 线开始发生塑性变形,到 OM 线金属晶粒的剪切滑移基本完成。OA 线和 OM 线之间的区域(图中 Ⅰ 区)称为第一变形区,又称基本变形区。

在图 2-12 中,OA、OB 和 OM 为等剪应力曲线。当刀具以切削速度 v_c 向前推进时,可以看作是刀具不动,工件上的点 P 以速度 v_c 反向逼近刀具。当 P 点到达点 1 时,其剪应力达到材料的屈服强度 τ_s,P 点继续向前移动的同时,也沿 OA 移动,合成运动使 P 点从点 1 移动到点 2,2-2′就是 P 点的滑移量。随着滑移的产生,剪应变将逐渐增加,也就是当 P 点向 1,2,3,…,各点移动时,它的剪应变不断增加,直到点 4 位置,此时其流动方向与前刀面平行,不再沿 OM 滑移线滑移。

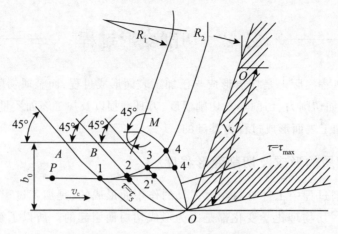

图 2-12　第一变形区的金属滑移

在 OA 到 OM 之间整个第一变形区内,其变形的主要特征就是沿滑移线的剪切变形,以及随之产生的加工硬化。在一般切削速度范围内,第一变形区的宽度仅为 0.02～0.2mm,所以可以用一剪切面 OM 来表示(如图 2-13 所示)。剪切面 OM 与切削速度方向的夹角称作剪切角,以 ϕ 表示。

(2)第二变形区。切屑沿前刀面排出时,还须克服刀具前刀面对切屑挤压而产生的摩擦力。切屑在受前刀面挤压、摩擦过程中进一步发生变形,也就是第二变形区(图 2-11 中 Ⅱ区)。这个变形主要集中在和前刀面摩擦的切屑底面的薄层金属里,表现为该处金属晶粒纤维化的方向和前刀面平行(如图 2-13 所示)。这种作用,离前刀面愈远,影响愈小,所以切削厚度较大时,第二变形区所占的比例就相对小些。

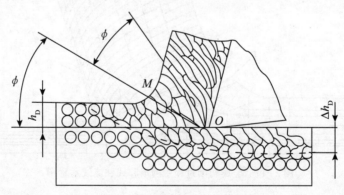

图 2-13　滑移与晶粒的伸长

(3)第三变形区。由于刀具刃口不可能绝对锋利,钝圆半径的存在使切削层参数中公称切削厚度不可能完全切除,会有很小一部分被挤压到已加工表面,与刀具后刀面发生摩擦,并进一步产生弹、塑性变形,造成表层金属纤维化与加工硬化,从而影响已加工表面质量,这一区域(图 2-11 中 Ⅲ区)称为第三变形区。

三个变形区汇集在切削刃附近,应力比较集中而且复杂,金属的被切削层就在此处分离,一部分变成切屑,一部分留在已加工表面上。切削刃对于切屑的切除和已加工表面的形成有很大关系。

2.切削变形程度的度量方法

切削变形是一个复杂的动态变化过程,其变形量的计算较复杂。一般为研究切削变形的基本规律,通常用剪切角、切削厚度压缩比(变形系数)和相对滑移的大小来衡量切削变形程度。

(1)剪切角 ϕ。从图2-13得知,剪切角和切削变形有十分密切的关系。若剪切角 ϕ 减小,切削变形变大。因此,可以用剪切角 ϕ 的大小来衡量切削变形程度。

(2)切削厚度压缩比 Λ_{h}。在切削过程中,刀具切下的切屑厚度 h_{ch} 通常都大于工件切削层厚度 h_{d},而切屑长度 l_{ch} 却小于切削层长度 l_{c}。切屑厚度 h_{ch} 与切削层厚度 h_{d} 之比称为切削厚度压缩比(厚度变形系数) Λ_{ha},切削层长度与切屑长度之比称为切削长度压缩比(长度变形系数) Λ_{hl}。由图2-14可得:

$$\Lambda_{ha}=\frac{h_{ch}}{h_{d}}=\frac{OM\sin(90°-\phi+\gamma_{o})}{OM\sin\phi}=\frac{\cos(\phi-\gamma_{o})}{\sin\phi} \tag{2-15}$$

$$\Lambda_{hl}=\frac{l_{c}}{l_{ch}} \tag{2-16}$$

由于切削层变成切屑后,宽度变化很小,根据体积不变原理,可求得:

$$\Lambda_{ha}=\Lambda_{hl}=\Lambda_{h} \tag{2-17}$$

切削厚度压缩比 Λ_{ha} 是大于1的有理数,它比较直观地反映了切削变形的程度,且较容易测量。切削厚度压缩比越大,切屑越厚越短,切削变形越大。这种方法简便但较粗略,不能反映切削变形的全部情况,难以进行准确的定量描述。

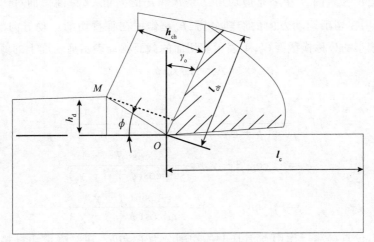

图2-14　变形系数 Λ_{h} 的计算

(3)相对滑移 ε。相对滑移是指切削层在剪切面上的相对滑移量。如图2-15可知,当切削层单元平行四边形 $OHNM$ 发生剪切变形后,变为平行四边形 $OGPM$ 时,沿剪切面 NH 产生的滑移量 $\triangle s$ 与切削层单元高度 $\triangle y$ 之比即为相对滑移 ε,其计算如下:

$$\varepsilon=\frac{\Delta S}{\Delta y}=\frac{NP}{MK}=\frac{NK+KP}{MK} \tag{2-18}$$

$$\varepsilon=\cot\phi+\tan(\phi-\gamma_{o}) \tag{2-19}$$

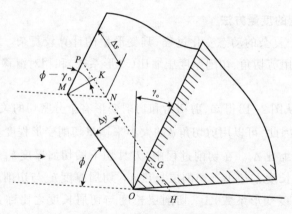

图 2-15 剪切变形示意图

切削过程中,切削变形的主要形式是剪切滑移,使用相对滑移来衡量变形程度更为合理。

2.2.2 切屑受力分析

为了研究前刀面的摩擦情况,先要分析作用在切屑上的力。在直角自由切削的情况下,作用在切屑上的力有:前刀面上的法向力 F_n 和摩擦力 F_f,剪切面上的法向力 F_{ns} 和剪切力 F_s,如图 2-16 所示。这两对力的合力 F_r 和 F_r' 应互相平衡。如果把所有的力都画在切削刃的前方,则可得如图 2-17 所示的关系。

图中 F_r 是 F_n 和 F_f 的合力,ϕ 是剪切角,β 是 F_r 和 F_n 的夹角,又称前刀面对切屑作用的摩擦角,F_c 是作用在切削运动方向的切削分力,F_p 是作用在垂直切削运动方向的切削分力。令 A_d 表示切削层的公称横截面积,A_s 表示剪切面的截面积;τ 表示剪切面上的剪切应力,则:

$$A_s = A_d / \sin\phi$$

$$F_s = \tau A_s$$

$$F_r = \frac{F_s}{\cos(\phi+\beta-\gamma_o)} = \frac{\tau A_d}{\sin\phi\cos(\phi+\beta-\gamma_o)} \tag{2-20}$$

$$F_c = F_r \cos(\beta-\gamma_o) = \frac{\tau A_d \cos(\beta-\gamma_o)}{\sin\phi\cos(\phi+\beta-\gamma_o)} \tag{2-21}$$

$$F_p = F_r \sin(\beta-\gamma_o) = \frac{\tau A_d \sin(\beta-\gamma_o)}{\sin\phi\cos(\phi+\beta-\gamma_o)} \tag{2-22}$$

如用测力仪直接测得作用在刀具上的切削分力 F_c 和 F_p,在忽略被切材料对刀具后刀面作用力的条件下,即可求得前刀面对切屑作用的摩擦角 β,从而可近似求得前刀面与切屑间的摩擦因数 μ。

$$\tan(\beta-\gamma_o) = \frac{F_p}{F_c} \tag{2-23}$$

$$\mu = \tan\beta \tag{2-24}$$

根据材料力学的纯剪切应力状态理论,主应力方向与最大剪应力方向的夹角应为 45°,即 F_s 与 F_r 的夹角应为 45°,故有:

$$\phi + \beta - \gamma_{\circ} = \frac{\pi}{4} \qquad (2-25)$$

$$\phi = \frac{\pi}{4} - \beta - \gamma_{\circ} \qquad (2-26)$$

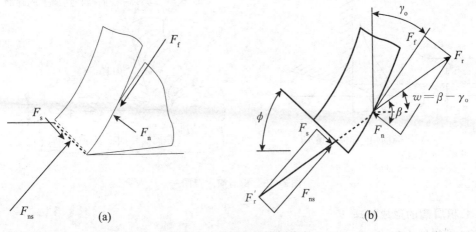

图2-16 作用在切屑上的力

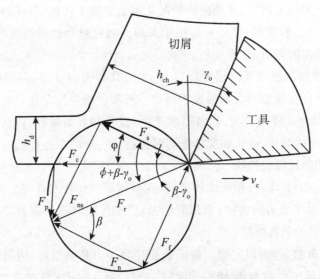

图2-17 直角自由切削时力与角度的关系

分析上式可知：

①前角增大时，剪切角随之增大，变形减小。这表明增大刀具前角可减少切削变形，对改善切削过程有利。

②摩擦角增大时，剪切角随之减小，变形增大。提高刀具刃磨质量、采用润滑性能好的切削液可以减小前刀面和切屑之间的摩擦因数，有利于改善切削过程。

2.2.3 积屑瘤的形成及其对切削过程的影响

切削钢材、有色金属等塑性材料时，在某一切削速度范围内，有时会有一个楔形的金属硬块黏附在刀具前刀面的刃口处，代替切削刃进行切削，该硬块称为积屑瘤(Building-chip)，如

图2-18所示。积屑瘤的化学成分与工件材料相同,其硬度约是工件材料的2～3.5倍。

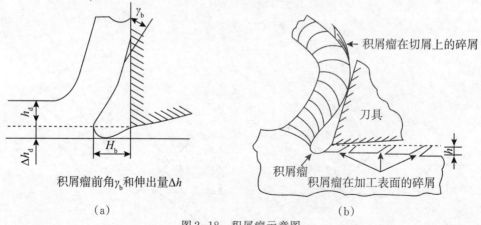

积屑瘤前角γ_b和伸出量Δh

(a)

(b)

图2-18　积屑瘤示意图

1.积屑瘤的形成机理

切削塑性金属时,在一定的切削条件下,随着切屑和刀具前刀面接触面间温度的提高,压力的增大,摩擦阻力增大,使切削刃处的切屑底层流速降低,当接触面间近切削刃处的压力、温度达到一定程度时,使切屑底层中剪应力超过材料的剪切强度,滞流层的流速为零而被剪断黏结在前刀面上,形成积屑瘤。

积屑瘤经过剧烈的塑性变形后硬度提高,它可代替刀刃切削,并继续剪断软的金属层,依次层层堆积,高度逐渐增大而形成积屑瘤。长高的积屑瘤在外力或振动作用下可能发生局部破碎或脱落。资料表明:积屑瘤的产生、成长和脱落过程,以0.1～0.00ls的周期重复进行,即积屑瘤的产生、成长和脱落是同时进行的一个动态过程。

2.积屑瘤对切削过程的影响

(1)对刀具磨损的影响:当积屑瘤稳定时,积屑瘤可以代替刀具切削刃进行切削,从而保护了切削刃,减少了刀刃的磨损;当积屑瘤不稳定时,积屑瘤的破裂可能使刀具前刀面金属剥落,造成刀具的剥落磨损。

(2)对工作前角的影响:积屑瘤的楔形表面代替了刀具前刀面,切屑沿着楔形表面流动,所以刀具的实际工作前角增大了,如图2-18(a)所示,积屑瘤越高,实际工作前角越大,切削变形越小。

(3)对被加工工件尺寸精度的影响:有积屑瘤时,积屑瘤前端伸出切削刃之外,切削层公称厚度比无积屑瘤时增大了Δh_d,如图2-18(a)所示,因而积屑瘤直接影响加工尺寸精度。

(4)对表面粗糙度的影响:积屑瘤不稳定,容易脱落,脱落后的积屑瘤或随切屑排出,或者滞留在已加工表面上,如图2-18(b)所示。另外,积屑瘤沿切削刃方向各点伸出量不规则,积屑瘤所形成的实际切削刃不规则,会使已加工表面粗糙度数值增大,因而积屑瘤直接影响工件加工表面的形状精度和表面粗糙度。

由于积屑瘤不稳定性和不规则性,对加工精度和表面质量的影响较明显。所以在粗加工时,可以利用积屑瘤来保护切削刃;在精加工和使用定尺寸刀具加工时,应尽量避免积屑瘤生成。

3.控制积屑瘤的措施

影响积屑瘤生成的主要因素有工件材料的加工性能、切削速度、刀具前角和冷却润滑条件。

(1)改善工件材料的性能。工件材料的塑性越大,切屑变形越大、切屑底层与刀具前刀面的摩擦较大,第二变形区的接触长度较长,容易产生积屑瘤。在切削塑性较小的脆性材料时,积屑瘤不容易生成。因此,在加工硬度较低而塑性较大的工件时,若要避免生成积屑瘤,应采用正火、调质等热处理方法提高其强度和硬度。

(2)控制切削速度。当工件材料一定时,切削速度是影响积屑瘤生成的主要因素。如图2-19所示,在切削速度很低或很高的切削条件下,都不会产生或产生很小的积屑瘤,而在中低速度范围内(一般钢材约为 $v=5\sim50m/min$)最容易产生积屑瘤。切削速度主要通过切削温度来影响积屑瘤的产生,当切削速度很低时,切削温度不高,切屑底层与刀具前刀面粘结不易发生,因而不易产生积屑瘤;当切削速度很高时,切削温度很高,切屑底层金属变软,滞流层易被切屑带走、积屑瘤随之消失。因此,当精加工时,采用低速或高速切削,可以避免积屑瘤的产生。

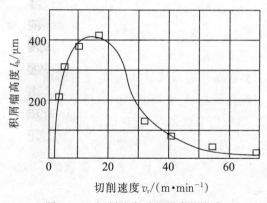

图2-19 切削速度对积屑瘤的影响

(3)增大刀具的前角。适当增大刀具的前角可减小切屑变形和切削力,降低切削温度。所以适当增大前角能抑制积屑瘤的产生,因此,在精加工时采用大前角刀具可有效地减小或抑制积屑瘤的产生。

此外,使用切削液、减小刀具表面的粗糙度、减小切削层厚度等措施,都有助于抑制积屑瘤的产生。

2.2.4 切屑类型及其控制

由于工件材料、刀具几何参数和切削条件不同,使被加工材料在切削过程中的变形程度不同,会形成不同类型的切屑。实际加工中切屑的外观形状千变万化,因此所产生的切屑种类也就多种多样。根据切屑形成的机理,切屑种类可分为以下四种类型,如图2-20所示。

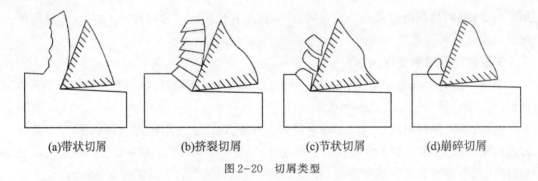

(a)带状切屑　　　　　(b)挤裂切屑　　　　　(c)节状切屑　　　　　(d)崩碎切屑

图2-20　切屑类型

1.切屑的类型

(1)带状切屑。切削塑性材料时,采用较大的刀具前角、较小的进给量(或较小的切削厚度)和较高的切削速度,容易得到带状切屑。在切屑形成过程中,切屑的内部应力尚未达到材料的断裂强度,故切屑是连续不断的。其特征是:切屑底层表面是光滑的,外层表面是毛茸的。若用显微镜观察,在外表面上可以看到剪切面的条纹,但每个单元很薄,肉眼看起来大体上是平整的;切削过程中比较平稳,切削力波动较小,已加工表面粗糙度较小;但切屑连续不断,会缠绕在工件或刀具上,影响工件表面质量,且不安全。

(2)挤裂切屑。加工塑性材料时,采用较小的刀具前角、较大的进给量(或较大的切削厚度)和较低的切削速度,容易得到挤裂切屑。在切屑形成过程中,剪切面上局部剪应力达到断裂强度而使切屑局部有较深裂纹。其特征是:切屑底层表面光滑,有时有裂纹,上层表面呈锯齿形;切削过程不稳定,切削力波动较大,已加工表面粗糙度值大;其产生条件与前者相比切削速度、刀具前角均有所减小,切削厚度有所增加。

(3)节状切屑。加工塑性材料时,采用刀具的前角更小(或为负值)、进给量(或切削厚度)更大、切削速度更低,易形成节状切屑,也称单元切屑或粒状切屑。当切屑形成时,整个剪切面上剪应力超过了材料的抗拉强度,即整个单元被切离。其特征是:梯形的粒状切屑;切削过程不平稳,切削力波动大,产生较大振动,使已加工表面粗糙度值增大;在加工塑性材料时,节状切屑是较少见的一种切屑形态。

由实验可知:在切削塑性材料时,切屑的形态可以随切削条件变化而转化。例如在形成挤裂切屑的情况下,改变切削条件,减小前角,或加大切削厚度,可以得到节状切屑;反之,增大前角,提高切削速度,减小切削厚度,可得到带状切屑。

(4)崩碎切屑。加工铸铁等脆性材料时,由于材料的塑性很小、抗拉强度较低,刀具切入后,切削层内靠近切削刃和前刀面的局部金属未经明显的塑性变形就在拉应力状态下脆断,形成不规则的碎块状切屑。工件材料越脆硬,切削厚度越大时,越容易产生这类切屑。产生崩碎切屑时切削力和切削热都集中在主切削刃和刀尖附近,刀尖容易磨损,加工过程容易产生振动,影响表面加工质量。

在切削脆性金属形成崩碎切屑时,如果提高切削速度,增大前角,可改善切削过程稳定性甚至得到松散的带状切屑。

2.切屑的控制措施

在切削过程中形成的切屑如果不对其进行控制,可能会形成乱屑缠绕在工件、刀具或刀架上划伤已加工表面或损坏刀刃,甚至伤人,将会严重影响操纵者的安全及机床的正常工作。在现代化机械制造中,随着切削加工技术不断地向着高效率、自动化方向发展,切屑控制问题已经引起了国内外机械加工行业的广泛重视,切屑控制主要包括切屑流向和断屑两个方面。

切屑流向和断屑控制,可通过下方二维码扫码阅读。

2.3　切削力和切削温度

2.3.1　切削力

切削过程中,刀具施加于工件使工件材料产生变形,并使切削层材料变为切屑所需的力称为切削力。切削力是设计和选择机床、刀具和夹具的主要依据。切削力的大小将直接影响切削功率、切削热、刀具磨损及刀具耐用度,因而影响加工质量和生产率。因此,研究并掌握切削力的规律、基本计算和实验方法,具有重要意义。在目前自动化生产、精密加工中,常利用切削力来检测和监控加工表面质量。

1.切削力的来源

切削时作用在刀具上的力由两部分组成:一是克服被加工材料在三个变形区内产生的弹性变形抗力和塑性变形抗力;二是克服刀具与切屑底面及已加工表面之间的摩擦力。

2.切削力的合力与分力

在实际生产中,总的切削合力受工艺系统的影响,它的方向和大小在不同条件下是变化的。为了便于测量、分析、计算切削力,可将其分解为三个已知方向上相互垂直的分力,即主切削力 F_c、背向力 F_p,进给抗力 F_f,如图 2-21 所示。

(1)主切削力 F_c(切向分力):是切削合力 F 在主运动方向上的分力,垂直于工作基面,与切削速度方向相同,其大小约占切削合力的 $80\% \sim 90\%$,消耗的机床功率也最多,约占车削总功率的 90% 以上,是计算机床动力、主传动系统零件强度和刚度的主要依据。作用在刀具上的切削力过大时,可能使刀具崩刃;其反作用力作用在工件上,过大时将发生闷车现象。

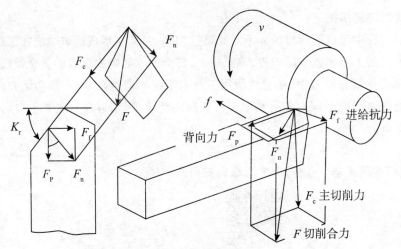

图2-21　切削力的分解

（2）进给抗力 F_f（轴向力）：是切削合力 F 在进给运动方向上的分力，投影在工作基面上，并与工件轴线相平行，是设计和验算进给机构所必需的数据，一般消耗总功率的 $1\%\sim5\%$。

（3）背向力 F_p（径向力）：是切削合力 F 在切深方向上的分力，投影在工作基面上，并与进给运动方向垂直。因为切削外圆时，刀具在该方向上的运动速度为零，所以 F_p 不做功。但其反作用力作用在工件上，容易使工件弯曲变形，特别是对于刚性较弱的工件尤为明显，所以，应当设法减少或消除 F_p 的影响。如车细长轴时，常用主偏角 $\kappa_r=90°$ 的偏刀，可减小 F_p。

切削合力与各切削分力的关系如下：

$$F=\sqrt{F_c^2+F_n^2}=\sqrt{F_c^2+F_P^2+F_f^2} \tag{2-27}$$

$$F_p=F_n\cos\kappa_r$$
$$F_f=F_n\sin\kappa_r \tag{2-28}$$

3.切削力的计算

切削力的计算主要有以下三种方法：

（1）通过测量机床功率求切削力。利用测功率表测量机床所消耗的功率，然后求得切削力的大小。该方法简单，但误差较大。

（2）利用测力仪测量切削力。通常使用的切削测力仪有两种：电阻应变片式测力仪和压电晶体式测力仪。这两种测力仪都可以测出主切削力 F_c、进给抗力 F_f 和背向力 F_p 三个分力，后者精度较高。

（3）利用经验公式计算切削力。由于影响切削力的因素很多，切削力的大小一般用经验公式来计算。通过大量实验，将测力仪测得的切削力数据，用数学方法进行处理，得到切削力的经验公式。在实际中使用切削力的经验公式有两种：一是指数公式，二是单位切削力。

在实际生产中应用比较广泛的切削力经验公式为：

$$F_c=C_{F_c}a_p^{x_{F_c}}f^{y_{F_c}}v_c^{n_{F_c}}K_{F_c} \tag{2-29}$$

$$F_p = C_{F_p} a_p^{x_{F_p}} f^{y_{F_p}} v_c^{n_{F_p}} K_{F_p} \qquad (2-30)$$

$$F_f = C_{F_f} a_p^{x_{F_f}} f^{y_{F_f}} v_c^{n_{F_f}} K_{F_f} \qquad (2-31)$$

式中：C_{F_c}、C_{F_p}、C_{F_f} 为被加工材料和切削条件对三个分力的影响系数；

　　x_{F_c}、y_{F_c}、n_{F_c}、x_{F_p}、y_{F_p}、n_{F_p}、x_{F_f}、y_{F_f}、n_{F_f} 为切削深度 a_p、进给量 f、切削速度 v_c 对三个切削分力影响的指数，可查表 2-3；

　　K_{F_c}、K_{F_p}、K_{F_f} 为当实际加工条件与经验公式条件不符时，各种因素对切削分力修正系数的积，修正系数可查表 2-4。

表 2-3　切削力公式中的系数和指数

加工材料	刀具材料	加工形式	公式中的系数和指数											
			主切削力 F_c				背向力 F_p				进给力 F_f			
			C_{Fc}	x_{Fc}	y_{Fc}	n_{Fc}	C_{Fp}	x_{Fp}	y_{Fp}	n_{Fp}	C_{Ff}	x_{Ff}	y_{Ff}	n_{Ff}
结构钢及铸钢 0.637GPa	硬质合金	外圆纵车、横车及镗孔	2795	1.0	0.75	−0.15	1940	0.9	0.6	−0.2	2880	1.0	0.5	−0.4
		切槽及切断	3600	0.72	0.8	0	1390	0.73	0.67	0	—	—	—	—
结构钢及铸钢 0.637GPa	高速钢	外圆纵车、横车及镗孔	1770	1.0	0.75	0	1100	0.9	0.75	0	590	1.2	0.65	0
		切槽及切断	2160	1.0	1.0	0	—	—	—	—	—	—	—	—
		成形车削	1885	1.0	0.75	0	—	—	—	—	—	—	—	—
不锈钢 1Cr18Ni9Ti 141HBS	硬质合金	外圆纵车、横车及镗孔	2000	1.0	0.75	0								
灰铸铁 190HBS	硬质合金	外圆纵车、横车及镗孔	900	1.0	0.75	0	520	0.9	0.75	0	450	1.0	0.4	0
	高速钢	外圆纵车、横车及镗孔	1120	1.0	0.75	0	1165	0.9	0.75	0	500	1.2	0.65	0
		切槽及切断	1550	1.0	0.75	0	—	—	—	—	—	—	—	—
可锻铸铁 150HBS	硬质合金	外圆纵车、横车及镗孔	795	1.0	0.75	0	420	0.9	0.75	0	375	1.0	0.4	0
	高速钢	外圆纵车、横车及镗孔	980	1.0	0.75	0	865	0.9	0.75	0	390	1.2	0.65	0
		切槽及切断	1375	1.0	0.75	0	—	—	—	—	—	—	—	—
中等硬度不均质铜合金 120HBS	高速钢	外圆纵车、横车及镗孔	540	1.0	0.75	0	—	—	—	—	—	—	—	—
		切槽及切断	735	1.0	1.0	0	—	—	—	—	—	—	—	—
铝及铝硅合金	高速钢	外圆纵车、横车及镗孔	390	1.0	0.75	0	—	—	—	—	—	—	—	—
		切槽及切断	490	1.0	1.0	0	—	—	—	—	—	—	—	—

表2-4　钢和铸铁刀具几何参数改变时改变时切削力的修正系数

参数		刀具材料	切削力的修整系数			
名称	数值/(°)		名称	F_c	F_p	F_f
主偏角 κ_r	30	硬质合金	K_F	1.08	1.30	0.78
	45			1.0	1.0	1.0
	60			0.94	0.77	1.11
	75			0.92	0.62	1.13
	90			0.89	0.50	1.17
	30	高速钢		1.08	2.43	0.7
	45			1.0	1.0	1.0
	60			0.98	0.71	1.27
	75			1.03	0.54	2.31
	90			1.08	0.44	1.82
前角 γ_o	−15	硬质合金	$K_{\gamma_o F}$	1.25	2.0	2.0
	−10			1.2	1.8	1.8
	0			1.1	1.4	1.4
	10			1.0	1.0	1.0
	20			0.9	0.7	0.7
	12~15	高速钢		1.15	2.4	1.7
	20~25			1.0	1.0	1.0
刃倾角 λ_s	5	硬质合金	$K_{\lambda F}$	1.0	0.75	1.07
	0				1.0	1.0
	−5				1.25	0.85
	−10				2.3	0.75
	−15				1.7	0.65
刀尖圆弧半径 r_ε/mm	0.5	高速钢	$K_{r_\varepsilon F}$	0.87	0.66	1.0
	1.0			0.93	0.82	
	2.0			1.0	1.0	
	3.0			1.04	1.14	
	5.0			1.1	1.33	

注:刀具切削部分几何参数:硬合金金车刀 $\kappa_r=45°$、$\gamma_0=10°$、$\lambda_s=0°$;高速钢车刀 $\kappa_r=45°$、$\gamma_0=20°\sim25°$;刀尖圆弧半径 $r_\varepsilon=2$mm

4.切削功率

切削功率为各切削分力在切削过程中所消耗功率的总和,用 P_c 表示,单位为 kW。

车削外圆时,只有主切削力 F_c 和进给抗力 F_f 做功,而 F_p 几乎不做功。因此,切削功率 P_c 为主切削力 F_c 和进给抗力 F_f 做功之和,即:

$$P_c = (F_c v_c + \frac{F_f n_w f}{1000}) \times 10^{-3} \tag{2-32}$$

式中:F_c 和 F_f 的单位为 N;v_c 的单位为 m/s;n_w 的单位为 r/s;f 的单位为 mm/r。

一般情况下,F_f 所消耗功率极小,约占总功率的 1%~2%,因此上式可简化为:

$$P_c = F_c v_c \times 10^{-3} \tag{2-33}$$

另外,也可利用单位切削功率来计算切削功率。单位切削功率是单位时间内切除单位体积材料所需切削功率,用p_c表示,单位为$kW/mm^3/s$,可查阅相关资料来确定单位切削功率,则切削功率计算如下式:

$$P_c = p_c W \tag{2-34}$$

式中:W为材料切除率($W = 1000 v_c a_p f$),单位为mm^3/s。

根据切削功率选择机床电动机时,还要考虑机床的传动效率η_m。机床电动机的功率P_E应为:

$$P_E \geqslant \frac{P_c}{\eta_m} \tag{2-35}$$

5.影响切削力的因素

(1)工件材料的影响。工件材料的物理力学性能、加工硬化能力、化学成分和热处理状态,都会对切削力产生影响。工件材料的强度和硬度越高,切削力就越大;工件材料的强度和硬度相近时,材料的塑性和韧性越大,切削力也越大。切削韧性较大的材料时,使切削层金属转变为切屑时所消耗的能量增加,因而切削力较大。

(2)切削用量的影响。

①背吃刀量和进给量的影响。在切削用量中,背吃刀量和进给量是影响切削力的主要因素,但影响程度不同。实验表明,当背吃刀量增加一倍时,切削力也增加一倍,当进给量增加一倍时,切削力增大75%左右;增大进给量与增大背吃刀量相比,前者可使切削力和切削功率的增加较少,如果消耗相同的机床功率,则允许选用更大的进给量切削,可以切除更多的金属层材料。

②切削速度的影响。切削条件不同时,切削速度对切削力的影响不同。如图2-22所示,切削塑性金属材料时,切削速度对切削力的影响呈波浪形变化,即切削力的变化由积屑瘤的变化周期及前刀面与切屑接触面上的摩擦因数的变化情况决定。由实验可知,车削45钢时:当切削速度在5～20m/mm区域内增加时,积屑瘤高度逐渐增加,切削力减小;切削速度继续在20～35m/min范围内增加,积屑瘤逐渐消失,切削力增加;在切削速度大于50m/min时,由于切削温度上升,摩擦因数减小,切削力下降。一般切削速度超过90m/min时,切削力无明显变化。

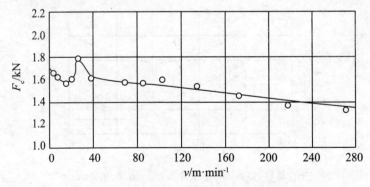

图2-22 切削速度对切削力的影响

在切削脆性金属材料工件时,因塑性变形很小,前刀面与切屑接触面上的摩擦也很小,所以切削速度对切削力无明显影响。

在实际生产中,如果刀具材料和机床性能许可,采用高速切削,既能提高生产效率,又能减小切削力。

(3)刀具几何参数的影响。

①前角的影响。前角增大,不仅使刀刃锋利,同时会导致剪切角增大使切削变形减小,变形抗力减小,从而使切削力减小,如图2-23所示。一般加工塑性大的材料时,增大前角则总切削力明显减小,加工脆性材料时,增大前角对减小总切削力的作用不显著。

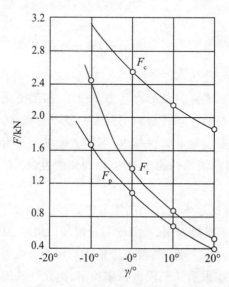

图2-23 刀具前角对切削力的影响

②主偏角的影响。主偏角 κ_r 的变化将会影响切削层厚度 h_d 的大小,从而影响主切削力的大小。如图2-24所示,主偏角 κ_r 在30°～60°范围内变化时,主偏角 κ_r 增大,切削层厚度 h_d 增大,切屑变形减小,使主切削力 F_c 减小;但当主偏角进一步增加至60°～90°时,刀尖圆弧半径在切削刃上占切削宽度的比例增加,使切屑流出时挤压加剧,切削力逐渐增大。因此主偏角为75°的车刀在生产中得到广泛应用。

由图2-24和图2-25可知,主偏角 κ_r 可改变进给抗力 F_f 和径向力 F_p 两个分力的比值,当主偏角 κ_r 增大时,F_f 增大而 F_p 减小。

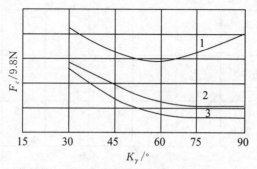

工件材料:45钢 切削用量:a_p=2mm、f=0.48mm/r

图2-24 主偏角 K_r 对主切削力的影响

1-用 r_s=2mm车刀,v=0.67mm/s,非自由切削;2-用 r_s=0mm车刀,v=0.67mm/s,非自由切削;3-v=0.73mm/s,自由切削

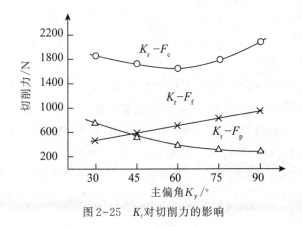

图2-25 K_r对切削力的影响

③刃倾角的影响。刃倾角λ_s对主切削力影响不大,对径向力F_p和进给抗力F_f影响显著,刃倾角增大,径向力F_p减小,而进给抗力F_f增大。因此从切削力的角度分析,切削时不宜选过大的负刃倾角,尤其在工艺系统刚性较差的情况下。

④刀尖圆弧半径的影响。刀尖圆弧半径对主切削力影响不大,对径向力F_p和进给抗力F_f影响显著,刀尖圆弧半径增大,径向力F_p增大,而进给抗力F_f减小。

2.3.2 切削热及切削温度

切削热是切削过程中的重要物理现象之一。它将导致刀具、工件乃至整个工艺系统的温度升高,影响工件材料的性能、刀具前刀面与切屑底层之间的摩擦因数和切削力的大小,从而影响积屑瘤的产生和加工表面质量,影响刀具磨损和刀具使用寿命,影响工艺系统的热变形和加工精度。因此,研究和掌握切削热和切削温度的有关规律,对提高加工精度、降低生产成本和提高生产效率具有重要意义。

1. 切削热的产生

在金属切削过程中所消耗的切削功分为两部分:一部分为刀具使工件产生弹性和塑性变形所消耗的变形功;另一部分为刀具克服切屑底层与前刀面及工件切削表面与后刀面之间的摩擦所消耗的功。这两部分切削功绝大部分都转变为了切削热。因此,切削热的来源主要有三个方面。

(1)被加工材料的弹、塑性变形产生的热量Q_b,它是切削热的主要来源。

(2)刀具前刀面与切屑摩擦所产生的热量Q_m。

(3)刀具后刀面与工件切削表面摩擦所产生的热量Q_n。

刀具材料、工件材料、切削条件不同时,三个热源的发热量不同。

在切削过程中,如忽略进给抗力所做的功,主切削力所做的功几乎全部转化为了切削热,则单位时间内产生的热量Q,单位为J/s,其计算公式如下:

$$Q = F_c v = C_{F_c} a_p^{x_{F_z}} f^{y_{F_z}} v^{z_{F_z}} k_{F_c} v \qquad (2-36)$$

车削加工时,通常$x_{Fz} \approx 1$,$y_{Fz} \approx 0.75$,$z_{Fz} \approx -0.15$,则在切削用量中对切削热影响最大的是背吃刀量,其次是切削速度,进给量影响最小。

2.切削热的传出

在切削过程中产生的切削热将通过切屑、工件、刀具及周围介质(如空气)传出。影响切削热传出的主要因素是：

(1)工件材料的导热性能：工件材料的导热系数高，由工件和切屑传出的热量多，切削区的温度低；否则，切削区的温度高，导致刀具磨损加剧。

(2)刀具材料的导热性能：刀具材料的导热系数高，切削区的热量将通过刀具传出的比例大，可使切削区的温度降低。

(3)切削速度：切削速度增加，由切屑传出的热量比例将增加。因为切削速度越高，切削变形速度越快，切屑与工件、刀具前刀面的接触时间越短，在切削热尚未传给工件和刀具之前已被切除。

(4)周围介质：采用冷却效果好的切削液能有效地降低切削区的温度。采用喷雾冷却法，使雾状的切削液在切削区受热后汽化，也能吸收大量的热量。

加工方法不同，切削热由切屑、刀具、工件和周围介质传出的比例也不同。

①车削或铣削加工时，约有 50%～80% 的切削热由切屑带走，10%～40% 的热传入工件，3%～9% 的热传给刀具，传给介质的热仅有 1% 左右。

②钻削加工时，约有 28% 的切削热由切屑带走，14.5% 的热传入刀具，52.5% 的热传给工件，传给介质的热仅有 5% 左右。

③磨削加工时，有约 4% 的切削热由磨屑和空气带走，12% 的热传给砂轮，84% 的切削热传入工件，因此会使工件温升很高，甚至烧伤工件表面。

④车削或铣削加工时，传入刀具的热量虽然较少，但由于刀具切削部分体积很小，因此，引起刀具温度升高(高速切削时，刀具切削部分的温度可达 1000℃ 以上)，从而加速刀具的磨损；传入工件的热量可使工件的温度升高，引起工件材料膨胀变形，从而产生形状和尺寸误差，降低加工精度；传入切屑和介质的热量越多，对加工越有利。因此，在切削加工中应设法减小切削热，改善散热条件，以减小高温对刀具和工件的不良影响。

3.切削温度及其分布规律

切削温度一般指切屑与刀具前刀面接触区域的平均温度，是切削热在工件和刀具上作用的结果，切削温度的高低，取决于切削热产生的多少和传出的快慢。

切削温度分布可用人工热电偶法或其他方法，如热辐射和红外线等方法测出。根据图 2-26、图 2-27、图 2-28 可以归纳出切削温度的分布规律如下：

①剪切面上各点温度几乎相同，说明剪切面上各点的应力应变规律基本相同。

②前刀面和后刀面上温度最高处均离主切削刃有一定距离。这说明切削塑性金属时，切屑沿前刀面流出过程中，摩擦热是逐步增大的，直至切屑流至黏结与滑动的交界处，切削温度达最大值。之后进入滑动区摩擦逐渐减小，加上热量传出条件改善，切削温度又逐渐下降。

③与前刀面相接触的切屑底层温度最高，离底层越远温度越低。这主要是因为该层金属变形最大，又与前刀面之间有摩擦的原因。

④加工塑性越好的工件材料，前刀面上切削温度的分布越均匀。

⑤导热系数越低的工件材料，前刀面和后刀面的温度越高。

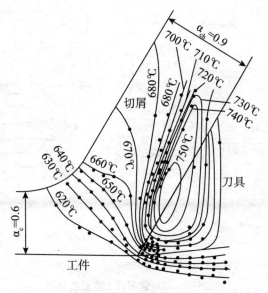

图 2-26　切屑底层与刀具前刀面上的温度分布

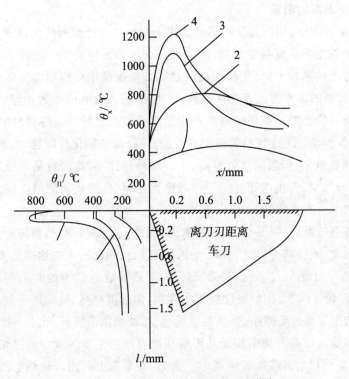

图 2-27　切削不同材料的刀具温度分布

v_c＝30m/min；f＝0.2mm/r，

1—YT15—45钢；2—YT14—GCr15；3—YG8—BT2(钛合金)；4—YT15—BT2

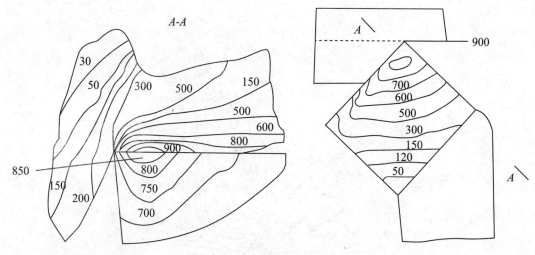

工件材料:GCr15   刀具材料:YT14   切削用量:v_c=1.3m/s,a_p=4mm,f=0.5mm/r

图2-28　刀具前刀面上的温度分布

4.影响切削温度的因素

在金属切削过程中,切削温度的高低取决于切削热的产生和传出两方面的综合影响。也就是说,切削温度的高低与变形功、摩擦功和切削热传导有关。消耗的功越多,产生的热就越多,而传出的热越少时,切削温度就越高。根据理论分析和实验研究可知,影响切削热的产生和传出的主要因素有工件材料、切削用量、刀具几何参数和切削液等。

(1)工件材料的影响。对切削温度产生影响比较明显的是工件材料的强度、硬度、塑性和导热系数等性能。工件材料的强度和硬度越高,加工硬化程度越大,消耗的变形功越大,产生的切削热越多,切削温度就越高;工件材料塑性小,切削时易形成崩碎切屑,因而切屑与前刀面摩擦少,产生的塑性变形热和摩擦热较少,因此切削温度较低;工件材料的导热系数小,切削热不易散出,切削温度相对较高。

例如:低碳钢的强度、硬度低,导热系数大,因此产生热量少、热量传出快,故切削温度低;高碳钢的强度、硬度高,但导热系数与中碳钢接近,因此产生的切削热多,切削温度高;不锈钢(1Cr18Ni9Ti)的强度、硬度较低,但它的导热系数是45钢的1/3,因此,切削温度很高,比45钢约高40%;40Cr钢的硬度接近中碳钢,但强度略高,且导热系数小,故切削温度高;脆性材料切削变形和摩擦小,产生的切削热少,故切削温度低,比45钢约低25%。

(2)切削用量的影响。切削用量是影响切削温度的主要因素。通过切削温度实验可以发现切削用量对切削温度的影响规律。例如,在车床上利用自然热电偶切削温度测量装置可得出切削温度θ(单位为℃)的经验公式,见式(2-37)。

$$\theta = C_\theta a_p^{x_\theta} f^{y_\theta} v_c^{z_\theta} K_\theta \tag{2-37}$$

式中:x_θ、y_θ、z_θ为切削用量a_p、f和v_c对切削温度影响程度的指数;C_θ为与实验条件有关的影响系数;K_θ为切削条件改变后的修正系数。表2-5表示为硬质合金和高速钢刀具不同加工方法的切削温度系数及指数。

表2-5 切削温度系数及指数

刀具材料	加工方法	C_θ	x_θ	y_θ	z_θ	
硬质合金	车削	320	0.05	0.15	$f/(\text{mm/r})$	0.41
					0.1	
					0.2	0.21
					0.3	0.26
高速钢	车削	140~170	0.08~0.10	0.2~0.3	0.35~0.45	
	铣削	80				
	钻削	150				

根据表2-5可得出切削用量对切削温度的影响规律是：

(1)随着切削速度v_c、进给量f、背吃刀量a_p增大时，单位时间内材料的切除量增加，切削热增多，切削温度将随之升高。

(2)切削速度v_c、进给量f、背吃刀量a_p对切削温度的影响程度不同，切削速度v_c对切削温度的影响最为显著，f次之，a_p最小。这是因为v_c增大，前刀面的摩擦热来不及向切屑和刀具内部传导，而是大量积聚在切屑底层，从而使切削温度升高。此外，随着切削速度的提高，金属切除率正比例地增加，所消耗的机械功增大，切削热也会增加，所以v_c对切削温度影响最大；背吃刀量、进给量增大后，变形和摩擦加剧，切削功增大，故切削温度升高。但是，f增大，切屑厚度h_d增大，切屑的热容量增大，由切屑带走的热量增多，所以f对切削温度的影响不如v_c显著；a_p增大，切屑宽度b_d增大，刀刃与切屑的接触长度增大，散热面积增加，故a_p对切削温度的影响相对较小。从尽量降低切削温度方面考虑，在保持切削效率不变的条件下，选用较大的a_p和f比选用较大的v_c更为有利。

(3)刀具几何参数对切削温度的影响：

①前角γ_o。前角的大小直接影响切削过程中的切削变形和摩擦，所以前角对切削温度的影响较大。一般$\gamma_o<20°$时，随着前角的增大切削温度将降低，这是因为前角增大时，切削变形减小，产生的切削热减少，$\gamma_o=0°\sim20°$时，温度下降显著，当$\gamma_o>20°$这时刀具楔角（前刀面与后刀面之间的夹角）减小，散热条件差、温度下降不显著，如图2-29所示。

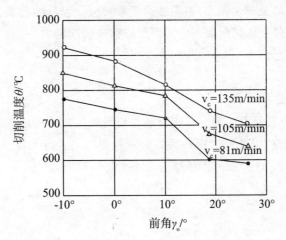

工件材料:45钢　切削用量:$f=0.1\text{mm/r}$, $a_p=3\text{mm}$

图2-29 前角对切削温度的影响

②主偏角 κ_r。主偏角增加切削温度也将增加,如图2-30所示。因为主偏角增大后,参加切削的刀刃长度减小使散热面积减小。另外主偏角增大后,刀尖角减小,散热条件也将变差,从而导致切削温度升高。反之减小主偏角,可以降低切削温度和提高刀具耐用度,但要注意,只有在工件刚性较好的条件下才可减小主偏角,否则会因径向力 F_p 增大而影响已加工表面的质量。

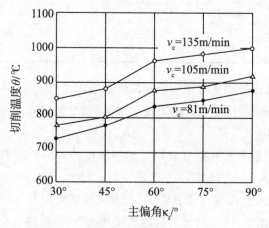

工件材料:45钢;切削用量:$f=0.1$mm/r,$a_p=3$mm

图2-30　主偏角对切削温度的影响

2.4　刀具磨损和刀具耐用度

金属切削加工中刀具在切下切屑的同时,刀具本身也要发生损坏。刀具损坏到一定程度,就要换刀或更换新的刀刃,才能进行正常切削。刀具的损坏有磨损与破损两种形式,刀具磨损是连续的逐渐磨损;刀具破损是突发的、随机的破坏,包括脆性破损和塑性破损两种。

刀具磨损到一定程度后继续使用会导致切削力和切削温度增加,使工件加工精度降低、表面粗糙度增大,甚至产生振动,不能继续正常切削。刀具的磨损、破损直接关系到加工效率、质量和成本,是金属切削加工中需要足够重视的问题之一。

2.4.1　刀具磨损

1.刀具的磨损形态

在切削过程中,刀具前刀面和后刀面分别与切屑底层和工件加工表面相接触,在接触区内发生着强烈的摩擦,因此前刀面和后刀面随着切削的进行都将逐渐产生磨损。刀具磨损一般表现为如图2-31所示的三种形态。

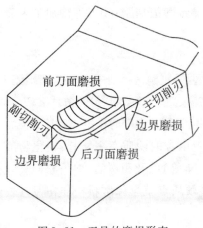

图 2-31 刀具的磨损形态

(1)前刀面磨损。切削塑性材料时,在切削速度和切削厚度较大、刀具材料的耐热性和耐磨性较差的情况下,切屑沿前刀面流出时经常会在前刀面上磨出一个月牙洼,称为月牙洼磨损。月牙洼产生在前刀面上切削温度最高的部位,它和切削刃之间有一条小棱边。随着刀具的磨损,月牙洼的宽度、深度不断增大,当月牙洼扩展到使棱边变得很窄时,切削刃强度降低,导致崩刃。月牙洼磨损量以其最大深度 KT 表示,如图 2-32(a)所示。

(2)后刀面磨损。由于后刀面和加工表面间之间接触压力很大,相互摩擦剧烈,后刀面靠近切削刃部位会逐渐地被磨成后角为零的小棱面,这种磨损形式称作后刀面磨损,如图 2-32(b)所示。在切削速度较低、切削厚度较小的情况下加工塑性材料或加工脆性材料时,主要发生这种磨损。

后刀面磨损带往往不均匀,根据磨损特点可为三个区域,如图 2-32(b)所示:①刀尖部分(C 区),该处强度较低,散热条件又差,磨损比较严重,其最大值为 VC;②主切削刃靠近工件待加工表面处的后刀面(N 区),在该区域,由于工件表面加工硬化层或毛坯表面硬皮的影响,易磨出较深的沟,以 VN 表示;③后刀面磨损带中间部位(B 区),磨损比较均匀,平均磨损量以 VB 表示,而最大磨损量以 VB_{max} 表示。

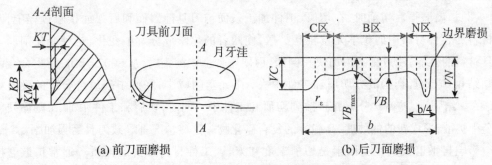

(a) 前刀面磨损   (b) 后刀面磨损

图 2-32 刀具磨损的测量位置

(3)边界磨损。切削钢料时,常在主切削刃靠近工件待加工表面处和副切削刃靠近刀尖处的后刀面上,磨出较深的沟纹,这种磨损称作边界磨损,如图 2-32 所示。产生边界磨损的原因主要是:①刀具与工件的接触区刀刃附近区域压应力、剪应力很大,非接触区的应力为零,形成应力梯度,产生大的剪应力;②加工硬化作用及副切削刃处的切削厚度接近于零,引起副切削刃打滑导致磨损加剧;③工件待加工表面的硬皮作用导致边界磨损;④氧化。

2.刀具的磨损原因

为了减小和控制刀具的磨损,正确选择切削条件必须研究刀具磨损的原因和机理。在切削过程中,刀具的磨损是在高温、高压($2\sim3$GPa)的条件下产生的。因此,刀具磨损的原因就非常复杂,它涉及机械、物理、化学和相变等的作用。刀具磨损的主要原因有以下几种:

(1)磨料磨损。工件材料中含的硬质点主要有:碳化物(Fe_3C、TiC等)、氧化物(SiO_2、Al_2O_3等)、氮化物(Si_3N_4、Al_2N_3等)以及积屑瘤碎片;它们具有很高的硬度,甚至超过了刀具材料的硬度。切削时这些硬质点就会像磨料一样在刀具表面上划出一条条沟槽,称为磨料磨损。

磨料磨损在各种切削速度下都存在,但在低速下磨料磨损是刀具磨损的主要原因。磨料磨损对高速钢作用较明显,因为高速钢在高温时的硬度比某些硬质点的硬度低、耐磨性差。此外,YG类硬质合金也易被硬质点磨损。

(2)冷焊(黏结)磨损。黏结是指刀具与工件材料接触到原子间距离时产生的结合现象。切削过程中,前刀面与切屑、后刀面与加工表面之间由于高温和高压的作用,接触面间的吸附膜被挤破,形成了新鲜表面接触,当接触面间距达到原子间距离时就会产生冷焊形成冷焊粘结点。由于摩擦副之间有相对运动,冷焊结点产生破裂被一方带走,从而造成冷焊磨损。通常冷焊磨损发生在较软的材料一侧,当刀具材料因高温软化、疲劳、热应力等原因,也可能使冷焊磨损发生在刀具材料的表层内,造成刀具表层微粒被撕裂带走。被带走微粒尺寸小时称为冷焊粘接磨损,当颗粒尺寸大时称为剥落。黏结磨损的程度与接触面上压力、温度和材料间的亲和力大小有关。

高速钢刀具在正常切削速度、硬质合金刀具在中等偏低切削速度条件下,冷焊黏结是产生磨损的主要原因。硬质合金刀具在低速切削时,由于切削温度低,故黏结是在压力作用下接触点处产生塑性变形所致;在中速时由于切削温度较高,促使材料软化和分子间运动,更易造成粘接。用YT类硬质合金加工钛合金或含钛不锈钢,在高温下钛元素之间的亲和作用也会产生黏结磨损。

(3)扩散磨损。切削时,在切屑、工件加工表面与刀具前刀面和后刀面接触过程中,刀具材料和工件材料中的化学元素相互扩散,使两者的化学成分发生变化,这种变化削弱了刀具材料的性能,使刀具磨损加快。例如,用硬质合金切削钢时,从800℃开始,硬质合金中的黏结相Co元素会扩散到切屑和工件中去,Co元素的减少,降低了硬质合金中的硬质相WC的黏结强度,使WC分解并扩散到切屑和工件中。同时,切屑和工件中的Fe则向硬质合金中扩散,形成新的低硬度、高脆性的复合碳化物。这些情况都导致刀具磨损加剧。

影响扩散磨损的主要因素是切削温度和刀具、工件材料本身的性质。通常扩散磨损在高温下产生,且随温度升高而加剧。硬质合金中Ti元素的扩散率远低于Co、W,由于TiC又不易分解,故YT类硬质合金的抗扩散磨损能力优于YG类硬质合金。YN类硬质合金和涂层硬质合金(涂覆TiC或TiN)则更佳。硬质合金中添加钽、铌后形成固溶体(TaC、NbC),则更不易扩散,从而提高了刀具的耐磨性。

扩散磨损往往与冷焊黏结磨损、磨料磨损同时产生,此时磨损量很高。前刀面上温度最高处离切削刀具有一定距离,该处的扩散作用最强,所以月牙洼磨损形成的原因是冷焊黏结磨损和扩散磨损。高速钢刀具的工作温度较低,故其扩散磨损所占的比例远小于硬质合金刀具。

(4)化学磨损。当切削温度达到一定范围时,刀具材料中的某些元素与周围介质(如空气中的氧、切削液中的极压添加剂硫或氯等)发生化学反应,在刀具表面形成硬度较低的化合物被切屑带走,造成刀具磨损;或者刀具材料被某些介质腐蚀,由此产生的刀具磨损称为化学磨损。化学磨损主要发生在较高的切削速度条件下。化学磨损最容易在主、副切削刃的工作边界处形成,在后刀面上划出较深的沟槽,这是造成"边界磨损"的原因之一。

在不同的工件材料、刀具材料和切削条件下,磨损原因和磨损强度是不同的。图2-33所示为硬质合金刀具加工钢料时,在不同的切削速度(或切削温度)下各类磨损所占的比例。由此可见,在低速(低温)区以磨料磨损和冷焊黏结磨损为主,在高速(高温)区以扩散磨损和化学磨损为主。

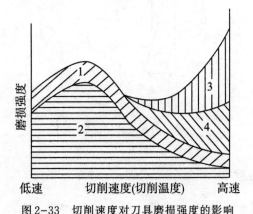

图2-33　切削速度对刀具磨损强度的影响

1—磨料磨损;2—冷焊粘接磨损;3—扩散磨损;4—化学磨损

3.刀具的磨损过程及磨钝标准

(1)刀具的磨损过程。刀具磨损到一定程度如果继续使用将降低工件的加工精度和加工表面质量,同时也要增加刀具的消耗和加工成本。在正常条件下,随着刀具的切削时间延续,刀具的磨损量将增加。通过实验得到如图2-34所示的刀具后刀面磨损量VB与切削时间的关系曲线。由图可知刀具磨损过程分三个阶段:初期磨损、正常磨损、急剧磨损。

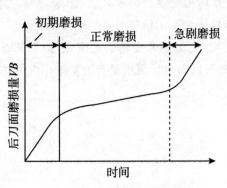

图2-34　刀具磨损过程曲线

(2)刀具的磨钝标准。刀具磨损后将影响工件的加工质量,因此必须根据加工情况规定一个最大的允许磨损量,这就是刀具的磨钝标准。一般切削加工,刀具的后刀面上都有磨损,它对切削力和加工质量的影响比前刀面磨损显著,同时后刀面磨损量比较容易测量,因此在刀具管理和金属切削的科学研究中多按后刀面磨损量来制定磨钝标准。国际标准ISO统一规定以1/2背吃刀量处后刀面上测量的磨损带宽度 VB 作为刀具的磨钝标准。

自动化生产中使用的精加工刀具,从保证工件尺寸精度考虑,常以刀具的径向尺寸磨损量 NB(见图2-35)作为衡量刀具的磨钝标准。

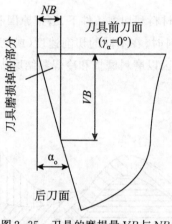

图 2-35　刀具的磨损量 VB 与 NB

2.4.2　刀具耐用度

1.刀具耐用度的概念

刀具耐用度的定义为:刃磨好的刀具自开始切削,直到磨损量达到磨钝标准为止所经历的总切削时间,用 T 表示,单位为min。耐用度是净切削时间,不包括对刀、测量和快进等非切削时间。刀具耐用度越高,刀具的切削性能越好。

一把新刀往往要经过多次重磨,才会报废,刀具寿命指的是一把新刀从开始使用到报废为止所经历的切削时间。如果用刀具耐用度乘以刃磨次数,得到的就是刀具寿命。

2.刀具耐用度与切削用量的关系

当工件、刀具材料和刀具几何参数选定之后,影响刀具耐用度的主要因素是切削用量。通过实验的方法可以确定切削用量与刀具耐用度的关系。

在切削条件不变的情况下,分别改变切削速度、进给量和背吃刀量,求出对应的刀具耐用度 T 值,经过数据处理可以得出切削用量与刀具耐用度的关系式:

$$T = \frac{C_T}{v_c^{\frac{1}{m}} f^{\frac{1}{n}} a_p^{\frac{1}{p}}} \tag{2-38}$$

或:

$$v_c = \frac{C_v}{T^m f^{y_v} a_p^{x_v}} \tag{2-39}$$

式中：C_T、C_v为与工件材料、刀具材料和其他切削条件有关系的常数；m、n、p指数，分别表示切削用量三要素对刀具耐用度的影响程度，指数 $x_v=m/p$，$y_v=n/p$。

当用硬质合金车刀 YT15 切削 $\sigma_b=750\text{MPa}$ 的碳素钢时（$f>0.70\text{mm/r}$），可得到切削用量与刀具耐用度 T 的关系式为：

$$T=\frac{C_T}{v_c^5 f^{2.25} a_p^{0.75}} \tag{2-40}$$

由式（2-40）可知，当工件、刀具材料和刀具的几何形状确定后，切削速度 v_c 对刀具耐用度影响最大，其次是进给量 f，背吃刀量 a_p 的影响最小。这与它们对切削温度的影响是完全一致的，说明切削温度对刀具磨损和刀具耐用度有着重要的影响。所以在优选切削用量以提高生产率时，其选择先后顺序应为：首先尽量选用大的背吃刀量，然后根据加工条件和加工要求选取允许的最大进给量，最后才在刀具耐用度或机床功率所允许的情况下选取最大的切削速度。

3.刀具耐用度确定原则

切削用量与刀具耐用度密切相关，在选择切削用量前，首先要确定刀具耐用度。刀具耐用度 T 定得高，切削用量就要取得低，虽然换刀次数少，刀具消耗少了，但切削效率下降，经济效益未必好；刀具耐用度 T 定得低，切削用量可以取得高，切削效率是提高了，但换刀次数多，刀具消耗变大，调整刀具位置费工费时，经济效益也未必好。

在生产中，确定刀具耐用度的原则有两个：①按单件工序工时最短原则确定的刀具耐用度，为最高生产率刀具耐用度 T_p；②按单件工序成本最低原则确定的刀具耐用度，为最低成本刀具耐用度 T_c。一般情况下，采用最低成本刀具耐用度，在生产任务紧迫或生产中出现节拍不平衡时，可选用最高生产率刀具耐用度。

制订刀具耐用度时，还应具体考虑以下几点：

（1）刀具构造复杂、制造和磨刀费用高时，刀具耐用度应规定得高些。

（2）多刀车床上的车刀，组合机床上的钻头、丝锥和铣刀，自动机床及自动线上的刀具，因为调整复杂，刀具耐用度应规定得高些。

（3）某工序的生产成为生产线上的瓶颈时，刀具耐用度应定得低些，可以选用较大的切削用量，以加快该工序生产节拍。

（4）某工序单位时间的生产成本较高时，刀具耐用度应规定得低些，可以选用较大的切削用量，缩短加工时间。

（5）精加工大型工件时，刀具耐用度应规定得高些，至少保证在一次走刀中不换刀。

◇　2.5　工件材料的切削加工性　◇

工件材料的切削加工性是指工件材料被切削成合格零件的难易程度。

衡量材料切削加工性的指标很多，一般来说，良好的切削加工性是指：刀具耐用度较长或者一定刀具耐用度下的切速较高；在相同的切削条件下切力较小，切削温度较低；容易获得较好的表面质量；容易断屑等。

在实际生产中，一般取某一具体参数来衡量材料的切削加工性。常用的是一定刀具耐用度下的切削速度 v_T 和相对加工性 K_r。

v_T 的含义是当刀具耐用度为 T_{min} 时，切削某种材料所允许的最大切削速度。v_T 越高，说明材料的切削加工性越好。常取 $T=60min$，则 v_T 写作 v_{60}。

材料加工性具有相对性。某种材料切削加工性的好与坏，是相对另一种材料而言的。在判定材料切削加工性的好与坏时，一般以切削正火状态的 45 钢的 v_{60} 作为基准，记做 $(v_{60})_j$，其他各种材料的 v_{60} 与之相比，比值 K_r 称为相对加工性，即：

$$K_r = v_{60}/(v_{60})_j \tag{2-41}$$

常用材料的相对加工性 K_r 分为 8 个级别，见表 2-6。凡是 $K_r > 1$ 的材料，其加工性比 45 钢要好；$K_r < 1$ 的，其加工性比 45 钢要差。

表 2-6　材料切削加工性等级

加工性等级	名称及种类		相对加工性 K_r	代表性工件材料
1	很容易切削材料	一般有色金属	>3.0	5-5-5铜铅合金、9-4铝铜合金、铝镁合金
2	容易切削材料	易切削钢	2.5~3.0	退火15Cr σ_b=0.373~0.441GP$_a$ 自动机钢 σ_b=0.392~0.490GP$_a$
3		较易切削钢	1.6~2.5	正火30钢 σ_b=0.441~0.549GP$_a$
4	普通材料	一般钢及铸铁	1.0~1.6	45钢、灰铸铁、结构钢
5		稍难切削材料	0.65~1.0	2Cr13调质 σ_b=0.8288GP$_a$ 85钢轧制 σ_b=0.8829GP$_a$
6	难切削材料	较难切削材料	0.5~0.65	45 Cr调质 σ_b=1.03GP$_a$ 65Mn调质 σ_b=0.9319~0.981GP$_a$
7		难切削材料	0.15~0.5	50CrV调质，1Cr18Ni9Ti未淬火，α 相钛合金
8		很难切削材料	<0.15	β 相钛合金，镍基高温合金

材料的切削加工性对生产率和表面质量的影响很大，因此在满足零件使用要求的前提下，尽量选用加工性能好的材料。

工件材料的物理性能和力学性能，如强度、硬度、韧性和塑性等，对切削加工性的影响较大，因此在实际生产中，采取一定的措施改善材料的切削加工性。

1.调整化学成分

在不影响工件材料性能的条件下，适当调整化学成分，可以改善其加工性。如在钢中加入少量的硫、硒、铅、铜、磷等，虽略降低钢的强度，但同时降低钢的塑性，对加工性有利。

2.材料加工前进行合适的热处理

低碳钢通过正火处理后，细化晶粒、硬度提高、塑性降低，有利于减小刀具的黏结磨损，减小积屑瘤，改善工件表面粗糙度；高碳钢球化退火后，硬度下降，可减小刀具磨损；不锈钢以调质到HRC28为宜，硬度过低，塑性大，工件表面粗糙度差，硬度高则刀具易磨损；白口铸铁可在950~1000℃范围内长时间退火而成可锻铸铁，切削就较容易。

3.选加工性好的材料状态

低碳钢经冷拉后,塑性大为下降,加工性好;锻造的坯件余量不均,且有硬皮,加工性很差,改为热轧后加工性得以改善。

4.其他

采用合适的刀具材料,选择合理的刀具几何参数,合理地制订切削用量与选用切削液等。

2.6　切削用量的选择

切削用量的选择,对生产率、加工成本和加工质量均有重要影响。所谓合理的切削用量是指在保证加工质量的前提下,能取得较高的生产效率和较低成本的切削用量。约束切削用量选择的主要条件有:工件的加工要求,包括加工质量要求和生产效率要求;刀具材料的切削性能;机床性能,包括动力特性(功率、扭矩)和运动特性;刀具耐用度要求。

选择切削用量的基本原则是:首先选取尽可能大的背吃刀量 a_p;其次根据机床进给机构强度、刀杆刚度等限制条件(粗加工时)与已加工表面粗糙度要求(精加工时),选取尽可能大的进给量 f;最后根据"切削用量手册"查取或根据公式计算确定切削速度 v_c。

切削用量选择的具体方法,可通过下方二维码扫码阅读。

思考与练习题

2-1　何谓切削用量三要素?它们与切削层参数有什么关系?

2-2　什么是刀具的标注角度参考系?什么是刀具的工作角度参考系?两者有何区别?在什么条件下两者重合?

2-3　刀具标注角度和工作角度有何不同?哪些因素影响刀具的工作角度?

2-4　按下面给定的刀具几何角度和应用场合,画出各车刀在正交平面参考系中的参考平面及相应的几何角度。

(1)已知:前角 $\gamma_o=-12°$,后角 $\alpha_o=6°$,主偏角 $\kappa_r=75°$、刃倾角 $\lambda_s=5°$,副偏角 $\kappa_r'=15°$、副后角 $\alpha_o'=5°$。若用该刀具车削外圆,试绘制车刀标注几何角度图。

(2)已知:前角 $\gamma_o=10°$,后角 $\alpha_o=5°$,主偏角 $\kappa_r=45°$、刃倾角 $\lambda_s=-5°$,副偏角 $\kappa_r'=45°$,副后角 $\alpha_o'=5°$。若用该刀具车削端面,试绘制该车刀标注几何角度图。

2-5　刀具材料应具备哪些性能?常用的刀具材料有哪些?各适用于什么加工场合?

2-6　常用硬质合金有哪几类?各类中常用牌号有哪几种?哪类硬质合金用于加工钢材?哪类硬质合金用于加工铸铁等脆性材料?同类硬质合金刀具材料中,哪种牌号用于粗加工?哪种牌号用于精加工?

2-7　超硬刀具材料有哪些？各有何特点？各用在何种场合下？

2-8　切削变形区如何划分？各变形区有何特点？

2-9　衡量切削变形程度的参数有哪些？各如何定义？

2-10　积屑瘤是如何形成的？它对切削过程有何影响？若要避免产生积屑瘤要采取哪些措施？

2-11　试述切屑的类型、特点，各类切屑相互转换的条件。

2-12　试述切削力为什么分解成三个互相垂直方向的分力？各有什么作用？

2-13　试从工件材料、刀具材料及刀具角度等方面分析各因素对切削力的影响规律。

2-14　试分析切削用量三要素对切削力的影响规律。如果机床动力不足，为保持生产率不变，应如何选择切削用量？

2-15　在 CA6140 车床上车削轴类零件，轴的材料为 45 钢（正火），强度为 $\sigma_b =$ 0.637GPa，选择切削用量：$a_p = 6mm$，$f = 0.6mm/r$，$v_c = 160m/min$，刀具几何参数 $\kappa_r = 75°$、$\gamma_0 = 10°$、$\lambda_s = -5°$；刀具材料 YT15。(1)试计算切削力和切削功率（设机床传动效率为 0.78～0.85）；(2)若切削时机床动力不足，是何原因？应采取什么措施？

2-16　试分析背吃刀量、进给量、切削速度对切削温度有何影响规律？

2-17　切削塑性较好的钢材时，刀具上最高切削温度在何处？切削铸铁时，刀具上最高切削温度在何处？

2-18　试述刀具的正常磨损形式有哪几种？

2-19　简述刀具磨损的原因。高速钢刀具、硬质合金刀具在中速、高速时产生磨损是什么原因？

2-20　什么是刀具的耐用度？影响刀具耐用度的因素有哪些？

2-21　在精加工时为提高表面质量主偏角和进给量应如何选择？

2-22　刀具的前角、后角、主偏角、刃倾角的功用是什么？说明合理选择前角、后角、主偏角、刃倾角的原则是什么？

2-23　在一定的生产条件下，切削速度是否越快越好？刀具耐用度是否越长越好？为什么？

第3章　工件定位原理与夹具设计

◇━━━━ 3.1　机床夹具概述 ━━━━◇

在机床上对工件进行机械加工时,为了保证加工要求,首先要使工件相对于刀具及机床有正确的位置,并使这个位置在加工过程中不因外力的影响而变动。为此,在进行机械加工前,先要将工件在机床上安装好,这个在金属切削机床上对工件进行定位和夹紧的工艺装备,统称为机床夹具。

夹具作为一种装夹工件的工艺装备,广泛地应用在机械加工、装配、检验、热处理、焊接等工艺过程中,例如机床夹具、装配夹具、检验夹具、热处理夹具、焊接夹具等。在现代机械制造中,机床夹具是一种不可或缺的工艺装备,是机械加工工艺系统的重要组成部分。机床夹具在机械加工中起着重要的作用,它直接影响到机械加工的工件的加工精度、加工表面质量、劳动生产率和产品的制造成本等,因此机床夹具设计是机械加工工艺装备设计中的一项重要工作。

在机床上装夹的工件方法有两种:一种是工件直接装夹在机床的工作台或花盘上;另一种是工件装夹在夹具上。

1.工件的安装与基准

工件的安装是将工件在机床上或夹具上定位并夹紧的过程。工件安装又称为工件的装夹。将工件在机床或夹具上装夹,包括两层含义:一是使同一工序中工件都能在机床或夹具上占据正确的位置,称为定位;二是使工件在加工过程中保持已经占据的正确位置不变,称为夹紧。

事实上,定位和夹紧是同时进行的。工件安装好后,也就确定了工件加工表面相对于机床或刀具的正确位置,因此,工件加工表面的加工精度与安装的准确程度有直接关系,所以必须给予高度重视。

工件的安装方式与工件的生产类型、工件的结构与尺寸有直接的关系。一般把工件的安装方式概括为以下三种形式:直接找正法、划线找正法和使用专用夹具法。

(1)直接找正法。具体的方式是在工件直接装到机床上后,用百分表或划针以目测法校正工件的正确位置,一边校验一边找正,直至合乎要求为止。例如,在内圆磨床上磨削一个与外圆柱表面有同轴度要求的内孔时,可将工件装在四爪卡盘上,缓慢回转磨床主轴,用百分表直接找正外圆表面,使工件获得正确的位置,如图3-1(a)所示。又如,在牛头刨床上加工一个与右侧面有平行度要求的槽,如图3-1(b)所示。可用百分表沿箭头方向来回移动,找正工件的右侧面与主运动方向平行,即可使工件获得正确的位置,而槽与侧面的平行度要求由机床的几何精度保证。

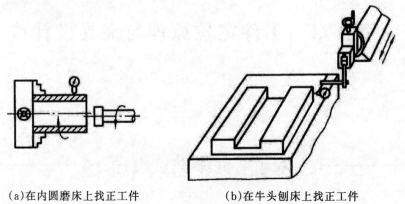

(a)在内圆磨床上找正工件　　　　　(b)在牛头刨床上找正工件

图3-1　直接找正法装夹工件

应用直接找正法时,如使用精密的量具,由技术熟练的工人操作,安装精度可达0.01～0.005mm。但要求工件上有可供直接找正且精度较高的加工表面,同时又受工人经验及技术水平的影响,故采用直接找正法时一般安装精度不高(0.5～0.1mm),且找正时间比加工时间长,生产效率不高,因此该方法只适合于单件、小批生产。

(2)划线找正法。在机床上用划针按毛坯或半成品上预先画好的线找正工件,使工件获得正确位置称为划线找正法,如图3-2所示。

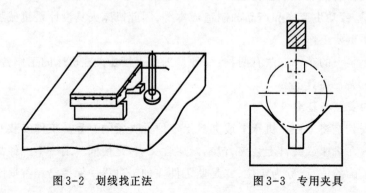

图3-2　划线找正法　　　　图3-3　专用夹具

这种找正安装方法,需要率先在工件上划线,划线需要技术熟练的工人,而且不能保证高的加工精度(其误差在0.2～0.5mm)。

对于尺寸大、形状复杂、毛坯误差较大的锻件、铸件,预先划线可以使各加工面都有足够的加工余量,并使工件上的加工表面与不加工表面能保持一定的相互位置要求,通过划线还可以检查毛坯尺寸以及几个表面间的相互位置。

(3)使用专用夹具法。直接找正法与划线找正法共同的缺点是安装精度不高,所以在成批、大量生产中广泛采用专用夹具进行安装。如图3-3所示,加工轴上的键槽时,要求具有较高的对称度,此时用V形块,以工件外侧定位,只要事先调整好铣刀与V形块的位置精度,就可以实现工件的快速安装,且能够保证加工精度。

综上所述,在不同的生产条件下,工件的安装方式是不同的,因此,必须认真分析工件的结构、尺寸和加工精度,选用与生产条件相适应的工件安装方法。

零件总是由若干表面组成的,各表面之间有一定的尺寸和相互位置要求。对机械零件表面间的相对位置有两个方面的要求:表面间的距离尺寸精度和相对位置精度(如同轴度、平行度、垂直度和圆跳动等)。研究零件表面间的相对位置关系是离不开基准的。基准就是用来确定生产对象上几何要素间的几何关系所依据的那些点、线、面。根据基准的使用场合,可将其分为设计基准和工艺基准两大类。

(1)设计基准。设计基准是在设计图纸上所使用的基准。如图3-4所示的零件,其轴心线 $O\text{-}O$ 是外圆和内孔的设计基准;端面 A 是端面 B 和 C 的设计基准,这些基准是从工件使用性能和工作条件要求出发适当考虑零件结构工艺性而选定的。但作为设计基准的点、线、面在工件上不一定具体存在,例如表面的几何中心、对称线、对称平面等。

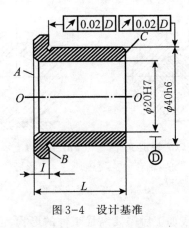

图3-4　设计基准

(2)工艺基准。零件在工艺过程中使用的基准称为工艺基准。按照不同用途,工艺基准又可分为工序基准、定位基准、测量基准和装配基准。

①工序基准。在工序图上为了标注本工序加工表面的尺寸和位置所采用的基准,称为工序基准。用工序基准标注的加工表面位置尺寸称为工序尺寸。如图3-5(a)所示,设计图上键槽底部位置尺寸 S 的设计基准为轴线 $O\text{-}O$。由于工艺上的需要,在铣键槽工序中,键槽底部的位置尺寸按工序尺寸 S' 标注,轴套外圆柱面的最低母线 B 为工序基准,如图3-5(b)所示。

选择工序基准时应注意:

1)优先考虑使用设计基准为工序基准;

2)所选工序基准尽可能用于工件的定位和工序尺寸的检验;

3)当采用设计基准为工序基准有困难时,可另取工序基准,但需要保证零件的设计尺寸和技术要求。

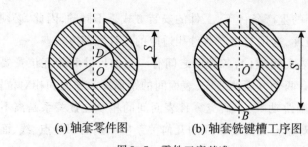

(a) 轴套零件图　　　　　(b) 轴套铣键槽工序图

图3-5　零件工序基准

②定位基准。加工时,使工件在机床或夹具中占据正确位置(即将工件定位)所用的基准称为定位基准。如图3-6(a)所示的轴套零件,在加工键槽的工序中,工件以内孔在心轴上定位,则孔的轴线 $O-O$ 是定位基准。若工件以外圆柱面在支承板上定位.如图3-6(b)所示,则母线 $B-B$ 为该工序的定位基准。

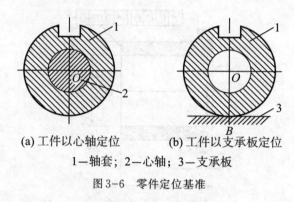

(a) 工件以心轴定位　　　　　(b) 工件以支承板定位

1—轴套；2—心轴；3—支承板

图3-6　零件定位基准

③测量基准。在加工中或加工后需要测量工件的形状、位置和尺寸误差,测量时所采用的基准称为测量基准。如图3-7所示为两种测量平面 A 的方案。图3-7(a)所示是以小圆柱面的母线为测量基准;图3-7(b)所示是以大圆柱面的母线为测量基准。

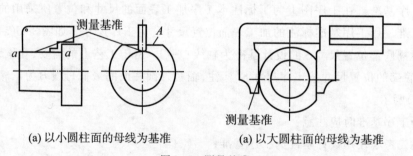

(a) 以小圆柱面的母线为基准　　　　　(a) 以大圆柱面的母线为基准

图3-7　测量基准

④装配基准。装配时用来确定零件或部件在产品中的相对位置所采用的基准称为装配基准。装配基准通常就是零件的主要设计基准。如图3-8所示直径为 D(H7)定位环孔的轴线是设计基准,在进行模具装配时又是定位环的装配基准。另外,需注意以下几点:

1)作为基准的点、线、面在工件上不一定都具体存在,而常常是由某些具体的表面来体现的,所以基准又可说成基面。

2)基准可以视为纯几何意义上的点、线、面,但是具体的基面与定位元件实际接触总是有一定的面积。

3)基准均具有方向性。

4)基准不仅涉及尺寸间的关系,还涉及表面间的相互位置关系(如平行度、垂直度等)。

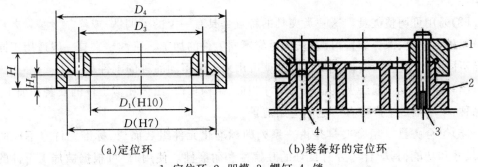

(a)定位环　　　　　　　　(b)装备好的定位环

1-定位环;2-凹模;3-螺钉;4-销

图 3-8　装配基准

2.机床夹具的类型

机床夹具通常有三种分类方法,即按应用范围、夹紧动力源和使用机床来分类,如图 3-9 所示。如按夹具的应用范围来分,有下面六种类型:

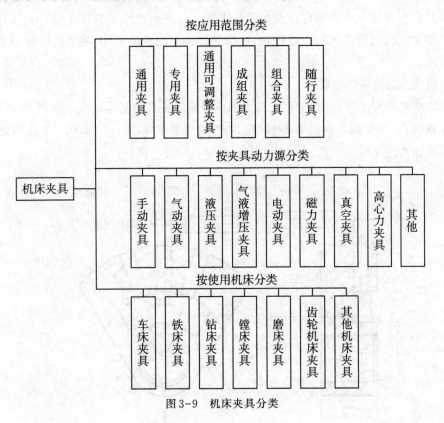

图 3-9　机床夹具分类

（1）通用夹具。例如车床上的卡盘，铣床上的平口钳、分度头，平面磨床上的电磁吸盘等。这些夹具通用性强，一般不需调整就可适应多种工件的安装加工，在单件小批生产中广泛应用。

（2）专用夹具。因为它是用于某一特定工件的特定工序的夹具，故称为专用夹具。专用夹具广泛用于成批生产和大批量生产中。本章内容主要是针对专用夹具的设计展开的。

（3）通用可调整夹具。这一类夹具的特点是具有一定的可调性，或称"柔性"。夹具中部分元件可更换，部分装置可调整，以适应不同工件的加工。可调整夹具一般适用于同类产品不同品种的生产，略作更换或调整就可用来安装不同品种的工件。

（4）成组夹具。成组夹具适用于尺寸相似、结构相似、工艺相似工件的安装和加工，在多品种、中小批量生产中有广泛的应用前景。

（5）组合夹具。组合夹具是由一系列的标准化元件组装而成，标准元件有不同的形状、尺寸和功能，其配合部分有良好的互换性和耐磨性。使用时，可根据被加工工件的结构和工序要求，选用适当元件进行组合连接，形成专用夹具。用完后可将元件拆卸、清洗、涂油、入库，以备以后使用。它特别适合于单件小批生产中位置精度要求较高的工件的定位和夹紧。

（6）随行夹具。这是一类自动线和柔性制造系统中使用的夹具。它既要完成工件的定位和夹紧，又要作为运载工具将工件在机床间进行输送，输送到下一道工序的机床后，随行夹具应在机床上准确地定位和可靠地夹紧。一条生产线上有许多随行夹具，每个随行夹具随着工件经历工艺的全过程、然后卸下已加工完成的工件，装上新的待加工工件，循环使用。

3.机床夹具的基本组成

现以装夹扇形工件的钻、铰孔夹具为例说明机床夹具的基本组成。如图3-10所示是扇形工件简图，加工内容是三个 ϕ8H8孔，各项精度要求如图3-10所示。本工序之前，其他加工表面均已完成。

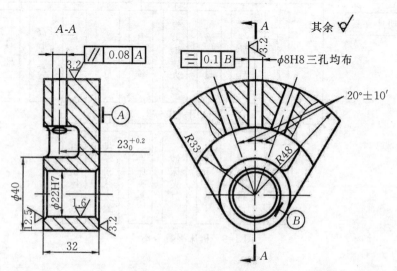

图3-10 扇形工件简图

如图3-11所示为装夹上述工件进行钻、铰孔工序的钻床夹具,工件的定位是ϕ22H7孔,它与定位销轴2的小圆柱面配合,工件端面A与定位销轴2的大端面靠紧,工件的右侧面紧靠挡销3。工件的夹紧是拧动螺母10,通过开口垫圈9将工件夹紧在定位销轴2上。件12是钻套,钻头由它引导对工件加工,以保证加工孔到端面A的距离,孔中心与A面的平行度,以及孔中心与ϕ22H7孔中心线的对称度。

三个ϕ8H8孔的分度是由固定在定位销轴2的转盘11来实现的,当分度定位销5分别插入转盘的三个分度定位套4、4'和4"时,工件获得三个位置,来保证三孔均布20°±10'的精度。进行分度操作时,首先反时针拧动手柄7,可松开转盘11,通过手钮6从分度定位套4中拔出分度定位销5、由转盘11带动工件一起转过20°后,将定位销5插入另一分度定位套中,然后顺时针拧动手柄7,将工件和转盘夹紧,便可进行加工。

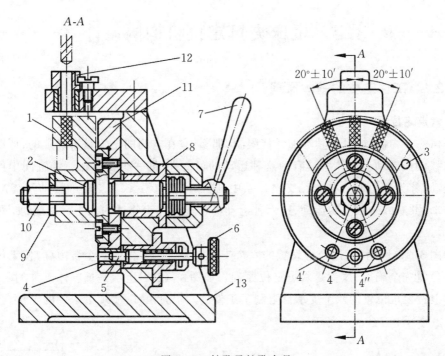

图3-11 钻孔及铰孔夹具

1—工件;2—定位销轴;3—挡销;4—分度定位套;5—分度定位销;6—手钮;7—手柄;8—衬套;9—开口垫圈;10—螺母;11—转盘;12—钻套;13—夹具体

通过对该夹具的分析,可以把夹具的组成归纳为如下几部分:

(1)定位元件及定位装置。用于确定工件正确位置的元件或装置,如图3-11所示的定位销轴2和挡销3。

(2)夹紧元件及夹紧装置。用于确定工件已获得的正确位置的元件或装置,如图3-11所示的螺母10和开口垫圈9。

(3)导向及对刀元件。用于确定工件与刀具相互位置的元件,如图3-11所示的钻套12,铣床夹具中常用对刀块来确定刀具与工件的位置。

(4)动力装置。如图3-11所示是手动夹具,没有动力装置。在成批生产中,为了降低工人劳动强度,提高生产率,常采用气动、液动等动力装置。

(5)分度装置。使工件在一次安装中能完成数个工位的加工,有回转分度装置和直线移动分度装置两类。前者主要用于加工有一定角度要求的孔系、槽或多面体等;后者主要用于加工有一定距离要求的孔系和槽等。如图3-11所示的转盘11、分度定位套4、分度定位销5。

(6)夹具体。用于将各种元件、装置连接在一起,并通过它将整个夹具安装在机床上,如图3-11所示的夹具体13。

(7)其他元件及装置。根据加工需要来设置的元件或装置,如铣床夹具中机床与夹具的对定,往往在夹具体底面上安装两个定向键等。

上述是机床夹具的基本组成。对于一个具体的夹具,可能略少或略多一些。但定位、夹紧和夹具体三部分一般是不可缺少的。

3.2 机床夹具定位机构的设计

3.2.1 工件定位的基本原理

1.六点定位原理

任何一个物体,如果对其不加任何限制,那么,它在空间的位置是不确定的,可以向任何方向移动或转动。物体所具有的这种运动的可能性,即一个物体在三维空间中可能具有的运动,称为自由度。在 $OXYZ$ 坐标系中,物体可以有沿 X、Y、Z 轴的移动及绕 X、Y、Z 轴的转动,共有六个独立的运动,这六种运动的可能性称为物体的六个自由度,如图3-12 (a)所示。

如图3-12(b)所示,用合理设置的六个支承点来限制工件的六个自由度,使工件在夹具中的位置完全确定,这就是六点定位原理。如图3-12(c)所示是长方体工件的定位,在夹具体上按要求设置的六个支承钉限制了工件的六个自由度,实现了工件的定位。

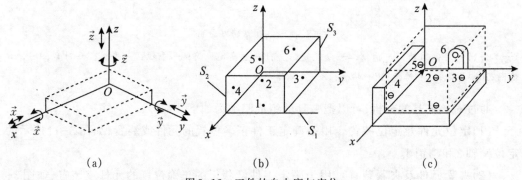

(a)   (b)   (c)

图3-12 工件的自由度与定位

如图3-13所示是圆盘工件的定位,圆盘类工件端面尺寸较大,其轴向尺寸较径向尺寸小,考虑到安装的稳定性及夹紧可靠,通常以较大的端面作为主要定位基准面。定位点1、2、3限制了工件 $\vec{z}$ 和 $\hat{x}$、$\hat{y}$ 三个自由度;定位点5、6限制了工件的 $\hat{x}$、$\hat{y}$ 两个移动自由度;定位点4限制了 $\vec{z}$ 一个自由度。

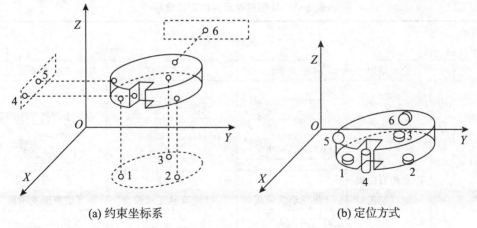

(a) 约束坐标系　　　　　　　　　　(b) 定位方式

图 3-13　圆盘工件的定位

2.典型定位元件的定位分析

在夹具设计中,一个小的支承钉可以直接作为一个支承限制一个自由度。但由于工件千变万化,仅仅用小的支承钉来限制工件的六个自由度往往不能满足生产的需要,通常用定位元件代替小支承钉约束去实现需要的定位。如图 3-14 所示,在盘类工件上钻孔,其工序图如图 3-14(a)所示。按六点定位原则在夹具上布置了 6 个支承点,如图 3-14(b)所示。工件端面紧贴在支承点 1、2、3 上,限制了 3 个自由度;工件内孔紧靠支承点 4、5,限制了两个自由度;键槽侧面靠在支承点 6 上,限制了一个自由度,实现了工件的完全定位。实际的夹具结构如图 3-14(c)所示。夹具上以台阶面 A 代替 1、2、3 三个支承点,限制了 3 个自由度;短销 B 代替 4、5 两个支承点,限制了两个自由度;插入键槽中的防转销 C 代替支承点 6,限制了一个自由度。

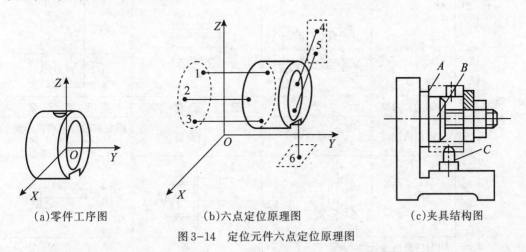

(a)零件工序图　　　　　(b)六点定位原理图　　　　　(c)夹具结构图

图 3-14　定位元件六点定位原理图

定位元件是多种多样的,哪些定位元件可以代替哪几种约束,限制工件的哪些自由度,以及它们组合可以限制的自由度情况,对初学者来说,应反复分析研究,熟练掌握。常见定位元件的定位分析见表 3-1。

表3-1 典型定位元件的定位分析

工件的定位面		夹具的定位元件			
平面	支撑钉	定位情况	1个支承钉	2个支承钉	3个支承钉
		图示	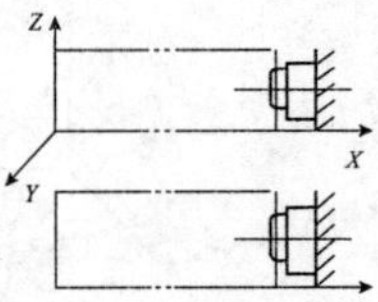 图示	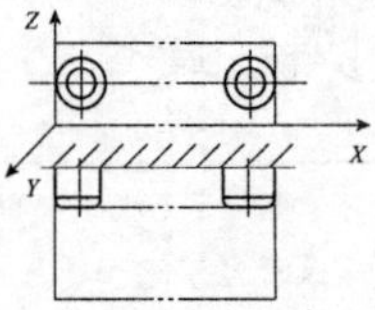 图示	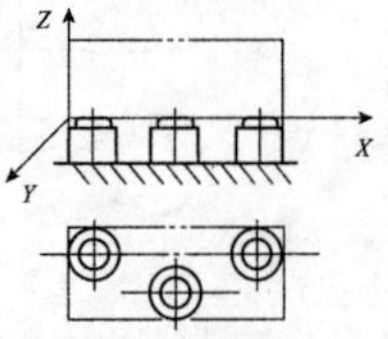 图示
		限制的自由度	$\vec{X}$	$\vec{Y}$ $\vec{Z}$	$\vec{Z}$ $\widehat{X}$ $\widehat{Y}$
	支撑板	定位情况	1块条形支承板	2块条形支承板	1块矩形支承板
		图示	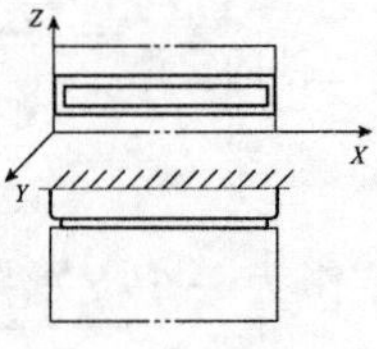 图示	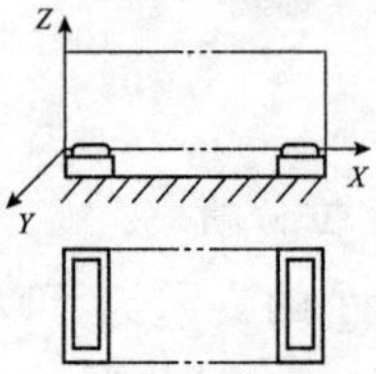 图示	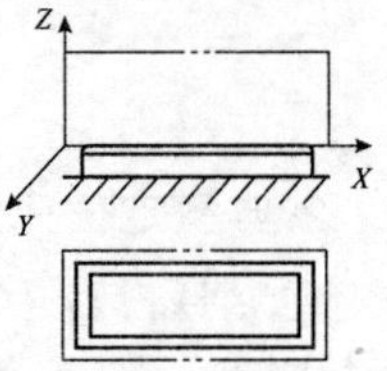 图示
		限制的自由度	$\vec{Y}$ $\vec{Z}$	$\vec{Z}$ $\widehat{X}$ $\widehat{Y}$	$\vec{Z}$ $\widehat{X}$ $\widehat{Y}$
圆孔	圆柱销	定位情况	短圆柱销	长圆柱销	2段短圆柱销
		图示	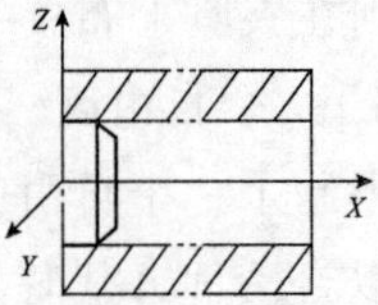 图示	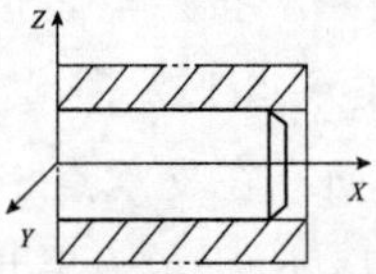 图示	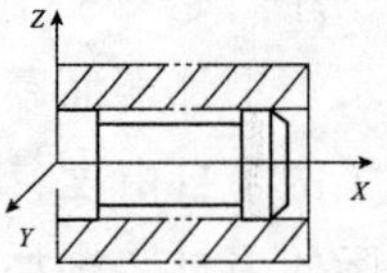 图示
		限制的自由度	$\vec{Y}$ $\vec{Z}$	$\vec{Y}$ $\vec{Z}$ $\widehat{Y}$ $\widehat{Z}$	$\vec{Y}$ $\vec{Z}$ $\widehat{Y}$ $\widehat{Z}$
		定位情况	菱形销	长销小平面组合	短销大平面组合
		图示	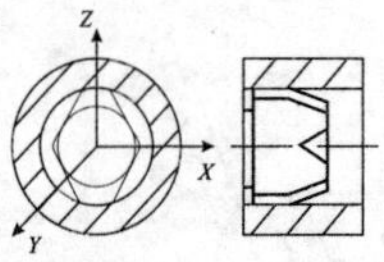 图示	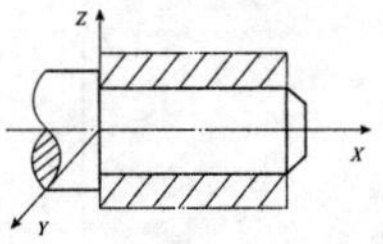 图示	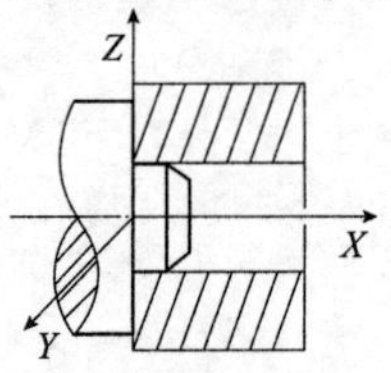 图示
		限制的自由度	$\vec{Z}$	$\vec{X}$ $\vec{Y}$ $\vec{Z}$ $\widehat{Y}$ $\widehat{Z}$	$\vec{X}$ $\vec{Y}$ $\vec{Z}$ $\widehat{Y}$ $\widehat{Z}$
	圆锥销	定位情况	固定锥销	浮动锥销	固定锥销与浮动锥销组合
		图示	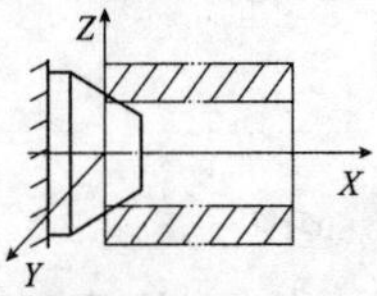 图示	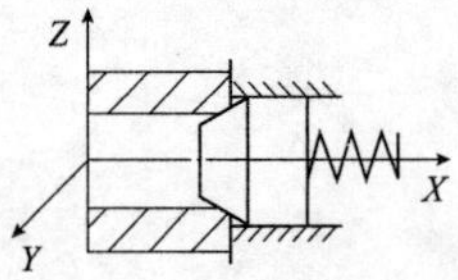 图示	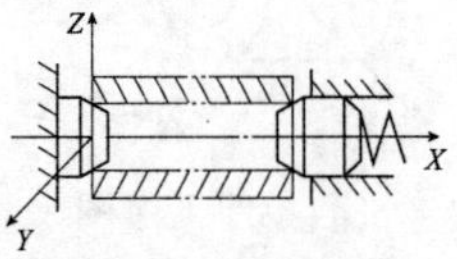 图示
		限制的自由度	$\vec{X}$ $\vec{Y}$ $\vec{Z}$	$\vec{Y}$ $\vec{Z}$	$\vec{X}$ $\vec{Y}$ $\vec{Z}$ $\widehat{Y}$ $\widehat{Z}$
	心轴	定位情况	长圆柱心轴	短圆柱心轴	小锥度心轴
		图示	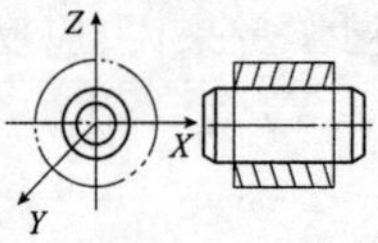 图示	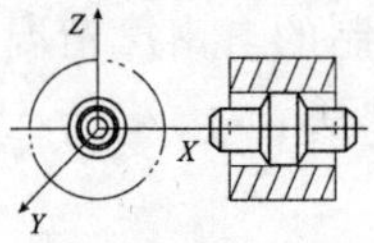 图示	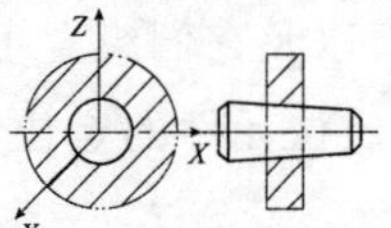 图示
		限制的自由度	$\vec{Y}$ $\vec{Z}$ $\widehat{Y}$ $\widehat{Z}$	$\vec{Y}$ $\vec{Z}$	$\vec{Y}$ $\vec{Z}$

续表

工件的定位面	夹具的定位元件			
外圆柱面	V形块	定位情况	1块短V形块	2块短V形块	1块长V形块
		图示	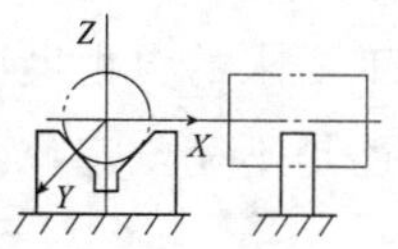	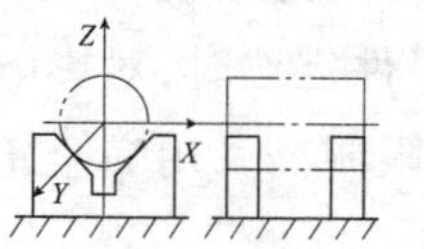	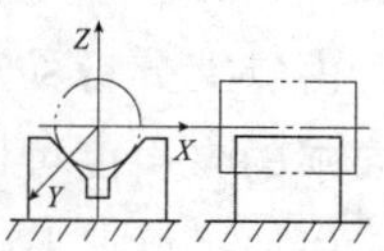
		限制的自由度	$\vec{X}$ $\vec{Z}$	$\vec{X}$ $\vec{Z}$ $\widehat{X}$ $\widehat{Z}$	$\vec{X}$ $\vec{Z}$ $\widehat{X}$ $\widehat{Z}$
	定位套	定位情况	1个短定位套	2个短定位套	1个长定位套
		图示	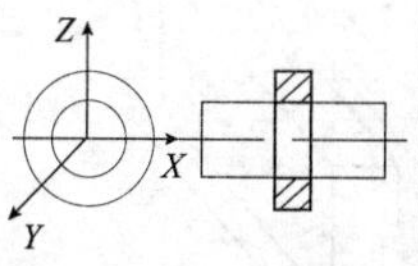	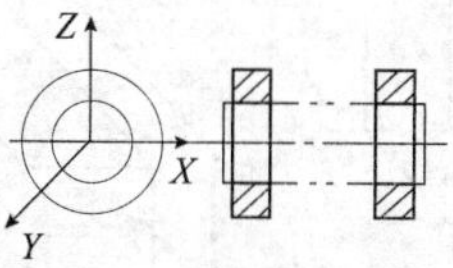	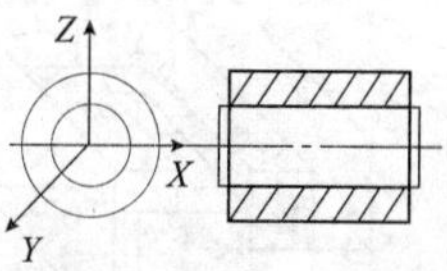
		限制的自由度	$\vec{X}$ $\vec{Z}$	$\vec{X}$ $\vec{Z}$ $\widehat{X}$ $\widehat{Z}$	$\vec{X}$ $\vec{Z}$ $\widehat{X}$ $\widehat{Z}$
圆锥孔	锥顶尖和锥度心轴	定位情况	固定顶尖	浮动顶尖	锥度心轴
		图示	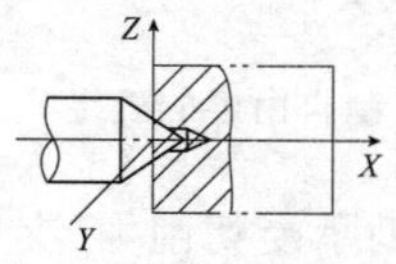	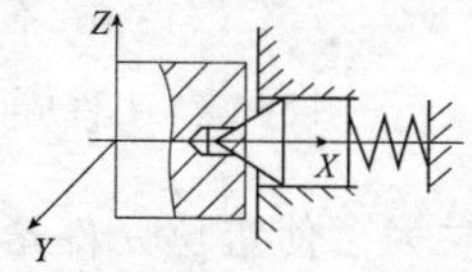	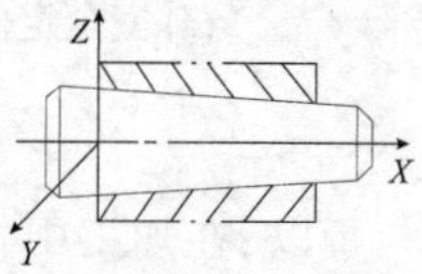
		限制的自由度	$\vec{X}$ $\vec{Y}$ $\vec{Z}$	$\vec{Y}$ $\vec{Z}$	$\vec{X}$ $\vec{Y}$ $\vec{Z}$ $\widehat{Y}$ $\widehat{Z}$

　　与定位元件相接触、相配合的工件的定位表面,称为定位基面。与工件定位基面相配合的支撑点表面,称为限位基面。必须指出:工件的定位是在限位基面(定位元件)与定位基面(工件)相接触或相配合的情况下实现的,二者一旦分离,则定位作用将被破坏。如何使工件的定位状态保持不变,是夹紧所要考虑的问题。

　　3.工件定位的几种情况

　　设计夹具时,必须根据本工序加工时工件需要保证的位置尺寸和位置精度,按照工件的六点定位原理,分析研究应该限制工件的哪几个自由度,对哪些自由度可不必限制。

　　工件定位有如下几种情况:

　　(1)完全定位。根据工件加工表面的位置要求,有时需要将工件的六个自由度全部限制,即用六个合理布置的定位支承点来限制工件的六个自由度。这种使工件位置完全确定的定位形式称为完全定位,如图3-15(a)所示。

　　(2)不完全定位。根据工件加工表面的不同加工要求,有些自由度对加工要求有影响,有些自由度对加工要求无影响,此时需要限制的自由度数目少于六个,但又能满足加工技术要求,这种定位形式称为不完全定位,如图3-15(b)所示。而如图3-15(c)所示的是在平面磨床上磨长方体工件的上表面,工件上表面只要求保证上下面的厚度尺寸和平行度,以及上表面的粗糙度,那么此工序的定位只需限制三个自由度就可以了,这也是不完全定位。

根据加工表面的位置尺寸要求,需要限制的自由度均已被限制,这就称为定位的正常情况。它可以是完全定位,也可以是不完全定位。

由以上分析可知,工件定位时,对影响加工要求的自由度必须加以限制,对不影响加工要求的自由度可以不限制。采用完全定位还是不完全定位,主要根据工件的形状特点和工序加工要求来确定。

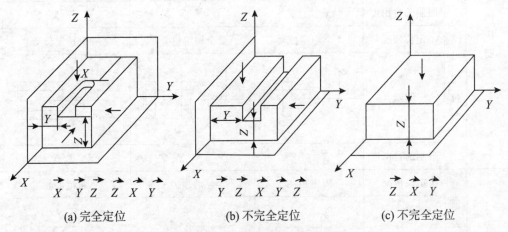

图 3-15　工件应限制自由度的确定

所以,在加工中,有时为了使定位元件帮助承受切削力、夹紧力,或者为了保证一批工件进给长度一致、减少机床的调整和操作等,常常会对无位置尺寸要求的自由度也加以限制,只要这种定位方案符合六点定位原理,是允许的,有时也是必要的。

(3)欠定位。按照加工要求,应该限制的自由度而没有被限制的定位情况称为欠定位。欠定位是不允许的,因为欠定位保证不了加工要求。如图 3-15(a)所示,铣槽工序按工序尺寸要求,需要采用完全定位。如果夹具定位方案中无防止 $\vec{x}$ 自由度的挡销,仅限制工件的其他 5 个自由度,则工件 X 方向上的位置将不能确定,加工出的键槽不能达到长度的要求,这种情况就属于欠定位,这在机械加工中是绝对不允许的。

(4)过定位。夹具上的两个或两个以上的定位元件,重复限制工件的同一个或几个自由度的情况,称为过定位(也称为重复定位、超定位)。过定位会导致重复限制同一个自由度的定位支承点之间产生干涉现象,从而导致定位不稳定,破坏定位精度。过定位在机械加工中一般是不允许的,它不能保证正确的位置精度。

如图 3-16(a)所示,加工连杆大孔的定位方案中,长圆柱销 1 限制 $\vec{x}$、$\vec{y}$、$\hat{x}$、$\hat{y}$ 四个自由度,支承板 2 限制 $\hat{x}$、$\hat{y}$、$\vec{z}$ 三个自由度。其中,$\hat{x}$、$\hat{y}$ 自由度被两个定位元件重复限制,产生了过定位。如工件孔与端面的垂直度误差较大,且孔与销间隙又很小时,会出现两种情况:一是长圆柱销刚度好,定位后工件歪斜,端面只有一点接触,如图 3-16(b)所示;二是长圆柱销刚度不足,压紧后长圆柱销将歪斜,工件也可能变形,如图 3-16(c)所示。二者都会引起加工大孔的位置误差,使连杆两孔的轴线不平行。

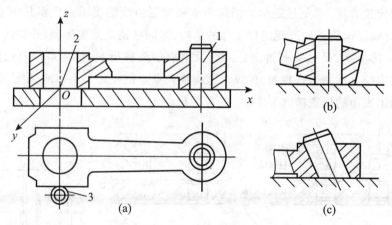

图 3-16 连杆的定位
1-长圆柱销;2-支承板;3-挡销

①允许过定位的场合。在以下两种特殊场合,过定位是允许的:

1)工件刚度很差,在夹紧力、切削力作用下会产生很大变形,此时过定位只是为了提高工件某些部件的刚度,减小变形。

2)工件的定位表面和定位元件在尺寸、形状、位置精度已很高时,过定位不仅对定位精度影响不大,而且还有利于提高刚度。例如 CA6140 车床主轴端部和卡盘间的定位,它是短锥大平面,在轴向是过定位。在精密模具加工中,也可以见到平面和两圆柱销的过定位情况。如图 3-17 所示的定位,若工件定位平面粗糙,支承钉或支承板又不能保证在同一平面,此时过定位是不允许的;若工件定位平面经过较好的加工,保证工整,支承钉或支承板又在安装后经过统一磨削,保证了它们在同一平面上,则此过定位是允许的。

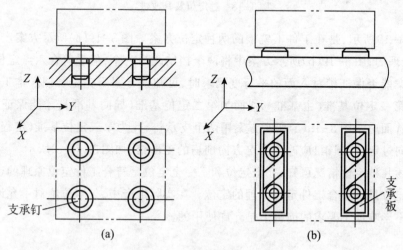

图 3-17 平面定位的过定位

②过定位的改进措施。在实际生产中应当根据具体情况,采取如下措施消除或减少过定位带来的不良后果:

1)提高工件定位基准之间及定位元件工作表面之间的位置精度,减少过定位对加工精度的影响,使不可用过定位变为可用过定位。

2)改变定位方案,避免过定位。消除重复限制自由度的支承点或将其中某个支承改为辅助支承(或浮动支承);改变定位元件的结构,如圆柱销改为菱形销,长销改为短销等。

如图3-18所示,是另一些过定位问题及采取的改进措施,读者可以自己进行分析。在分析研究定位方案是否合理时,仅仅考虑满足六点定位原理是不够的,要认真仔细地分析本工序加工表面的位置精度要求。

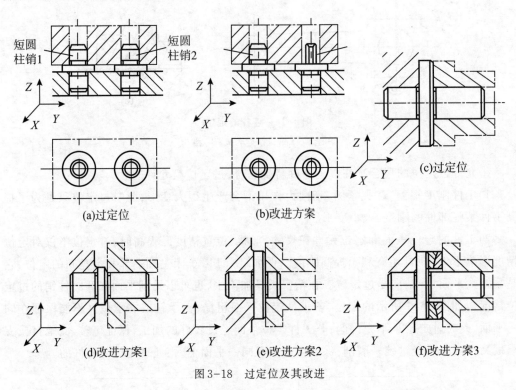

短圆柱销1　短圆柱销2

(a)过定位　　(b)改进方案　　(c)过定位

(d)改进方案1　　(e)改进方案2　　(f)改进方案3

图3-18　过定位及其改进

如图3-19所示,是在工件上铣槽的两种定位方案。图3-19(a)所示方案产生了过定位,是不合理的;图3-19(b)所示方案中将两个挡销改为一个,似乎符合六点定位原理,但分析此方案能否保证槽对A面的平行度要求时,可知该方案不完全合理。本工序应选工件底面为第一定位基准(主基准),A面为第二定位基准(导向基准),才能保证平行度要求。因此A面应按图3-19(a)所示方案用两个支承钉,孔为第三定位基准(定程基准),为避免Y方向过定位,圆销1应改为沿Y方向削扁的菱形销,如图3-19(c)所示。

由上述几种定位情况可知,完全定位和不完全定位是符合工件定位原理的定位,而欠定位和过定位是不符合工件定位原理的定位。在实际生产中,欠定位绝对不允许出现,但过定位在不影响加工要求的前提下是允许使用的。

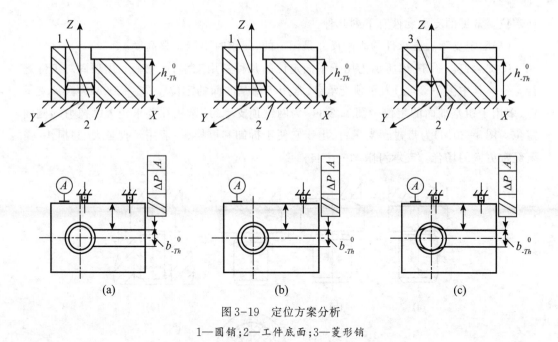

图 3-19　定位方案分析

1—圆销；2—工件底面；3—菱形销

4.应用"六点定位原理"进行定位问题分析时应注意的问题

工件在夹具中的定位包括三个方面的内容,一是从理论上进行分析,如何使同一批工件在夹具中占据一致的正确位置;二是选择或设计合理的定位方案及相应的定位元件或装置;三是保证有足够的定位精度,即工件在夹具中定位时,虽有一定误差但是仍能保证工件的加工要求。另外还要注意的问题有：

(1)定位就是限制自由度。通常用合理布置定位支承点的方法来限制工件的自由度。

(2)定位支承点限制工件自由度的作用。应理解为定位支承点与工件定位基面始终紧贴接触,若二者脱离,则意味着失去定位作用。

(3)一个定位支承点仅限制一个自由度。一个工件仅有六个自由度,所设置的定位支承点,原则上不应超过六个。

(4)分析定位支承点的定位作用时,不考虑力的影响,工件的某一自由度被限制,是指工件在这一方向上有确定的位置。并非指工件在受到使其脱离定位支承点的外力时不能运动,欲使其在外力作用下不能运动,这是夹紧的任务;反之,工件在外力作用下不能运动,即被夹紧,也并非说工件的所有自由度都被限制了。所以,定位和夹紧是两个概念,不能混淆。

(5)定位支承点是由定位元件抽象而来的。在夹具中,定位支承点总是通过具体的定位元件体现的,至于具体的定位元件应转化为几个定位支承点,需结合其结构进行分析。需注意的是,一种定位元件转化成支承点数目是一定的,但具体限制的自由度与支承点的布置有关。

3.3.2　常见的定位方式及其定位元件

1.工件以平面定位

平面定位的主要形式是支承定位,工件的定位基准平面与定位元件表面相接触而实现定位。常见的支承元件有下列几种：

(1)固定支承。支承件的高度尺寸是固定的,使用时不能调整高度。

①支承钉。图3-20所示为用于平面定位的几种常用支承钉,它们利用顶面对工件进行定位。其中图3-20(a)为平顶支承钉,常用于精基准面的定位。图3-20(b)为圆顶支承钉,多用于粗基准面的定位。图3-20(c)为网纹顶支承钉,常用在要求较大摩擦力的侧面定位。图3-20(d)为带衬套支承钉,由于它便于拆卸和更换,一般用于批量大、磨损快、需要经常更换的场合。支承钉限制一个自由度。

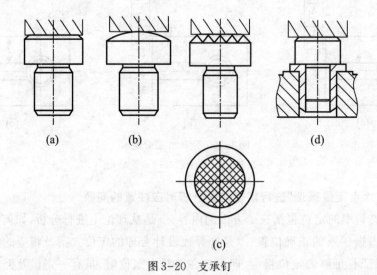

图3-20　支承钉

②支承板。支承板有较大的接触面积,工件定位稳固。一般较大的精基准平面定位多用支承板作为定位元件。图3-21是两种常用的支承板,图3-21(a)为平板式支承板,结构简单、紧凑,但不易清除落入沉头螺孔中的切屑,一般用于侧面定位。图3-21(b)为斜槽式支承板,它在结构上做了改进,即在支承面上开两个斜槽为固定螺钉用,使清屑更容易,适用于底面定位。短支承板限制一个自由度,长支承板限制两个自由度。支承钉、支承板的结构、尺寸均已标准化,设计时可查相关的国家标准手册。

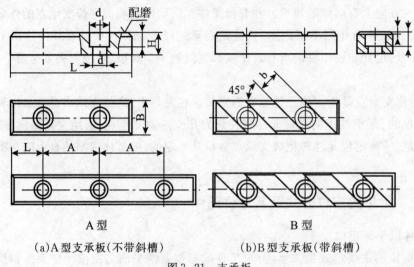

A型　　　　　　　　　　　　B型

(a)A型支承板(不带斜槽)　　　(b)B型支承板(带斜槽)

图3-21　支承板

(2)可调支承。可调支承的顶端位置可以在一定的范围内调整。图3-22为几种常用的可调支承典型结构,按要求高度调整好调整支承钉1后,用螺母2锁紧。可调支承用于未加工过的平面定位,以调节补偿各批毛坯尺寸误差,一般不是对每个加工工件进行调整,而是一批工件毛坯调整一次。

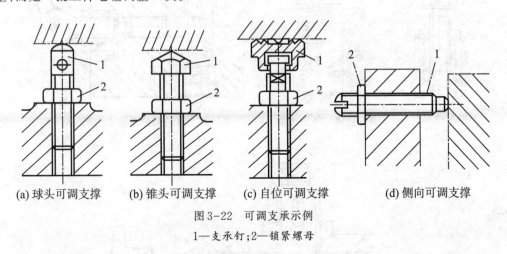

(a) 球头可调支撑　　(b) 锥头可调支撑　　(c) 自位可调支撑　　(d) 侧向可调支撑

图3-22　可调支承示例

1—支承钉;2—锁紧螺母

(3)自位支承。又称浮动支承,在定位过程中,支承本身所处的位置随工件定位基准面的变化而自动调整并与之相适应。图3-23是几种常见的自位支承结构,尽管每一个自位支承与工件间可能是两点或三点接触,但实质上仍然只起一个定位支承点的作用,只限制工件的一个自由度,常用于毛坯表面、断续表面、阶梯表面定位。

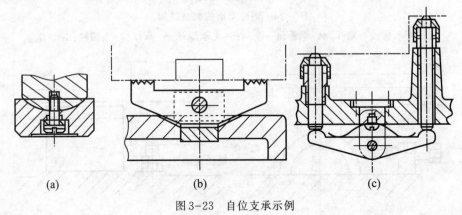

(a)　　　　　　　(b)　　　　　　　(c)

图3-23　自位支承示例

(4)辅助支承。辅助支承是在工件实现定位后才参与支承的定位元件,不起定位作用,只能提高工件加工时刚度或起辅助定位作用。图3-24为常用的几种辅助支承类型,图3-24(a)、(b)为螺旋式辅助支承,用于小批量生产;图3-24(c)、(d)为推力式辅助支承,用于大批量生产。

图3-25为辅助支承应用示例,图3-25(a)的辅助支承用于提高工件稳定性和刚度;图3-25(b)的辅助支承起预定位作用。

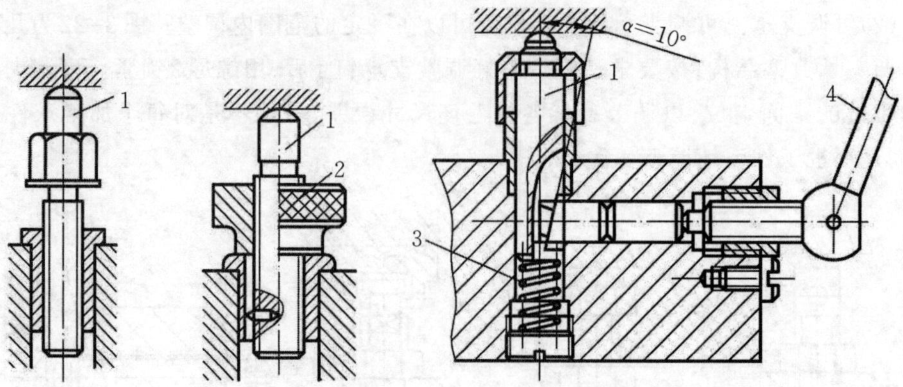

(a)简单辅助支承　(b)带自锁的辅助支承　(c)自动调位的辅助支承

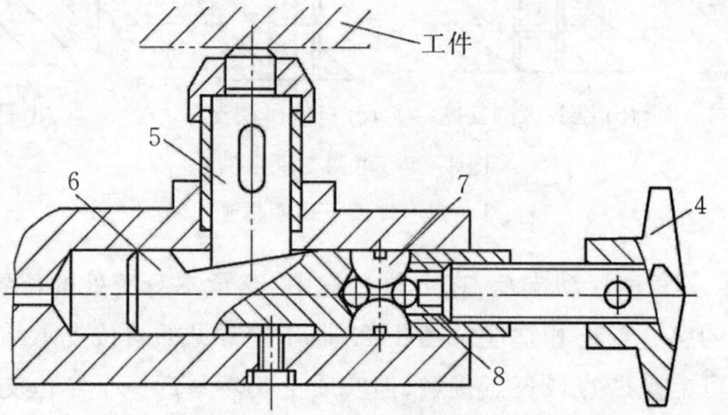

(d)推引式辅助支承

图3-24　辅助支承的典型结构

1—支承销;2—螺母;3—弹簧;4—手柄;5-支承滑柱;6-推杆;7-半圆键;8-钢球

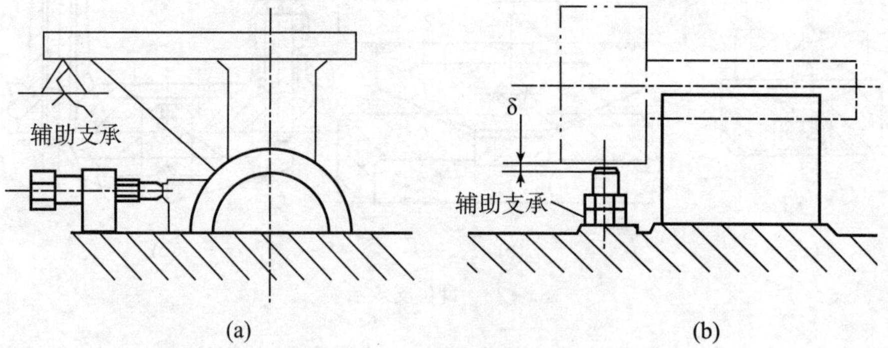

(a)　(b)

图3-25　辅助支承应用实例

2.工件以外圆定位

工件以外圆柱面作定位基准时,根据外圆柱面的完整程度、加工要求和安装方式,可以在V形块、定位套、半圆套及圆锥套中定位。其中最常用的是在V形块上定位。

(1)V形块。V形块有固定式和活动式之分。图3-26为常用固定式V形块,图3-26(a)用于较短的精基准定位;图3-26(b)用于较长的粗基准(或阶梯轴)定位;图3-26(c)用于两段精基准面相距较远的场合;图3-26(d)中的V形块是在铸铁底座上镶淬火钢垫而成,用于定位基准直径与长度较大的场合。根据工件与V形块的接触母线长度,固定式V

形块可以分为短V形块和长V形块,前者限制工件两个自由度,后者限制工件四个自由度。

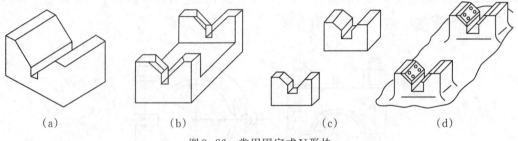

（a）　　　　　（b）　　　　　（c）　　　　　（d）

图3-26　常用固定式V形块

　　图3-27所示的是活动式V形块应用,它限制工件在Y方向上的移动自由度。它除定位外,还兼有夹紧作用。

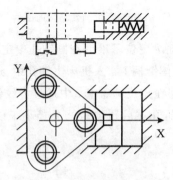

图3-27　活动V形块应用实例

　　V形块定位的优点是:①对中性好,即能使工件的定位基准轴线对中在V形块两斜面的对称平面上,在左右方向上的不会发生偏移,且安装方便;②应用范围较广。不论定位基准是否经过加工,不论是完整的圆柱面还是局部圆弧面,都可采用V形块定位。

　　V形块上两斜面间的夹角通常有60°、90°和120°,其中以90°应用最多。其典型结构和尺寸均已标准化,设计时可查相关的国家标准手册。V形块的材料一般用20钢,渗碳深0.8~1.2mm,淬火硬度为60~64HRC。

　　(2)定位套。工件以外圆柱表面为定位基准在定位套内孔中定位,这种定位方法一般适用于精基准定位,见图3-28所示。图3-28(a)为短定位套定位,限制工件两个自由度,图3-28(b)为长定位套定位,限制工件四个自由度。

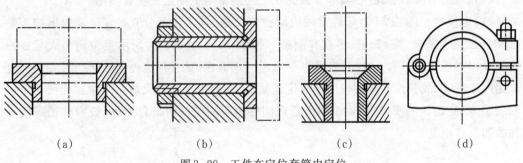

（a）　　　　　　（b）　　　　　　（c）　　　　　　（d）

图3-28　工件在定位套筒内定位

（3）半圆套。图3-29为半圆套结构简图，下半圆起定位作用，上半圆起夹紧作用。图3-29（a）为可卸式，图3-29（b）为铰链式，后者装卸工件更方便些。短半圆套限制工件两个自由度，长半圆套限制工件四个自由度。

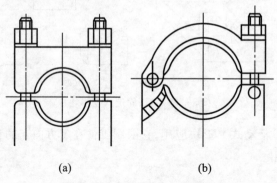

(a)   (b)

图3-29　半圆套结构简图

（4）圆锥套。工件以圆柱面为定位基准面在圆锥孔中定位时，常与后顶尖（反顶尖）配合使用。如图3-30所示，夹具体锥柄1插入机床主轴孔中，通过传动螺钉2对定位圆锥套3传递扭矩，工件4圆柱左端部在定位圆锥套3中通过齿纹锥面进行定位，限制工件的三个移动自由度；工件圆柱右端锥孔在后顶尖5（当外径小于6mm时，用反顶尖）上定位，限制工件两个转动自由度。

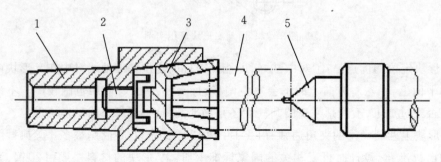

图3-30　工件在圆锥套中定位

1—夹具体锥柄；2—传动螺钉；3—定位圆锥套；4—工件；5—后顶尖

3.工件以圆孔定位

工件以圆孔定位大都属于定心定位（定位基准为孔的轴线），常用的定位元件有定位销、圆柱心轴、圆锥销、圆锥心轴等。圆孔定位还经常与平面定位联合使用。

（1）定位销。图3-31为几种常用的圆柱定位销，其工作部分直径d通常根据加工要求和考虑便于装夹，按g5、g6、f6或f7制造。图3-31（a）、（b）、（c）所示定位销与夹具体的连接采用过盈配合；图3-31（d）为带衬套的可换式圆柱销结构，这种定位销与衬套的配合采用间隙配合，故其位置精度较固定式定位销低，一般用于大批大量生产中。为便于工件顺利装入，定位销的头部应有15°倒角。短圆柱销限制工件两个自由度，长圆柱销限制工件的四个自由度。

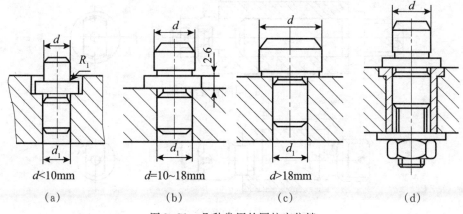

$d<10$mm $d=10\sim18$mm $d>18$mm
（a）　　　　　（b）　　　　　（c）　　　　　（d）

图 3-31　几种常用的圆柱定位销

（2）圆锥销。在加工套筒、空心轴等类工件时，也经常用到圆锥销，如图 3-32 所示。图 3-32(a) 用于粗基准，图 3-32(b) 用于精基准。它限制了工件 X、Y、Z 三个移动自由度。

工件在单个圆锥销上定位容易倾斜，所以圆锥销一般与其他定位元件组合定位。如图 3-33 所示，工件以底面作为主要定位基面，采用活动圆锥销，只限制 X、Y 两个移动自由度，即使工件的孔径变化较大，也能准确定位。

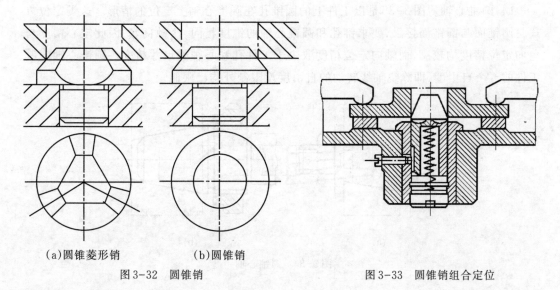

（a）圆锥菱形销　　　（b）圆锥销

图 3-32　圆锥销

图 3-33　圆锥销组合定位

（3）圆柱心轴。图 3-34(a) 为间隙配合圆柱心轴，其定位精度不高，但装卸工件较方便；图 3-34(b) 为过盈配合圆柱心轴，常用于对定心精度要求高的场合；图 3-34(c) 为花键心轴，用于以花键孔为定位基准的场合。当工件孔的长径比 $L/D>1$ 时，工作部分可略带锥度。短圆柱心轴限制工件两个自由度，长圆柱心轴限制工件的四个自由度。

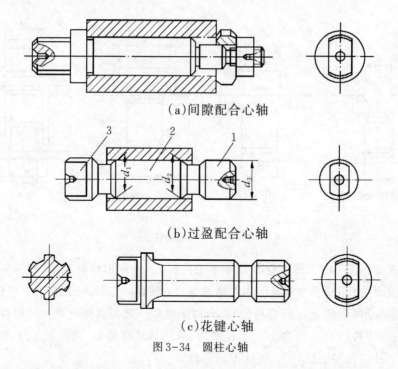

（a）间隙配合心轴

（b）过盈配合心轴

（c）花键心轴

图 3-34　圆柱心轴

（4）圆锥心轴。图 3-35 是以工件上的圆锥孔在圆锥心轴上定位的情形。这类定位方式是圆锥面与圆锥面接触，要求锥孔和圆锥心轴的锥度相同，接触良好，因此定心精度与角向定位精度均较高，而轴向定位精度取决于工件孔和心轴的尺寸精度。圆锥心轴限制工件的五个自由度，即除绕轴线转动的自由度没限制外均已限制。

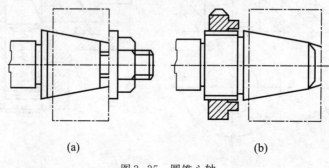

（a）　　　　　　　　　　　　（b）

图 3-35　圆锥心轴

3.3.3　定位误差的分析与计算

在成批大量生产中，广泛使用专用夹具对工件进行装夹加工。机械加工工艺规程设计的工序图则是设计专用夹具的主要依据。由于在夹具设计、制造、使用中都不可能做到完美精确，故当使用夹具装夹加工一批工件时，不可避免地会使工序的加工精度参数产生误差，定位误差就是这项误差中的一部分，判断夹具的定位方案是否合理可行，夹具设计质量是否满足工序的加工要求，是计算定位误差的目的所在。

1.定位误差

工件的加工误差是指工件加工后在尺寸、形状和位置三个方面偏离理想工件的大小，它是由三部分因素产生的：

　　(1)工件在夹具中的定位、夹紧误差。

　　(2)夹具带着工件安装在机床上,相对机床主轴(或刀具)或运动导轨的位置误差,也称对定误差。

　　(3)加工过程中误差,如机床几何精度,工艺系统的受力、受热变形,切削振动等原因引起的误差。

　　其中定位误差是指工序基准在加工尺寸方向上的最大位置变动量所引起的加工误差,可见定位误差只是工件加工误差的一部分。设计夹具定位方案时要充分考虑此定位方案的定位误差的大小是否在允许的范围内,一般定位误差应控制在工件允差为 $1/3 \sim 1/5$。

2.产生定位误差的原因

　　(1)基准不重合误差 Δ_{jB}。夹具的定位基准与工件的设计基准不重合,两基准之间的位置误差会反映到被加工表面的位置上,所产生的误差称为基准不重合误差,举例说明如下:

　　如图 3-36 所示的工件,加工面 C 的设计基准是 A 面,要求尺寸是 N,所设计夹具的定位基面是 B 面,尺寸 N 是通过控制 A_2 来保证的,是间接获得的。由此可见,尺寸 N 的设计基准和定位基准两者是不重合的。当一批工件逐个在夹具上定位时,受尺寸 $A_1 \pm \delta_{A1}/2$ 的影响,设计基准 A 面的位置是变动的,另外尺寸 $A_2 \pm \delta_{A2}/2$ 也是一个变量。设计基准 A 面和尺寸 A_2 的变动直接影响 N 的大小,造成 N 的尺寸误差 δ_N,这个误差就是基准不重合误差 Δ_{jB}。显然,基准不重合误差的大小应等于因定位基准与设计基准不重合而造成的加工尺寸的变化范围,可通过定位基准与设计基准所有封闭尺寸 N 公差之和表示,而该尺寸 N 可由工序尺寸 A_1 和 A_2 计算获取。

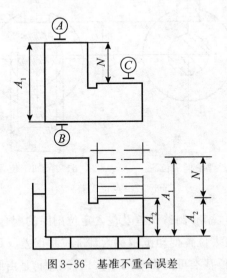

图 3-36　基准不重合误差

　　(2)基准位移误差 Δ_{jw}。对于有些定位方式,即使基准重合,加工尺寸也不能保持一致。如图 3-37 所示,工件以圆孔在心轴上定位铣键槽,要求保证尺寸 $b_0^{+\delta_b}$ 和 $a_{-\delta_a}^0$,其中尺寸 $b_0^{+\delta_b}$ 由铣刀保证,而尺寸 $a_{-\delta_a}^0$ 则是按心轴中心调整好铣刀的高度位置来保证的。图 3-37(a)中,孔的中心线是工序基准,内孔表面是定位基面。从理论上分析,如果工件圆孔直径和心轴外圆直径做成完全一样,则内孔表面与心轴表面重合,即无配合间隙。这时两者的中心线也重合,因此可以看作以内孔中心线为定位基准,见图3-37(b)。故尺寸a保持不变,即不存在因定位而引起的误差。然而,实际上定位副不可能制造的十分准确,有时为了使工件易于安装,须使定位副间有一最小配合间隙,这样就不能像理论上分析的那样,使工件圆孔中心和心轴中心保持同轴。于是,当心轴水平放置时,工件圆孔将因重力等影响单边搁置在心轴的上母线上,见图3-37(c),此时刀具位置未变,而同批工件的定位基准位置却在O_1和O_2之间变动,导致工序基准的位置也发生变化,使一批工件中所测得的尺寸a有了误差。不过,这一误差不是由于基准不重合而引起的,而是由于定位副的制造误差或定位副的配合间隙所导致的。

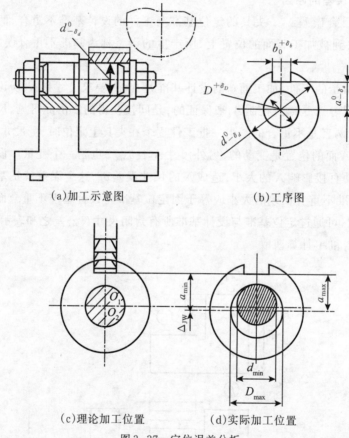

(a)加工示意图　　　　　　　　(b)工序图

(c)理论加工位置　　　　　(d)实际加工位置

图3-37　定位误差分析

因此,把这种由于定位副有制造误差及包含定位副间的配合间隙,从而引起的定位基准在加工尺寸方向上的最大位置变动范围称为基准位移误差,以Δ_{jw}表示。

上例中,一批工件定位基准可能出现的最大位移范围,是由圆孔和心轴间最大间隙所决定:

$$\Delta_{jw} = \frac{1}{2}\left(D_{max} - d_{min}\right) = \frac{1}{2}\delta_D + \frac{1}{2}\delta_d \tag{3-1}$$

综合上述,对定位误差产生原因的分析,无论是基准不重合误差,还是基准位移误差,皆是由定位引起的,因此统称为定位误差。定位误差是基准位移误差和基准不重合误差

的综合结果,可表示为:

$$\Delta_D = \Delta_{jw} \pm \Delta_{jB} \tag{3-2}$$

式(3-2)表示的含义是:定位误差应是基准不重合误差与基准位移误差的合成。因此计算时,可先算出基准不重合误差和基准位移误差,然后将两者合成,该方法称为合成法。利用合成法计算定位误差的过程如下:

①合成时,若设计基准不在定位基面上(设计基准与定位基面为两个独立的表面),即基准不重合误差与基准位移误差无相关公共变量。

$$\Delta_D = \Delta_{jw} + \Delta_{jB} \tag{3-3}$$

②合成时,若设计基准在定位基面上,即基准不重合误差与基准位移误差有相关的公共变量。

$$\Delta_D = \Delta_{jw} \pm \Delta_{jB} \tag{3-4}$$

式中的"±"确定方法如下:

如果定位基准与限位基面接触,定位基面直径由小变大(或由大变小),分析定位基准变动方向。如果定位基准不变,定位基面直径同样变化,分析设计基准的变动方向。Δ_{jw}(或定位基准)与Δ_{jB}(或工序基准)的变动方向相同时,即对工序尺寸影响相同时(即同时增大或同时减少),取"+"号;变动方向相反时,即对工序尺寸影响相反时,取"−"号。

注意:定位误差主要发生在用调整法加工一批工件时。如果用逐件试切法加工,则根本不存在定位误差。

另外,当Δ_{jw}的方向与Δ_{jB}的方向不相同(或不相反)时,定位误差取为Δ_{jw}与Δ_{jB}的矢量和。

除了合成法以外,还可利用极限位置法计算定位误差,该方法又称为图解法。即按最不利情况,确定一批工件设计基准的两个极限位置,再根据几何关系求出此两位置的距离,并将其投影到加工尺寸方向上,便可求出定位误差。

3. 常见定位方式的定位误差计算

(1)工件以平面定位。如图3-38所示,按图3-38(a)所示定位方案铣工件上的台阶面C,要求保证尺寸(20 ± 0.15)mm,下面计算其定位误差。

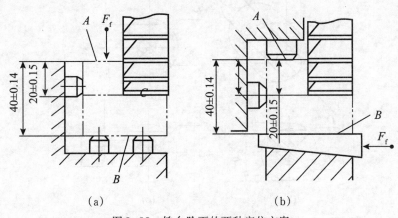

图3-38　铣台阶面的两种定位方案

图3-38(a)所示尺寸20±0.15的设计基准是A面,而本道工序加工的定位基准是B

面,可见定位基准与设计基准不重合,必然存在基准不重合误差。而设计基准 A 面和定位基准 B 面只有一个尺寸,即 40 ± 0.14mm,所以基准不重合误差为 $\Delta_{jB}=0.28$mm;而以 B 面定位加工 C 面时,不会产生基准位移误差,即 $\Delta_{jw}=0$。所以有

$$\Delta_D = \Delta_{jw} \pm \Delta_{jB} = \Delta_{jB} = 0.28\text{mm}$$

而加工尺寸 20 ± 0.15 的公差为:

$$\Delta_k = 0.3\text{mm}$$

此时:

$$\Delta_D = 0.28 > \frac{1}{3}\delta_k = \frac{1}{3} \times 0.3 = 0.1\text{mm}$$

由上面分析计算可见,定位误差太大,而留给本道工序的加工误差的允许值就太小了,只有 0.02mm。所以在实际加工中容易出现废品,因此这一方案在没有其他工艺措施的条件下不宜采用。若改成图 3-38(b)所示定位方案,使设计基准与定位基准重合,则定位误差为零,但改成新的定位方案后,工件需从下向上夹紧,夹紧方案不够理想,且使夹具结构复杂。

(2)工件以圆柱孔定位。工件以圆柱孔在不同的定位元件上,所产生的定位误差是不同的。现以下面几种情况分析叙述。

①工件以圆柱孔在过盈配合心轴上定位。因为过盈配合时,定位副间无间隙,所以基准位移误差为零,即 $\Delta_{jw}=0$。

若工序基准与定位基准重合(见图 3-39(a)),则定位误差为:

$$\Delta_D = \Delta_{jw} \pm \Delta_{jB} = 0 \tag{3-5}$$

若工序基准在工件外圆母线上(见图 3-39(b)),则定位误差为:

$$\Delta_D = \Delta_{jB} = \frac{1}{2}\delta_d \tag{3-6}$$

若工序基准在工件定位孔的母线上(见图 3-39(c)),则定位误差为:

$$\Delta_D = \Delta_{jB} = \frac{1}{2}\delta_D \tag{3-7}$$

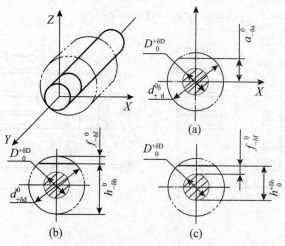

图 3-39　工件以圆孔在过盈配合圆柱心轴上定位的定位误差计算

②工件以圆柱孔在间隙配合的圆柱心轴(或圆柱销)上定位。如工件在水平放置的心

轴上定位,由于工件的自重作用,使工件孔与心轴的上母线单边接触。如图 3-40(a)所示,为理想定位状态,工件内孔轴线与心轴轴线重合,$\Delta_D=0$。在重力作用下孔与心轴上母线处固定接触,当最小直径孔 $D_{\min}$ 与最大直径心轴 $d_{\max}$ 相配时,定位基准(孔轴线)从 O 变动到 O_1,如图 3-40(b)所示,此时孔轴线产生的最小下移状态。当最大直径孔 $D_{\max}$ 与最小直径心轴 $d_{\min}$ 相配时,定位基准(孔轴线)从 O 变动到 O_2,如图 3-40(c)所示,出现孔轴线的最大下移状态。

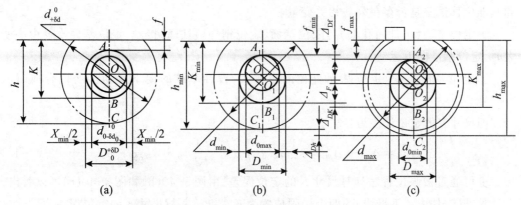

图 3-40　固定单边接触定位误差分析

定位基准(孔轴线)在竖直方向的最大变动量即为竖直方向工序尺寸的基准位移误差,即:

$$\begin{aligned}
\Delta_{jw} &= OO_2 - OO_1 \\
&= \frac{1}{2}(D_{\max}-d_{0\min}) - \frac{1}{2}(D_{\min}-d_{0\max}) \\
&= \frac{1}{2}(D_{\max}-D_{\min}) + \frac{1}{2}(d_{0\max}-d_{0\min}) \\
&= \frac{1}{2}\delta_D + \frac{1}{2}\delta_{d0}
\end{aligned} \tag{3-8}$$

为安装方便,有时还增加一最小间隙 $X_{\min}$,由于 $X_{\min}$ 始终是不变的常量,这个数值可以在调整刀具时预先加以考虑,则使 $X_{\min}$ 的影响消除。因此在计算基准位移量时可不计 $X_{\min}$ 的影响。

工况 1:当工序基准与定位基准重合时(如图 3-39 中尺寸 a),则 $\Delta_{jB}=0$,所以定位误差为:

$$\Delta_{Da} = \Delta_{jw} = \frac{1}{2}\delta_D + \frac{1}{2}\delta_{d0} \tag{3-9}$$

工况 2:若工序基准在工件外圆母线上,如图 3-40 所示中尺寸 h。此时除基准位移误差外,还有基准不重合误差 Δ_{jB},其大小为工序基准(外圆母线)与定位基准(孔轴线)所有封闭尺寸 d 的公差之和,即

$$\Delta_{jB} = \frac{1}{2}\delta_d \tag{3-10}$$

因设计基准为工件外圆下母线而定位基面为工件内孔面,故设计基准不在定位基面上,合成时,基准不重合误差和基准位移误差不存在公共相关变量,所以,尺寸 h 的定位误差为:

$$\Delta_{Dh} = \Delta_{jw} + \Delta_{jB} = \frac{1}{2}\delta_D + \frac{1}{2}\delta_{d0} + \frac{1}{2}\delta_d \tag{3-11}$$

工况3：若工序基准为工件内孔的下母线，如图3-40中尺寸K。此时仍为工序基准与定位基准不重合，基准不重合误差Δ_{jB}为：

$$\Delta_{jB} = \frac{1}{2}\delta_D \tag{3-12}$$

因设计基准为工件内孔的下母线，在定位基面上，故合成时需要判断基准不重合误差和基准位移误差是否存在公共相关变量。

①定位基面（工件内孔面）与限位基面（定位销外圆柱面）接触，定位基面直径由小变大时，定位基准向下运动。

②定位基准不变，定位基面直径由小变大，设计基准的向下运动。所以合成时取"＋"号。

即尺寸K的定位误差为：

$$\Delta_{DK} = \Delta_{jw} + \Delta_{jB} = \left(\frac{1}{2}\delta_D + \frac{1}{2}\delta_{d0}\right) + \frac{1}{2}\delta_D = \delta_D + \frac{1}{2}\delta_{d0} \tag{3-13}$$

也可通过极限位置法计算尺寸K的定位误差，由图3-40(b)和图3-40(c)可以看出，设计基准（工件内孔下母线）的两个极限位置为K_{max}和K_{min}，故尺寸K的定位误差为：

$$\begin{aligned}
\Delta_{DK} &= K_{max} - K_{min} \\
&= OB_2 - OB_1 \\
&= (OO_2 + O_2 B_2) - (OO_1 + O_1 B_1) \\
&= (OO_2 - OO_1) + (O_2 B_2 - O_1 B_1) \\
&= \frac{1}{2}(D_{max} - d_{0min}) - \frac{1}{2}(D_{min} - d_{0max}) + \left(\frac{1}{2}D_{max} - \frac{1}{2}D_{min}\right) \\
&= \frac{1}{2}(D_{max} - D_{min}) + \frac{1}{2}(d_{0max} - d_{0min}) + \frac{1}{2}\delta_D \\
&= \frac{1}{2}\delta_D + \frac{1}{2}\delta_{d0} + \frac{1}{2}\delta_D \\
&= \delta_D + \frac{1}{2}\delta_{d0}
\end{aligned} \tag{3-14}$$

工况4：当工序基准为定位孔上母线时，见图3-40中尺寸f，仍然存在基准不重合误差，其值依然为公式(3-12)所示。

同工况3，合成时依然需要判断基准不重合误差和基准位移误差是否存在公共相关变量。

①定位基面（工件内孔面）与限位基面（定位销外圆柱面）接触，定位基面直径由小变大时，定位基准向下运动。

②定位基准不变，定位基面直径由小变大，设计基准的向上运动。所以合成时取"－"号。

即尺寸f的定位误差为：

$$\Delta_{Df} = \Delta_{jw} - \Delta_{jB} = \left(\frac{1}{2}\delta_D + \frac{1}{2}\delta_{d0}\right) - \frac{1}{2}\delta_D = \frac{1}{2}\delta_{d0} \tag{3-15}$$

也可通过图解法计算尺寸f的定位误差，由图3-40(b)和图3-40(c)可以看出，设计基准（工件内孔上母线）的两个极限位置为f_{max}和f_{min}，故尺寸f的定位误差为：

$$\Delta_{Df} = f_{\max} - f_{\min}$$
$$= OA_1 - OA_2$$
$$= \frac{1}{2}d_{0\max} - \frac{1}{2}d_{0\min} \tag{3-16}$$
$$= \frac{1}{2}\delta_{d0}$$

综合上述分析计算结果可知,当工件以圆柱孔在间隙配合圆柱心轴(或定位销)上定位,且为固定单边接触时,工序尺寸的定位误差值,随工序基准的不同而异。其中以孔上母线为工序基准时,定位误差最小;以孔轴线为工序基准时其次;以孔下母线为工序基准时较大;当以工件外圆母线为工序基准时,定位误差较前几种情况都大。

（3）工件以外圆定位。下面主要分析工件以外圆在V形块上定位。如不考虑V形块的制造误差,则工件定位基准在V形块的对称面上,因此工件中心线在水平方向上的位移为零。但在垂直方向上,因工件外圆有制造误差,而产生基准位移,如图3-41所示,其值为:

$$\Delta_{jw} = O_1O_2 = \frac{O_1A}{\sin\frac{\alpha}{2}} - \frac{O_2B}{\sin\frac{\alpha}{2}} = \frac{\frac{1}{2}d}{\sin\frac{\alpha}{2}} - \frac{\frac{1}{2}(d-\delta_d)}{\sin\frac{\alpha}{2}} = \frac{\delta_d}{2\sin\frac{\alpha}{2}} \tag{3-17}$$

下面分别计算图3-41(b)中三种不同的工序尺寸定位误差的大小,见图3-41(a)和图3-41(c)。

工况1:工序基准为工件轴心线,如图3-41中工序尺寸B_2,此时为定位基准与工序基准重合,则基准不重合误差为零,而基准位移的方向又与加工尺寸方向一致,所以加工尺寸B_2的定位误差为:

$$\Delta_{DB_2} = \Delta_{jw} = \frac{\delta_d}{2\sin\frac{\alpha}{2}} \tag{3-18}$$

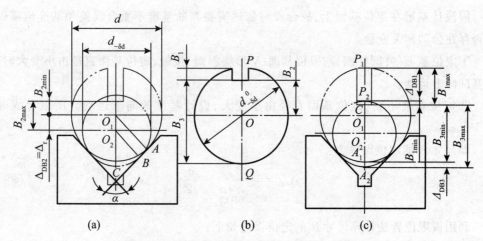

图3-41 工件在V形块上定位时定位误差分析

工况2:工序基准为外圆上母线,如图3-41中工序尺寸B_1,此时为定位基准与工序基准不重合,不仅有基准位移误差,还有基准不重合误差。基准不重合误差为

$$\Delta_{jB} = \frac{1}{2}\delta_d \tag{3-19}$$

因设计基准在定位基面上,故合成时需要判断基准不重合误差和基准位移误差是否存在公共相关变量。

①定位基面(外圆柱面)与限位基面(V形块斜面)接触,定位基面直径由小变大时,定位基准向上运动。

②定位基准不变,定位基面直径由小变大,设计基准的向上运动。所以合成时取"+"号。

即尺寸 B_1 的定位误差为:

$$\Delta_{DB_1} = \frac{\delta_d}{2\sin\frac{\alpha}{2}} + \frac{\delta_d}{2} \tag{3-20}$$

利用极限位置法计算尺寸 B_1 的定位误差如下:

$$\Delta_{DB_1} = B_{1max} - B_{1min} = P_1P_2 = P_1O_2 - O_2P_2$$

$$P_1O_2 = O_1O_2 + O_1P_1 = \frac{\delta_d}{2\sin\frac{\alpha}{2}} + \frac{d}{2}$$

$$O_2P_2 = \frac{d}{2} - \frac{\delta_d}{2}$$

$$\Delta_{DB_1} = \left[\frac{\delta_d}{2\sin\frac{\alpha}{2}} + \frac{d}{2}\right] - \left(\frac{d}{2} - \frac{\delta_d}{2}\right)$$

$$\Delta_{DB_1} = \frac{\delta_d}{2\sin\frac{\alpha}{2}} + \frac{\delta_d}{2} \tag{3-21}$$

工况3:工序基准为外圆下母线,如图3-49中工序尺寸 B_3。

因设计基准在定位基面上,故合成时依然需要判断基准不重合误差和基准位移误差是否存在公共相关变量。

①定位基面(外圆柱面)与限位基面(V形块斜面)接触,定位基面直径由小变大时,定位基准向上运动。

②定位基准不变,定位基面直径由小变大,设计基准的向下运动。所以合成时取"−"号。

即尺寸 B_3 的定位误差为:

$$\Delta_{DB3} = \frac{\delta_d}{2\sin\frac{\alpha}{2}} - \frac{\delta_d}{2} \tag{3-22}$$

利用极限位置法计算尺寸 B_3 的定位误差如下:

$$\Delta_{DB_3} = B_{3max} - B_{3min} = A_1A_2 = CA_2 - CA_1$$

$$CA_2 = CO_1 + O_1O_2 + O_2A_2$$

$$CA_1 = CO_1 + O_1A_1$$

$$\Delta_{DB_3} = (CO_1 + O_1O_2 + O_2A_2) - (CO_1 + O_1A_1)$$
$$= O_1O_2 + O_2A_2 - O_1A_1$$
$$= \frac{\delta_d}{2\sin\dfrac{\alpha}{2}} + \frac{d - \delta_d}{2} - \frac{d}{2}$$

$$\Delta_{DB_3} = \frac{\delta_d}{2\sin\dfrac{\alpha}{2}} - \frac{\delta_d}{2} \tag{3-23}$$

上述各工序尺寸的定位误差是在工序基准的两个极端位置时,通过几何关系推导出来的。可以看出当式(3-18)(3-20)(3-22)中的 α 角相同时,以工件下母线为工序基准时,定位误差最小,而以工件上母线为工序基准时定位误差最大。

上式可记为 $\Delta_{DB_3} = k\delta_d, k = \dfrac{1}{2}\left(\dfrac{1}{\sin\dfrac{\alpha}{2}} - 1\right)$,由于 V 形块角度 α 已标准化,因此有如下结果:

α	120°	90°	60°
k	0.077	0.207	0.5

可见,120°的 V 形块定位精度高,但稳定性差;而 60°的 V 形块定位精度低,但稳定性高;90°的 V 形块定位精度和稳定性居中,应用最多。

由此可知,轴类零件以 V 形块定位时定位误差随加工尺寸的标注方法不同而异,另外还可以看出随 V 形块夹角的增大,定位误差减小,但夹角过大,将引起工件定位不稳定,故一般采用90°角 V 形块。

4.分析计算定位误差时应注意的问题

(1)定位误差是指工件某工序中某加工精度参数的定位误差。它是该加工精度参数(尺寸、位置)的加工误差的一部分。

(2)某工序的定位方案对本工序的多个不同加工精度参数产生不同的定位误差,应分别逐一计算。

(3)分析计算定位误差的前提是用夹具装夹加工一批工件,用调整法保证加工要求。

(4)计算出的定位误差数值是指加工一批工件时某加工精度参数可能产生的最大误差范围(加工精度参数最大值与最小值之间的变动量)。它是个界限范围,而不是某一个工件定位误差的具体值。

(5)一批工件的设计基准相对定位基准、定位基准相对对刀基准产生最大位置变动量是产生定位误差的原因,而不一定就是定位误差的数值。

3.3　机床夹具夹紧装置的设计

夹紧装置在机床夹具设计中占有很重要的地位,一个夹具在性能上的优劣,除了从定位性能上加以评定外,还必须从夹紧装置的性能上来考核,如夹紧装置的可靠性、操作方便性等。夹紧装置的复杂程度也基本上决定了夹具的复杂程度,从设计的难度上讲,夹紧装置往往花费设计人员较多的心血。

3.3.1 夹紧装置的组成

夹紧装置分为手动夹紧和机动夹紧两类。夹紧装置的种类很多,但其结构均由三部分组成,如图3-42所示。

1. 力源(动力)装置

能产生力的装置称为夹具的力源装置,如图3-42所示中的气缸1。常用的动力装置有:气动装置、液压装置、电动装置、电磁装置、气—液联动装置和真空装置等。由于手动夹具的夹紧力来自人力,所以它没有动力装置。

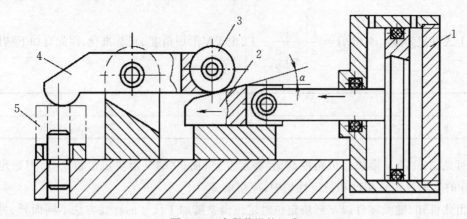

图3-42 夹紧装置的组成
1—气缸;2—斜楔;3—滚轮;4—压板;5—工件

2. 中间传力机构

中间传力机构是介于力源和夹紧元件之间的机构,通过它将力源产生的夹紧力传给夹紧元件,然后由夹紧元件最终完成对工件的夹紧。一般中间传力机构可以在传递夹紧力的过程中,改变夹紧力的方向和大小,并根据需要也可具有一定的自锁性能。如图3-42中的斜楔2便是中间传力机构。

3. 夹紧元件

夹紧元件是夹紧装置的最终执行元件,它与工件直接接触,把工件夹紧,如图3-42中的压板4。对于手动夹紧装置而言,夹紧机构由中间传力机构和夹紧元件组成。

3.3.2 夹紧力的确定

夹紧力包括方向、作用点和大小三个要素,这是夹紧装置设计中首先要解决的问题。

1. 夹紧力方向的确定

(1)夹紧力的方向应有利于工件的准确定位,而不能破坏定位,一般要求主夹紧力应垂直于第一定位基准面。如图3-43所示的夹具,用于对直角支座零件进行镗孔,要求孔与端面A垂直,因此应选端面A作为第一定位基准,夹紧力F_{j_1}应垂直压向A面。若采用夹紧力F_{j_2},由于工件A面与B面的垂直度误差,则镗孔只能保证孔与B面的平行度,而不

能保证孔与 A 面的垂直度。

(2)夹紧力的方向应与工件刚度高的方向一致,以利于减少工件的变形。夹紧如图 3-44(a)所示的薄壁套筒时,如采用三爪卡盘夹紧,易引起工件的夹紧变形,若镗孔,内孔加工后将有三棱圆柱度误差;如图 3-44(b)所示为改进后的夹紧方式,采用端面夹紧,可避免上述圆度误差;夹紧如图 3-44(c)所示薄壁箱体时,夹紧力应作用在刚性好的凸边上。夹紧如图 3-44(d)所示无凸边薄壁箱体时,夹紧力应作用在刚度较好的箱壁上。

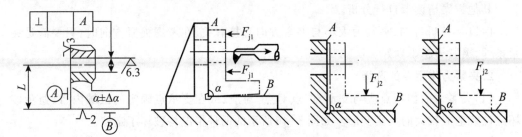

图 3-43　夹紧力的方向选择

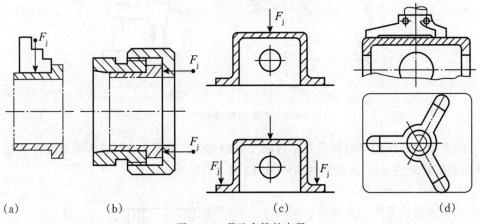

(a)　　　　　(b)　　　　　(c)　　　　　(d)

图 3-44　薄壁套筒的夹紧

(3)夹紧力方向应使所需夹紧力尽可能小。在保证夹紧可靠的情况下,减小夹紧力可以减轻工人的劳动强度,提高生产效率,同时可以使机构轻便、紧凑以及减少工件变形。为此,应使夹紧力的方向最好与切削力、工件的重力方向一致,这时所需要的夹紧力为最小。

如图 3-45 所示为在钻床上钻孔的情况。

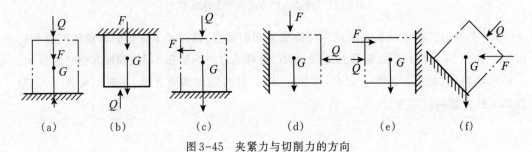

(a)　　　　(b)　　　　(c)　　　　(d)　　　　(e)　　　　(f)

图 3-45　夹紧力与切削力的方向

在图 3-45(a)中,夹紧力 Q、切削力 F、工件的重力 G 三力方向重合的理想情况,夹紧力 Q 最小。

在图 3-45(b)中,F、G 均与 Q 反向,$Q>G+F$,此方案的夹紧力 Q 比图 3-45(a)中所需的夹紧力大得多。

在图 3-45(d)中,F、G 都与 Q 垂直,为避免工件加工过程中移位,应使夹紧后产生的摩擦力 $Q \cdot f_s>G+F$(f_s 为工件与夹具定位面间的静摩擦因数),这时所需的夹紧力 Q 最大。

其他方案请读者自行分析。

由以上分析可知,夹紧力大小与夹紧方向直接有关,在考虑夹紧方向时,只要满足夹紧条件,夹紧力越小越好。

2.夹紧力作用点的选择

(1)夹紧力的作用点应与支承点"点对点"对应,或在支承点确定的区域内,以避免破坏定位或造成较大的夹紧变形。如图 3-46 所示的两种情况均破坏了定位。

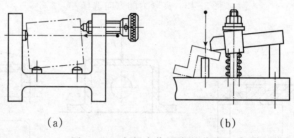

(a)   (b)

图 3-46　夹紧力作用点的位置

(2)夹紧力的作用点应作用在工件刚度高的部位。如图 3-47(a)所示情况可造成工件薄壁底部较大的变形,改进后的结构如图 3-47(b)所示。

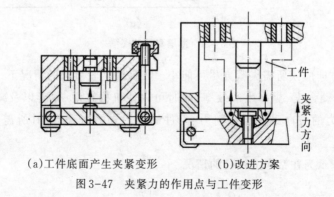

(a)工件底面产生夹紧变形   (b)改进方案

图 3-47　夹紧力的作用点与工件变形

(3)夹紧力的作用点和支承点尽可能靠近切削部位,以提高工件切削部位的刚度和抗振性。如图 3-48(a)所示,若压板直径过小,则对滚齿时的防振不利;如图 3-48(b)所示,工件形状特殊,加工面距夹紧力 F_{Q1} 作用点甚远,这时增设辅助支承,并附加夹紧力 F_{Q2} 以提高工件夹紧后的刚度。

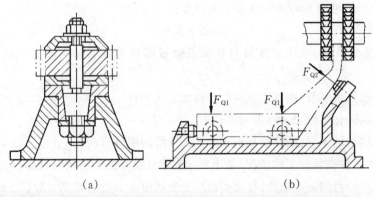

（a）　　　　　　　　　　　　　（b）

图3-48　辅助支承和辅助夹紧

（4）夹紧力的反作用力不应使夹具产生影响加工精度的变形。如图3-49(a)所示,工件对夹紧螺杆3的反作用力会使导向支架2变形,从而产生镗套4的导向误差,改进后的结构如图3-49(b)所示,夹紧力的反作用力不再作用在导向支架2上。

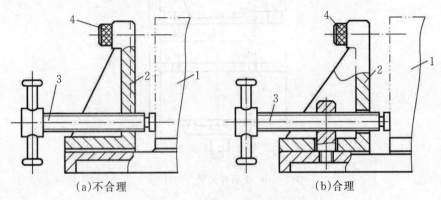

（a）不合理　　　　　　　　　　　（b）合理

图3-49　夹紧引起导向支架变形

1—工件;2—导向支架;3—螺杆;4—镗套

3.夹紧力大小的确定

夹紧力大小需要准确的场合,一般可经过实验来确定。通常,由于切削力本身是估算的,工件与支承件间的摩擦因数(如表3-2所示)也是近似的,因此夹紧力也是粗略估算。

表3-2　摩擦因数

支承表面特点	摩擦因数	支承表面特点	摩擦因数
光滑表面	0.15~0.25	直沟槽,方向与切削方向垂直	0.40~0.50
直沟槽,方向与切削方向一致	0.25~0.35	交错网状沟槽	0.60~0.80

在计算夹紧力时,将夹具和工件看作一个刚性系统。以切削力的作用点、方向和大小处于最不利于夹紧时的状况为工件受力状况,根据切削力、夹紧力(大工件还应考虑重力,运动速度较大时应考虑惯性力),以及夹紧装置具体尺寸,列出工件的静力平衡方程式,求出理论夹紧力,再乘以安全系数S,作为实际所需夹紧力。

安全系数一般可取 $S=2\sim3$，或按下式计算：

$$S=S_1S_2S_3S_4 \tag{3-24}$$

式中：S_1——安全系数，考虑工件材料性质及余量不均匀等引起切削力变化，一般 $S_1=$
$1.5\sim2$；

S_2——加工性质系数，粗加工 $S_2=1.2$，精加工 $S_2=1$；

S_3——刀具钝化系数，$S_3=1.1\sim1.3$；

S_4——断续切削系数，断续切削时 $S_4=1.2$，连续切削时 $S_4=1$。

图 3-50 为工件铣削加工的情况，最不利于夹紧状况是开始铣削时，此时切削力矩 F_HL
会使工件产生绕 O 点的翻转趋势，与之平衡的是支承面 A、B 处的摩擦力对 O 点的力矩。

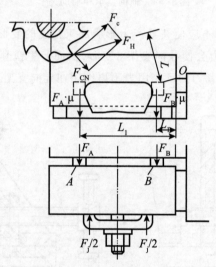

图 3-50　铣削时夹紧力的计算

于是有：

$$\frac{1}{2}F_{jmin}\mu(L_1+L_2)=F_HL \tag{3-25}$$

可求出最小夹紧力：

$$F_{jmin}=\frac{2F_HL}{\mu(L_1+L_2)} \tag{3-26}$$

实际夹紧力：

$$F_j\geqslant SF_{jmin}=\frac{2SF_HL}{\mu(L_1+L_2)} \tag{3-27}$$

本例中，压板与工件间也存在阻止工件绕 O 点翻转的摩擦力矩，若已知压紧点至 O 点
的距离分别为 L'_1 和 L'_2，则上式可写成

$$F_j\geqslant\frac{2SF_HL}{\mu(L_1+L_2)+\mu'(L'_1+L'_2)} \tag{3-28}$$

主要机床夹具可扫描下方二维码阅读。

思考与练习题

3-1　工件的定位与夹紧有何区别？

3-2　什么是六点定位原则？什么是欠定位和过定位？它们有什么区别和联系？

3-3　分析题图3-1所列定位方案：①指出各定位元件所限制的自由度；②判断有无欠定位或过定位；③对不合理的定位方案提出改进意见。

题图3-1(a)　过三通管中心O打一孔，使孔轴线与管轴线OX、OZ垂直相交；

题图3-1(b)　车外圆，保证外圆与内孔同轴；

题图3-1(c)　车阶梯轴外圆；

题图3-1(d)　在圆盘零件上钻孔，保证孔与外圆同轴；

题图3-1(e)　钻铰连杆零件小头孔，保证小头孔与大头孔之间的距离及两孔的平行度。

3-4　分析题图3-2所列加工中零件必须限制的自由度，选择定位基准和定位元件，并在图中示意画出；确定夹紧力作用点的位置和作用方向，并用规定的符号在图中标出。

题图3-2(a)　过球心打一孔；

题图3-2(b)　加工齿轮坯两端面，要求保证尺寸A及两端面与内孔的垂直度；

题图3-2(c)　在小轴上铣槽，保证尺寸H和L；

题图3-2(d)　过轴心线打径向通孔，保证尺寸L；

题图3-2(e)　在支座零件上加工两通孔，保证尺寸A和H。

3-5　在题图3-3(a)所示套筒零件上铣键槽，要求保证尺寸$54_{-0.14}^{0}$mm及对称度。现有三种定位方案，分别如题图3-3(b)、(c)、(d)所示。试计算三种不同定位方案的定位误差，并从中选择最优方案（已知内孔与外圆的同轴度误差不大于0.02mm）。

3-6　题图3-4所示齿轮坯，内孔和外圆已加工合格（$d=80_{-0.1}^{0}$mm，$D=35_{0}^{+0.025}$mm），现在插床上用调整法加工内键槽，要求保证尺寸$H=38.5_{0}^{+0.2}$mm。试分析采用图示定位方法能否满足加工要求（要求定位误差不大于工件尺寸公差的1/3）？若不能满足，应如何改进？（忽略外圆与内孔的同轴度误差）

3-7　题图3-5所示零件，锥孔和各平面均已加工好，现在铣床上铣宽度为$b_{-\Delta b}^{0}$的键槽，要求保证槽的对称线与锥孔轴线相交，且与A面平行，还要求保证尺寸$h_{-\Delta h}^{0}$。图示定位方案是否合理？如不合理，应如何改进？

3-8　题图3-6所示工件，用一面两孔定位加工A面，要求保证尺寸18 ± 0.05mm。若两销直径为$\phi16_{-0.02}^{-0.01}$mm，两销中心距为80 ± 0.02mm。试分析该设计能否满足要求（要求工件安装无干涉现象,且定位误差不大于工件加工尺寸公差的1/2)？若满足不了,提出改进办法。

3-9　题图3-7所示的定位方式在阶梯轴上铣槽,V形块的V形角 α＝90°,试计算加工尺寸74±0.1mm的定位误差。

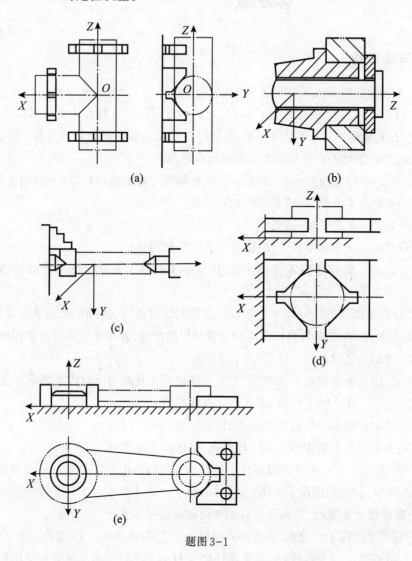

(a)

(b)

(c)

(d)

(e)

题图 3-1

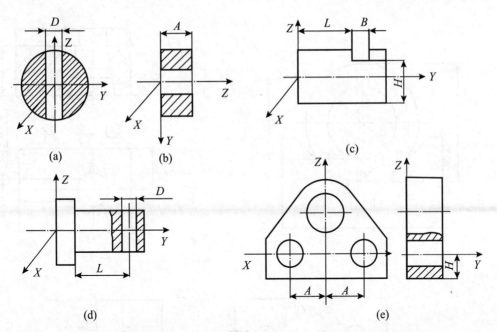

题图 3-2

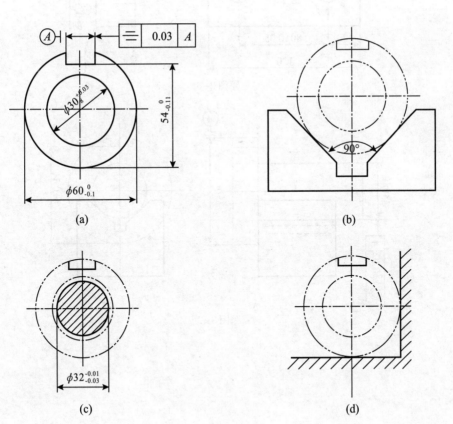

题图 3-3

113

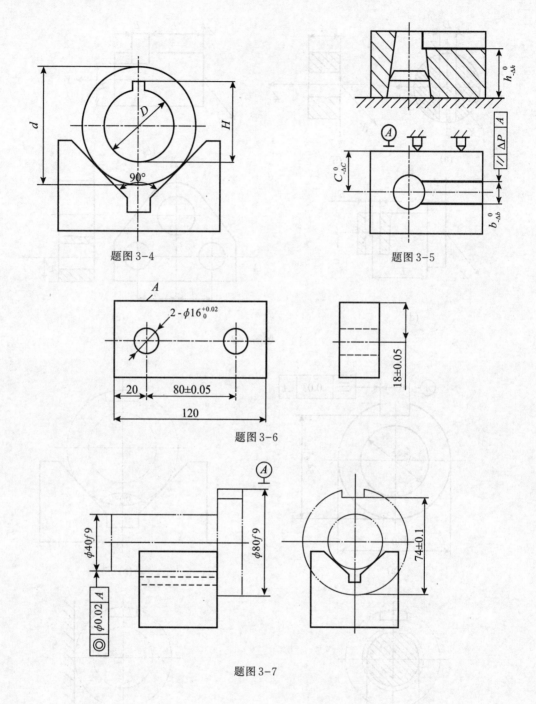

题图 3-4

题图 3-5

题图 3-6

题图 3-7

第4章 机械加工工艺规程设计

机械加工工艺规程是规定零件机械加工工艺过程和操作方法等的技术文件。生产规模的不同、工艺水平的高低以及解决各种工艺问题的方法和手段都要通过零件的工艺规程来体现。一个良好的工艺规程可以促使产品达到优质、高效、低成本的目的。它要求设计者必须具备一定的生产实践经验和机械制造工艺基础理论知识。

4.1 概　述

机械产品的制造工艺过程的确定不仅取决于产品自身的结构、功能特征、各种技术要求的高低以及企业的设备技术条件和水平,更取决于市场对该产品的种类及产量的要求,因此针对某一具体的机械产品其工艺过程有多种,其主要取决于企业的生产类型,生产类型又是由产品的生产纲领决定的。

4.1.1 生产过程与工艺过程

1. 生产过程

生产过程是指产品生产制造时,由原材料转变为成品的所有劳动过程的总和。生产过程包括:

(1)生产技术准备过程。如产品的开发和设计、工艺设计、专用工艺装备的设计和制造、各种生产资料的准备,以及生产组织等方面的准备工作。

(2)毛坯制造过程。如铸造、锻造、冲压、焊接等。

(3)零件的加工过程。如机械加工、材料成形加工、热处理和表面处理等。

(4)产品的装配过程。包括组装、部装、总装、调试、油漆及包装等。

(5)产品的辅助劳动过程。如原材料或半成品的检验、运输、保管等过程。

(6)产品销售和服务。

生产过程可以是整个产品的制造过程,也可以是某一种零件或部件的制造过程。一个工厂的生产过程,又可分为各个车间的生产过程。一个车间的成品,往往又是另一车间的原材料。例如铸造车间的成品(铸件)就是机械加工车间的"毛坯",而机械加工车间的成品又是装配车间的"原材料"。

2. 工艺过程

生产过程中,按一定顺序逐渐改变生产对象的形状(铸造、锻造等)、尺寸(机械加工)、位置(装配)和性质(热处理),使其成为预期产品的这部分主要过程称为工艺过程。

原材料经铸造、锻造、冲压或焊接而成为铸件、锻件、冲压件或焊接件的过程,称为材料成形工艺过程。

应用机械加工方法(例如:切削加工、磨削加工、电加工、超声波加工、电子束及离子束加工等),直接改变生产对象(毛坯)的形状、尺寸、相对位置及表面质量,使其成为合格零件的全部过程,称为机械加工工艺过程。

对零件的半成品通过各种热处理方法直接改变它们的材料性能的过程,称为热处理工艺过程。

最后,将合格的零件和外购件、标准件装配成组件、部件和产品的过程,则称为装配工艺过程。

3.生产纲领

企业要根据市场需求和自身的生产能力决定生产计划。在计划期内,应当生产的产品产量和进度计划称为生产纲领。计划期根据市场的需要而定,计划期为一年的生产纲领称为年生产纲领。零件的年生产纲领可按公式(4-1)计算:

$$N = Qn(1+\alpha)(1+\beta) \tag{4-1}$$

式中:N——零件的年产量(件/年);

Q——产品的年产量(台/年);

n——每台产品中,该零件的数量(件/台);

α——备品的百分率;

β——废品的百分率。

零件的生产纲领确定后还要根据生产车间的具体情况将零件在一年中分批投产,每批投产的数量就称为批量。

4.生产类型及其工艺特征

生产纲领的大小对生产组织和零件加工工艺过程起着重要的作用,它决定了企业生产的专业化和自动化程度,决定了所应选用的工艺方法和工艺装备。

生产类型是对企业生产专业化程度的分类。根据零件的结构尺寸、特征、生产纲领和批量,生产类型可分为单件生产、成批生产和大量生产三种:

(1)单件生产:是指生产的产品品种多,但同一产品的产量少,而且很少重复生产,各工作地加工对象经常改变。例如新产品试制,工装和模具的制造,重型机械和专用设备的制造等都属于这种类型。

(2)成批生产:是指分批生产相同的产品或零件,生产周期性重复。例如机床、阀门和电机的制造等均属于成批生产。根据批量的大小,成批生产又可分为小批生产、中批生产、大批生产三种类型。

(3)大量生产:是指相同产品数量很大,大多数工作地点长期重复地进行某一零件的某一工序的加工。例如汽车、家用电器、轴承、标准件等产品的制造多属大量生产。

在工艺上,小批生产的工艺过程和生产组织与单件生产相似,常合称为单件小批生产;大批生产与大量生产的工艺过程和生产组织相似,常合称为大批大量生产。

在机械制造过程中,由于产品的类型、结构、尺寸、技术要求不同,市场的需求也是多种多样的,因此每种产品的年生产纲领(年产量)是不同的,一般按照生产纲领的大小选用相应规模的生产类型。而生产纲领和生产类型的关系,还随着零件的大小及复杂程度不同而有所不同,它们之间的关系见表4-1,表中的重型零件、中型零件、轻型零件可参考表4-2。

表4-1 生产类型与生产纲领的关系

生产类型	零件的年生产纲领(件/年)		
	重型零件	中型零件	轻型零件
单件生产	≤5	≤10	≤100
小批生产	5～100	10～200	100～500
中批生产	100～300	200～500	500～5000
大批生产	300～1000	500～5000	5000～50000
大量生产	≥1000	≥5000	≥50000

表4-2 机械产品质量类别

企业类型	加工零件的质量kg		
	重型零件	中型零件	轻型零件
电子工业机械	>30	4～30	<4
机床	>50	15～50	<15
重型机械	>2000	100～2000	<100

生产类型不同,无论是在生产组织、生产管理、车间机床布置,还是在毛坯制造方法、机床种类、工具、加工或装配方法及工人技术要求等方面均有所不同。在单件生产中,所用的设备绝大多数采用通用的设备和工艺装备,零件的加工质量和生产工人的技术水平有很大关系。在成批生产中,即可采用数控机床、加工中心、柔性制造单元和组合夹具,也可采用专用设备和专用工艺装备,在生产过程中加工零件的精度较多地采用自动控制尺寸的方法,某些零件的制造过程甚至可以组织流水线生产,因而对工人的操作技术水平的要求可以降低。在大量生产中广泛采用高效的专用机床和自动机床,按流水线排列或采用自动线进行生产,生产过程的自动化程度最高,工人的技术水平要求较低。因此,在制定零件机械加工工艺规程时,必须首先确定生产类型,再分析该生产类型的工艺特征,选择合理的加工方法和加工工艺,以制定出正确合理的工艺规程,取得最大的经济效益。各种生产类型的工艺过程特征见表4-3。

随着新技术的发展和市场需求的变化,单件小批生产类型将逐渐占据主导地位,而传统的单件小批生产的生产能力又跟不上市场之急需,因此各种生产类型都朝着生产过程柔性化的方向发展。成组技术(包括成组工艺、成组夹具)、数控机床、加工中心和FMS为这种柔性化生产提供了重要的基础。

表4-3 各种生产类型的工艺过程特征

项目 \ 生产类型	单件小批生产	成批生产	大批大量生产
产品数量与加工对象	品种多、数量少、经常变换	品种与数量中等、周期性变换	品种少、数量大、固定不变
毛坯制造方法与加工余量	铸件用木模手工造型，锻件用自由锻。毛坯精度低，加工余量大	部分铸件采用金属模铸造，部分锻件采用模锻。毛坯精度和加工余量中等	铸件采用金属模机器造型，锻件采用模锻或其他高效方法。毛坯精度高，加工余量小
零件的互换性	配对制造，没有互换性，广泛采用钳工修配	大部分有互换性，少部分钳工修配	全部互换，某些高精度配合件可采用分组装配法和调整装配法
机床设备与布局	通用机床、数控机床或加工中心。按机床类别采用机群式布置	数控机床、加工中心和柔性制造单元；也可采用通用机床和专用机床。按零件类别，部分布置成流水线，部分采用机群式布置	广泛采用高效专用生产线、自动生产线、柔性制造生产线。按工艺过程布置成流水线或自动线
工艺装备	多数情况采用通用夹具或组合夹具。采用通用刀具和万能量具	广泛采用专用夹具、可调夹具和组合夹具。较多采用专用刀具与量具	广泛采用高效专用夹具、复合刀具、专用刀具和自动检验装置
工人技术水平的要求	技术水平要高	技术水平中等	技术水平一般
工艺规程的要求	有简单的工艺过程卡	编制工艺规程，关键工序有较详细的工序卡	编制详细的工艺规程、工序卡和各种工艺文件
生产率	低	中	高
生产成本	高	中	低

4.1.2 机械加工工艺规程及工艺过程

1.机械加工工艺规程

技术人员根据零件的生产类型、设备条件和工人技术水平等情况，规定零件机械加工工艺过程和操作方法等的工艺文件称为机械加工工艺规程。在具体的生产条件下，工艺规程应该是最合理或较合理的工艺过程和操作方法，并按规定的形式书写成工艺文件，经审批后用来指导生产。

机械加工工艺规程是连接产品设计和制造过程的桥梁，是企业组织生产活动和进行生产管理的重要依据，具有以下作用：

(1)工艺规程是指导生产的主要技术文件。工艺规程是技术人员在总结实践经验的基础上，依据科学的理论和必要的工艺试验后制定的，反映了加工中的客观规律。按照工艺规程组织生产，可以实现优质、高效、低成本和安全生产，并能充分发挥设备能力。由于工艺规程是技术指导性文件，一切生产人员都应严格执行和贯彻。

(2)工艺规程是生产组织和管理工作的基本依据。在产品投产前，原材料及毛坯的供应、工艺装备的准备、机械负荷的调整、专用工艺装备的设计和制造、生产计划安排、劳动力的组织和生产成本的核算以及关键技术的分析与研究都是依据产品的工艺规程进行的。

(3)工艺规程是新建或扩建工厂或车间的基本资料。在新建或扩建工厂或车间时,只有依据工艺规程和生产纲领才能正确地确定生产所需要的机床和其他设备的种类、规格和数量,确定车间的面积、机床的布置、生产工人的工种、等级和数量,以及辅助部门的安排等。

随着科学技术的进步和生产的发展,原有的工艺规程会出现某些不相适应的问题,因而工艺规程应定期调整和优化,及时吸取合理化建议、技术革新成果、新技术和新工艺,使工艺规程更加完善和合理。

2.机械加工工艺过程及其组成

零件的机械加工工艺过程一般比较复杂,需根据零件的结构特点、技术要求,采用不同的加工方法及其加工设备按一定的顺序逐步进行,通过这些步骤将毛坯逐步加工成合格的零件。在不同的生产条件下,零件的加工工艺过程是不同的,为了便于组织生产,合理地使用企业的生产资源,以确保加工质量和高的生产效率,必须详细分析工艺过程及工艺过程的组成。

工艺过程由若干个按一定顺序排列的工序组成,每个工序又可分为若干个安装、工位、工步和走刀。工序是工艺过程的基本单元,也是编制生产计划和进行成本核算的基本依据。

(1)工序。工序是指一个(或一组)工人在同一个工作地点,对同一个(或几个)工件所连续完成的那一部分工艺过程。划分工序的主要依据是工作地点(或设备)是否变动及工作是否连续。同样的加工零件可以有不同的工序安排。工序内容可繁、可简,需根据被加工零件的批量及生产条件而定。如图4-1所示的阶梯轴,单件小批生产时,其工艺过程见表4-4;大批量生产时,工艺过程见表4-5。单件生产时,所有车削内容集中在一台车床上进行。大批生产时,车削内容被分配到三台设备上完成,由于工作地发生了变动,因此,车削有三道工序。

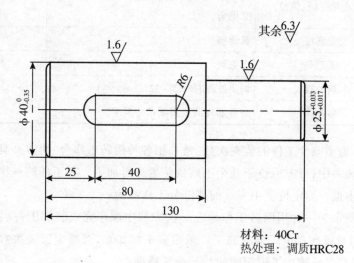

材料:40Cr
热处理:调质HRC28

图4-1 阶梯轴简图

工序是工艺过程的基本组成部分。由零件加工的工序数目,可以知道工人的数量、设备与工装的数量和工作场地占地面积的大小。因此,工序是制定劳动定额、配备工人和设备数量,安排生产计划和进行质量检验的基本单元。

(2)安装。安装是指在一道工序中,工件在一次定位夹紧下所完成的加工。一道工序中工件的安装可能是一次,也可能是数次。如表4-4所示,工序1就有2次安装:先装夹工件一端,车端面、钻中心孔及车外圆和倒角称为安装1;再调头装夹,车另一端面、钻中心孔及车外圆和倒角称为安装2。为减少装夹时间和安装误差,工件在加工中应尽量减少装夹次数。

表4-4 阶梯轴加工工艺过程(单件小批量生产)

工序号	工序名称	工序内容	设备
1	车端面及外圆	①车左端面;②钻左中心孔;③车大端外圆,留磨削余量0.5mm;④倒角;⑤调头车右端面;⑥钻右中心孔;⑦车小端外圆,留磨削余量0.5mm;⑧倒角	车床
2	铣键槽、去毛刺	①铣键槽;②去毛刺	铣床
3	热处理	调质处理HRC28~32	
4	磨外圆	磨各部外圆至图纸尺寸要求	磨床

表4-5 阶梯轴加工工艺过程(大批量生产)

工序号	工序名称	工序内容	设备
1	铣端面、打中心孔	①铣两端面至图纸尺寸;②钻两端中心孔	铣端面钻中心孔机床
2	车大端外圆、倒角	①车大端外圆,留磨削余量0.5mm;②倒角	车床
3	车小端外圆、倒角	①车小端外圆,留磨削余量0.5mm;②倒角	车床
4	铣键槽	铣键槽	铣床
5	去毛刺	去毛刺	去毛刺机
6	热处理	调质处理HRC28~32	
7	磨外圆	磨各部外圆至图纸尺寸要求	磨床

(3)工位。为了减少工件的装夹次数,常采用各种回转工作台、回转夹具或移动夹具,使工件在一次装夹中,可先后位于几个不同的位置进行加工。在工件的一次安装中,工件在相对机床所占据一固定位置中完成的那部分工作称为一个工位。

如图4-2所示为一种用回转工作台在一次安装中顺序完成装卸工件、预钻孔、钻孔、扩孔、粗铰孔和精铰孔六个工位的加工。采用多工位加工,可减少安装次数、缩短辅助时间、提高生产率和保证被加工表面间的相互位置精度。

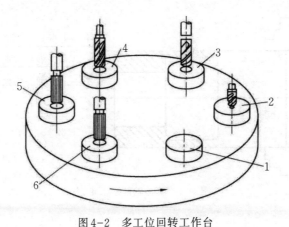

图 4-2　多工位回转工作台

工位:1—装卸工件;2—预钻孔;3—钻孔;4—扩孔;5—粗铰孔;6—精铰孔

　　(4)工步。在一道工序(一次安装或一个工位)中,可能需要加工若干个表面,也可能只加工一个表面,但需要用若干把刀具或虽只用一把刀具但却要用不同切削用量分作若干次加工。在一道工序(一次安装或一个工位)中,在被加工表面、切削用量(指切削速度和进给量)、切削刀具均保持不变的情况下所连续完成的那一部分工作,称工步。当其中有一个因素变化时,则为另一个工步。例如,表 4-4 中的工序 1,共有 8 个工步。如图 4-3(a)所示为在转塔六角自动车床上加工零件的工序,它包括 6 个工步。

　　在机械加工中,有时会出现同时用几把不同的刀具加工一个零件的几个表面的工步,称为复合工步。例如图 4-3(b)所示的在转塔车床上,车刀和钻头同时加工两个表面,形成复合工步。划分工步的目的是便于分析和描述比较复杂的工序,更好地组织生产和计算工时。

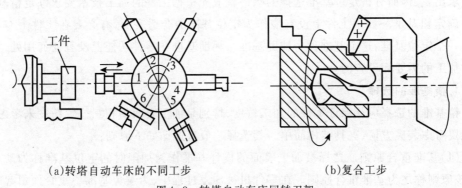

(a)转塔自动车床的不同工步　　　　　(b)复合工步

图 4-3　转塔自动车床回转刀架

　　(5)走刀。有些工步由于余量太大,或由于其他原因,需要同一刀具在相同转速和进给量下(背吃刀量可能略有不同)对同一表面进行多次切削。这时,刀具对工件的每一次切削称为一次走刀,见图 4-4。

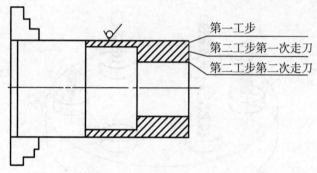

第一工步
第二工步第一次走刀
第二工步第二次走刀

图4-4　阶梯轴的多次走刀

4.2　工艺路线的拟定

4.2.1　定位基准的选择

定位基准的选择是制定工艺规程的一个重要问题。定位基准选择得正确与否,不仅对零件的尺寸精度和相互位置精度有很大影响,而且对零件各表面间的加工顺序也有很大影响,而且还决定了工艺装备设计、制造的周期与费用。

根据作为定位基准的工件表面状态不同,定位基准分为精基准和粗基准两种。

用未经加工的毛坯表面作定位基准,这种基准称为粗基准。用已加工过的工件表面作定位基准,这种基准称为精基准。由于精基准和粗基准的加工要求和用途各不相同,所以在选择粗、精基准时所考虑问题的侧重点也不同。在选择定位基准时,要从保证工件精度要求出发,因而分析定位基准选择的顺序就应先根据工件的加工技术要求确定精基准,然后确定粗基准。如果工件上没有能作为定位基准的合适表面,有必要在工件上专门加工出一个定位基准,这个基准称为辅助基准。辅助基准在零件功能上没有任何用处,它只是为加工的需要而设置的。

1.精基准的选择

精基准的选择应从保证零件的加工精度,特别是加工表面的相互位置精度来考虑,同时也要考虑装夹方便、夹具结构简单。其选择一般应遵循如下原则:

(1)基准重合原则。选择被加工表面的设计基准作为加工时的定位基准称为基准重合,该原则称之为基准重合原则。在零件机械加工过程中,为避免基准不重合而引起的基准不重合误差,保证加工精度,应尽可能遵循基准重合原则。在对被加工面位置尺寸和位置关系有决定性影响的工序中,特别是当位置公差要求较严时,一般不应违反这一原则,否则,将由于存在基准不重合误差,而增大加工难度。另外,在最后精加工时,为保证精度,更应该注意这个原则,这样可以避免因基准不重合而引起的定位误差。

(2)基准统一原则。当工件以某一(或一组)已加工表面定位可以比较方便地加工出其余各表面时,应尽可能选择该(组)已加工表面作为统一的精基准来加工出工件上的多个表面,该原则称之为基准统一原则。

工件上往往有多个表面需要加工,会有多个设计基准。如果遵循基准重合的原则,就会有较多定位基准,因而造成夹具种类增多。为了减少夹具种类、简化夹具结构,可设法在工件上找到一组基准,或者在工件上专门设计一组定位基准,用它们来定位加工工件上多个表面,从而遵循基准统一原则。

用作统一基准的表面一般都应是面积较大、精度较高的平面、孔以及其他距离较远的几个面的组合。例如,加工轴类零件时,一般都采用两个顶尖孔作为统一的精基准来加工轴类零件上的所有外圆表面和端面;加工圆盘类零件(如齿轮的齿坯和齿形)时,多采用内孔及其端面作为统一的精基准;加工箱体类零件时(见图4-5),多采用一个较大的平面和两个距离较远的孔作为统一的精基准(没有孔时用大平面及两个与大平面垂直的边作精基准,或者专门加工出两个工艺孔),这样可以保证各加工表面间的相互位置精度。

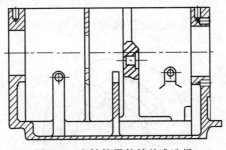

图4-5　主轴箱零件精基准选择

采用基准统一原则有以下优点:

①可以保证所加工的各个表面之间具有正确的相对位置关系。

②简化了工艺过程,使各工序所用夹具比较统一,从而减少了夹具种类与设计和制造夹具的时间和费用。

③可减少基准转换带来的误差,有利于保证加工精度。

④可在一次装夹中加工出较多的表面,提高了生产率。

当采用基准统一原则,有时无法保证各加工表面间的位置精度要求,往往是先采用基准统一原则,然后在最后工序用基准重合原则保证加工表面间的位置精度。

(3)自为基准原则。当某些表面精加工或光整加工工序要求加工余量小而均匀,在加工时就应尽量选择被加工表面自身作为精基准,该原则称之为自为基准原则。

如图4-6所示是在导轨磨床上,采用"自为基准原则"磨削床身导轨。方法是用百分表(或观察磨削火花)找正工件的导轨面,然后加工导轨面,保证导轨面余量均匀,以满足对导轨面的质量要求。另外,如拉刀、浮动镗刀、浮动铰刀和珩磨等加工孔的方法,也都是自为基准原则的示例。

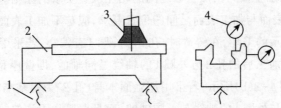

图4-6　采用自为基准原则磨削机床导轨面

1—可调支承;2—工件(床身);3—砂轮;4—百分表

采用自为基准原则加工时,只能提高加工表面本身的尺寸、形状精度,而不能提高加工表面的位置精度,加工表面的位置精度应由前面的工序保证。

(4)互为基准原则。当工件上两个加工表面之间的位置精度以及它们自身尺寸和形状精度要求都很高时,则可采取两个加工表面互为基准的方法进行加工,该原则称之为互为基准原则。

例如,内外圆表面同轴度要求比较高的轴、套类零件,先以内孔定位加工外圆,再以外圆定位加工内孔,如此反复,互为基准反复提高。这样,作为定位基准的表面的精度越来越高,而且加工表面的相互位置精度也越来越高,最终可达到较高的同轴度。

例如,加工精密齿轮时,齿面经高频淬火后需再进行磨齿,因其淬硬层较薄,所以磨削余量应小而均匀,这样就要先以齿面为基准磨内孔(如图4-7所示),再以孔为基准磨齿面,既可以保证齿面余量均匀,又可以保证齿面与孔的位置精度。

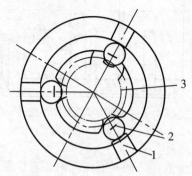

图4-7 以齿面定位加工孔
1—卡盘;2—滚珠;3—齿轮

例如,车床主轴前、后支撑轴颈与主轴锥孔间有严格的同轴度要求,常先以主轴锥孔为定位基准磨主轴前、后支撑轴颈表面,然后再以前、后支撑轴颈表面为定位基准磨主轴锥孔,最后达到规定的同轴度要求。

(5)保证工件定位准确、夹紧可靠、操作方便的原则。所选精基准应能保证工件定位准确、稳定、夹紧可靠。精基准应该是精度较高、表面粗糙度值较小、支承面积较大的表面。当用夹具装夹时,选择的精基准表面还应使夹具结构简单、操作方便。

2.粗基准的选择

粗基准选择应能保证加工面与不加工面之间的位置要求和合理分配各加工面余量的要求,同时要为后续工序提供精基准。具体选择时应考虑下列原则:

(1)保证工件的加工面与不加工面之间的相互位置要求的原则。

为保证不加工表面与加工表面之间的位置要求,应选不加工表面为粗基准。

如图4-8(a)所示的毛坯,在铸造时,孔2和外圆1有偏心,若采用不加工面(外圆1)为粗基准加工孔2,则加工后的孔2与外圆1的轴线是同轴的,即壁厚是均匀的,但孔2的加工余量不均匀,如图4-8(b)所示;若采用加工面本身(孔2)为粗基准加工孔2,则孔2的加工余量均匀,但孔2与外圆1的轴线是不同轴的,而且壁厚是不均匀的,如图4-8(c)所示。

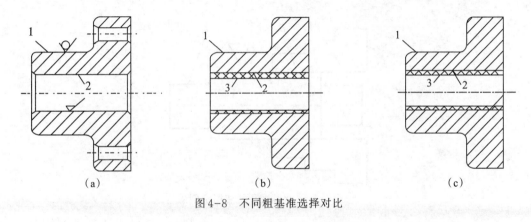

图 4-8　不同粗基准选择对比

当工件上有多个不加工表面与加工表面之间有位置要求时,则应选择与加工表面的相对位置有紧密联系的不加工表面作为粗基准。

(2)保证某些重要表面余量均匀,则应选该表面为粗基准。

如图 4-9 所示的床身导轨加工,导轨面要求硬度高而且均匀。其毛坯铸造时,导轨面向下放置,使表层金属组织细致均匀,没有气孔、夹砂等缺陷。因此加工时希望只切去一层较小而均匀的余量,保留组织紧密耐磨的表层,且达到较高加工精度。因此,首先应以导轨面作为粗基准加工床身的底座的底平面,然后再以床身的底平面为精基准加工导轨面,如图 4-9(a)所示。此时床身的底平面加工余量不均,但并不影响床身导轨质量,反之将造成导轨面余量不均匀,如图 4-9(b)所示。

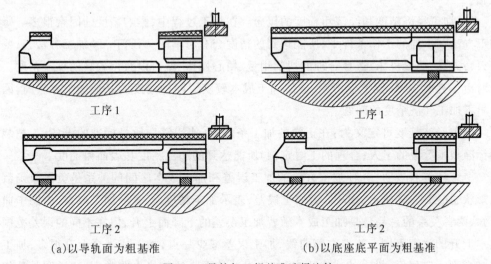

工序 1　　　　　　　　　　　　　　　　工序 1

工序 2　　　　　　　　　　　　　　　　工序 2

(a)以导轨面为粗基准　　　　　　　　　(b)以底座底平面为粗基准

图 4-9　导轨加工粗基准选择比较

(3)粗基准应避免重复使用的原则。

在同一尺寸方向上(即同一自由度方向上),粗基准通常只允许使用一次。粗基准一般说来比较粗糙,形状误差也比较大,如重复使用就会造成较大的定位误差,从而引起加工表面间较大的位置误差。因此,应避免粗基准重复使用。

如图 4-10 所示的小轴加工,如重复使用毛坯面 B 定位加工外圆表面 A 和 C,必然会使 A 与 C 外圆表面的轴线产生较大的同轴度误差。

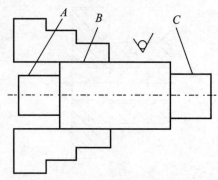

图 4-10　粗基准重复使用示例

(4)保证定位准确、夹紧可靠的原则。

作为粗基准的表面应平整光洁,要避开锻造飞边和铸造浇口、冒口、分型面、毛刺等缺陷,以保证定位准确、夹紧可靠。当用夹具装夹时,选择的粗基准面还应使夹具结构简单、操作方便。

4.2.2　加工方法和加工阶段

1.加工方法的选择

选择加工方法的基本原则是既要满足零件的加工质量,同时也要兼顾生产率和经济性。为了正确选择加工方法,应了解各种加工方法的特点、加工经济精度及经济粗糙度的概念。

(1)加工经济精度和经济粗糙度的概念。在加工过程中,影响精度的因素很多。每种加工方法在不同的工作条件下,所能达到的精度会有所不同。任何一种加工方法,只要仔细刃磨刀具、调整机床、选择合理的切削用量、精心操作,就可以获得较高的加工精度。但同时由于耗时多,降低了生产率,会使加工成本较获得同样精度的其他加工方法高,因此提出了加工经济精度的问题。

加工经济精度可定义为:在正常的加工条件下(使用符合质量标准的设备、工艺装备和标准技术等级的工人、合理的工时定额)所能达到的加工精度和表面粗糙度。

由统计资料表明,各种加工方法的加工误差和加工成本之间的关系呈负指数函数曲线形状,如图 4-11 所示,图中 δ 为加工误差,表示加工精度,C 表示加工成本,由图中曲线可知,两者关系的总趋势是加工成本随着加工误差的下降而上升,但在不同的误差范围内成本上升的比率不同。A 点左侧曲线,加工误差减少一点,加工成本会上升很多;加工误差减少到一定程度,投入的成本再多,加工误差的下降的趋势也非常小,这说明某种加工方法加工精度的提高是有极限的(图中 δ_1)。在 B 点右侧,即使加工误差放大许多,成本下降却很少,这说明对于一种加工方法,成本的下降也是有极限的,即有最低成本(图中 C_1)。只有在曲线的 AB 段,加工成本随着加工误差的减少而上升的比率相对稳定。可见,当加工误差等于曲线 AB 段对应的误差值时,采用相应的加工方法加工才是经济的,该误差值所对应的精度即为该加工方法的经济精度。因此,加工经济精度是指一个精度范围而不是一个值。例如,在普通车床上加工外圆,一般可达到 IT9～IT8 级精度和 $Ra\leqslant$

1.25～2.5μm 的表面粗糙度,但如果精心操作,工人技术水平较高,则可能达到 IT7～IT6 级精度和 $Ra \leqslant 0.63～1.25μm$ 的表面粗糙度。在普通外圆磨床上加工外圆,一般可达到 IT7～IT6 级精度和 $Ra \leqslant 0.32～0.63μm$ 的表面粗糙度,但如果精心操作,则可达到 IT6～IT5 级精度和 $Ra \leqslant 0.16～0.32μm$ 的表面粗糙度。

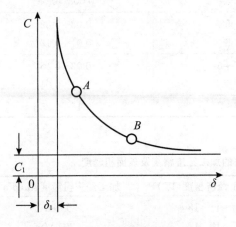

图 4-11　加工误差与成本关系　　　　图 4-12　加工精度与年代的关系

随着生产技术的发展,工艺水平的提高,同一种加工方法所能达到的精度和表面质量也会不断提高。如图 4-12 所示为经济精度与年代的关系,不难看出,原来精密加工才能达到的经济精度,现在一般加工就能达到了。

经济粗糙度的概念类同于经济精度的概念。表 4-6、表 4-7、表 4-8 为典型表面的各种加工方法所能达到的经济精度和表面粗糙度,可供选择时参考。

表 4-6　外圆加工中各种加工方法的加工经济精度及表面粗糙度

加工方法	加工情况	加工经济精度(IT)	加工经济粗糙度 $Ra(μm)$
车	粗车	12～13	10～80
	半精车	10～11	2.5～10
	精车	7～8	1.25～5
	金刚石车(镜面车)	5～6	0.02～1.25
铣	粗铣	12～13	10～80
	半精铣	10～12	2.5～10
	精铣	8～9	1.25～2.5
车槽	一次行程	11～12	10～20
	二次行程	10～11	2.5～10
外圆磨	粗磨	8～9	1.25～10
	半精磨	7～8	0.63～2.5
	精磨	6～7	0.16～1.25
	精密磨	5～6	0.08～0.32
	镜面磨	5	0.008～0.08
抛光			0.008～1.25

续表

加工方法	加工情况	加工经济精度(IT)	加工经济粗糙度 $Ra(\mu m)$
研磨	粗研	5~6	0.16~0.63
	精研	5	0.04~0.32
	精密研	5	0.008~0.08
超精加工	精	5	0.08~0.32
	精密	5	0.01~0.16
砂带磨	精磨	5~6	0.02~0.16
	精密磨	5	0.01~0.04
滚压		6~7	0.16~1.25

注:加工有色金属时,表面粗糙度取小值。

表4-7 孔加工中各种加工方法的加工经济精度及表面粗糙度

加工方法	加工情况	加工经济精度(IT)	加工经济粗糙度 $Ra(\mu m)$
钻	$\phi15mm$以下	11~13	5~80
	$\phi15mm$以上	10~12	20~80
扩	粗扩	12~13	5~20
	一次扩(铸孔或冲孔)	11~13	10~40
	精扩	9~11	1.25~10
铰	半精铰	8~9	1.25~10
	精铰	6~7	0.32~5
	手铰	5	0.08~1.25
拉	粗拉	9~10	1.25~5
	一次拉(铸孔或冲孔)	10~11	0.32~2.5
	精拉	7~9	0.16~0.63
推	半精推	6~8	0.32~1.25
	精推	6	0.08~0.32
镗	粗镗	12~13	5~20
	半精镗	10~11	2.5~10
	精镗(浮动镗)	7~9	0.63~5
	金刚镗	5~7	0.16~1.25
内磨	粗磨	9~11	1.25~10
	半精磨	9~10	0.32~1.25
	精磨	7~8	0.08~0.63
	精密磨	6~7	0.04~0.16
珩磨	粗珩	5~6	0.16~1.25
	精珩	5	0.16~0.63
研磨	粗研	5~6	0.16~0.63
	精研	5	0.04~0.32
	精密研	5	0.008~0.08
挤	滚珠、滚柱扩孔器、挤压头	6~8	0.01~1.25

注:加工有色金属时,表面粗糙度取小值。

表4-8　平面加工中各种加工方法的加工经济精度及表面粗糙度

加工方法	加工情况		加工经济精度(IT)	加工经济粗糙度 $Ra(\mu m)$
周铣	粗铣		11~13	5~20
	半精铣		8~11	2.5~10
	精铣		6~8	0.63~5
端铣	粗铣		11~13	5~20
	半精铣		8~11	2.5~10
	精铣		6~8	0.63~5
车	半精车		8~11	2.5~10
	精车		6~8	1.25~5
	金刚石车(镜面车)		6	0.02~1.25
刨	粗刨		11~13	5~20
	半精刨		8~11	2.5~10
	精刨		6~8	0.63~5
	宽刀精刨		6	0.16~1.25
插				2.5~20
拉	粗拉(铸造或冲压表面)精拉		10~11	5~20
			6~9	0.32~2.5
平面磨	粗磨		8~10	1.25~10
	半精磨		8~9	0.63~2.5
	精磨		6~8	0.16~1.25
	精密磨		6	0.04~0.32
刮	25×25mm²内点数	8~10	—	0.16~1.25
		10~13	—	0.32~0.63
		13~16	—	0.16~0.32
		16~20	—	0.08~0.16
		20~25	—	0.04~0.08
研磨	粗研		6	0.16~0.63
	精研		5	0.04~0.32
	精密研		5	0.008~0.08
砂带磨	精磨		5~6	0.04~0.32
	精密磨		5	0.01~0.04
滚压			7~10	0.16~2.5

注：加工有色金属时，表面粗糙度取小值。

(2)加工方法的选择。具有特定技术要求的表面一般一次加工可能无法达到图纸上的要求，对于精度要求高的主要表面则需要经过由粗加工到精加工才能逐步达到技术要求。因此，选择各表面的加工方法时，在分析研究零件图的基础上，一般总是先根据零件表面的技术条件，确定该表面的最终加工方法，然后再选定前面一系列准备工序的加工方法。由于要达到同样精度和表面粗糙度要求可以采用的加工方法是多种多样的，所以选择零件各表面的加工方法时，主要应从以下几个方面来考虑：

①加工方法的经济精度和表面粗糙度要与零件加工表面的技术要求相适应。

零件上各种典型表面的加工可用许多种加工方法完成,为了满足加工质量、生产率和经济性等方面的要求,应尽可能选择加工方法的经济精度和表面粗糙度来完成对零件表面的加工。

②加工方法要与零件材料的切削加工性相适应。

零件材料的切削加工性是指零件材料被切削的难易程度。在确定零件加工方法时,应考虑到零件材料的切削加工性能。例如,淬火钢、耐热钢由于硬度很高,车削、铣削等很难加工,一般采用磨削;硬度很低而韧性较大的金属材料(如有色金属)则不宜磨削,因为磨屑易堵塞砂轮,通常采用高速精密车削或金刚车或金刚镗。

③加工方法要与零件的结构形状相适应。

零件的结构形状和尺寸大小对加工方法的选择也有很大的影响。例如,回转类零件上的内孔可采用铰孔、镗孔、拉孔或磨孔等加工方法,而箱体上的孔则一般不宜采用拉孔或磨孔,而常用镗孔(孔大时)或铰孔(孔小时)。

④加工方法要与零件的生产类型相适应。

成批生产应选用生产率高和质量稳定的先进加工方法。例如,平面和孔采用拉削加工。单件小批生产中一般多采用通用机床和常规加工方法,平面加工通常采用刨削、铣削,孔加工通常采用钻孔、扩孔、铰孔等。为保证质量可靠和稳定及有高的成品率,在大批大量生产中采用珩磨和超精加工工艺加工较精密零件。为了提高企业的竞争力,也应该注意采用数控机床、柔性加工系统以及成组技术等先进的技术和工艺装备。

⑤加工方法要与企业的现有生产条件相适应。

选择加工方法时,不能脱离企业现有设备的情况和工人的技术水平。既要充分利用现有设备,挖掘企业潜力,也应注意不断改进现有的加工方法和设备,采用新技术和新工艺。

(3)典型表面的加工路线。任何零件都是由一些简单的几何表面组成的,典型的表面有外圆、孔、平面及成形表面等,所以任何零件的工艺路线也就是这些表面的工艺路线的恰当的组合。零件几何表面的精度和粗糙度要求不同,工件的材料性质不同,生产的类型不同,其工艺路线也将不同。掌握典型表面的加工路线对制定零件加工工艺规程是十分必要的。

①外圆表面的加工路线。图4-13列出了外圆表面的典型加工路线,以及路线中各工序所能达到的精度和粗糙度。可以归纳为四条基本加工路线:

1)粗车→半精车→精车→滚压。这是一条应用最广泛的加工路线,适用于淬火钢除外的各种金属。根据加工精度要求,可选择最终的加工工序。

2)粗车→半精车→粗磨→精磨。此加工路线主要适用于淬火钢件,特别是结构钢零件和半精车后有淬火要求的零件。表面精度要求不高于IT6、粗糙度Ra值不小于$0.16\mu m$的外圆表面,均可安排此工艺路线。也适用于精度要求较高和表面粗糙度值要求较小的黑色金属材料,但不适用于有色金属的加工。

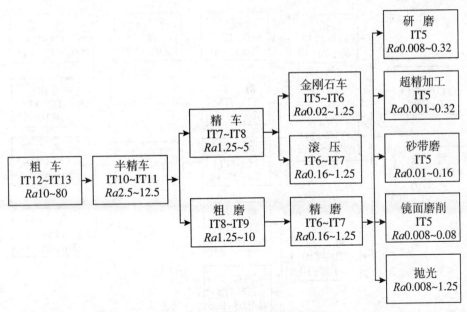

图4-13　外圆表面的典型加工路线

3)粗车→半精车→精车→金刚石车。此加工路线主要适用于工件材料不宜采用磨削加工的高精度外圆表面,如铜、铝等有色金属及其合金,以及非金属材料的零件表面。有色金属,如铜、铝等材料,用磨削加工通常不易得到所要求的表面粗糙度,因为有色金属一般比较软,容易堵塞砂轮砂粒间的空隙,因此其最终工序多用精车或金刚石车。

4)粗车→半精车→粗磨→精磨→研磨、超精加工、砂带磨、镜面磨或抛光。这条加工路线主要适用于精度要求极高和表面粗糙度值要求极小的黑色金属材料或淬火钢的加工,同样不适用于有色金属的加工。

②孔的加工路线。图4-14列出了孔的加工路线及路线中各工序所能达到的精度和粗糙度。可以归纳为四条基本加工路线:

1)钻→扩→铰→手铰。这条加工路线主要用于在加工未经淬火的实心工件上加工直径小于$\phi 50$mm的中小孔,是一条应用最为广泛的加工路线,适用于各种生产类型。加工后孔的尺寸精度通常达IT8~IT6,表面粗糙度$Ra4.2\sim0.8\mu$m。若尺寸、形状精度和粗糙度要求还要高,可在铰后安排一次手铰。由于铰削加工对孔的位置误差的纠正能力差,因此孔的位置精度主要由钻→扩来保证。位置精度要求高的孔不宜采用此加工方案。

2)钻或粗镗→半精镗→精镗→滚压(或金刚镗)。这同样是一条应用非常广泛的孔加工路线,适用于各种生产类型。用于加工未经淬火的黑色金属及有色金属材料的高精度孔和孔系(IT7~IT5级,$Ra0.16\sim1.25\mu$m)。这条加工路线对毛坯上未铸出或锻出孔时,要先钻孔;对已有孔时,可直接粗镗孔。对于大孔,可采用浮动镗刀块,它装在镗刀杆中并可在径向自由滑动,是一种定尺寸刀具,加工精度高,表面粗糙度值低,生产效率高,故被广泛地应用在箱体零件的孔系加工中。对于小孔,特别是有色金属材料的零件,其最终工序多采用金刚镗。金刚镗是在精密镗头上装上刃磨质量较好的硬质合金刀具高速镗孔。

智能制造技术基础

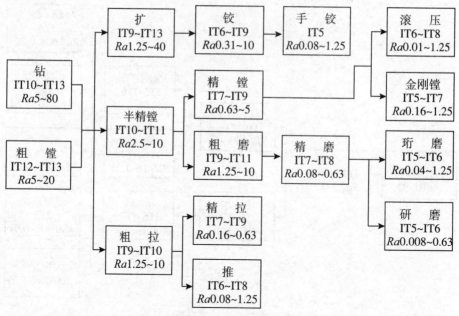

图4-14 孔的加工路线

3)钻或粗镗→半精镗→粗磨→精磨→研磨、珩磨。这条加工路线主要用于淬火零件或精度要求很高的非淬火黑色金属材料,但不适用于有色金属的加工。

4)钻或粗镗→粗拉→精拉。这条加工路线主要用于大批量生产中的通孔加工,加工质量稳定,生产效率高。特别是带有键槽的孔或花键孔,用拉削更为方便。当毛坯上的孔没有铸出或锻出,则要有钻孔工序。如果是通孔($\phi30\sim\phi50$mm),有时毛坯上铸出或锻出,这时需要粗镗后再粗拉孔。对模锻件的孔,因精度较好也可以直接粗拉。

③平面的加工路线。图4-15列出了平面的典型加工路线,以及路线中各工序所能达到的精度和粗糙度。可以归纳为五条基本加工路线:

1)粗铣→半精铣→精铣→高速精铣。在平面加工中铣削是用得非常广泛的加工方法,生产率高,高速精铣可以得到较高的精度和较小的表面粗糙度值。该条加工路线主要适用于精度要求较高的不淬火表面的加工。高速精铣的工艺特点是:高速($V_c=200\sim300$m/min),小进给($f=0.03\sim0.10$mm/Z),小切深($a_p\leqslant2$mm)。其精度和效率,主要取决于铣床的精度和铣刀的材料、结构和精度,以及工艺系统的刚度。

2)粗刨→半精刨→精刨→宽刃精刨、刮研。这条加工路线主要适用于精度要求高的不淬火表面的加工。平面加工中刨削也是用得非常广泛的加工方法,它的生产率一般比铣削低些,故在单件小批生产、特别在重型机械生产中应用较多。从发展趋势来看,铣削用得越来越广,对于细长条形的加工面,刨削的生产率可能会高些。

宽刃精刨多用于刨削大平面或床身零件的导轨面,可以得到较高的精度和较小的表面粗糙度值,是单件、成批生产中常用的精加工方法。

刮研是获得精密平面的传统方法,多用于单件、小批生产中,其劳动量比较大,生产率比较低。当前,许多高精密度的平面仍是用手工刮研加工出来的。

132

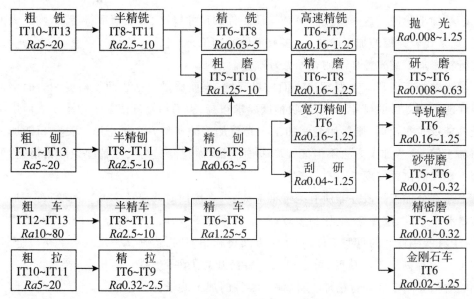

图 4-15 平面的典型加工路线

3)粗铣(刨)→半精铣(刨)→粗磨→精磨→研磨、导轨磨、精密磨、砂带磨或抛光。这条加工路线主要用于淬火零件或精度要求高的零件加工。导轨磨是专门用来加工机床床身及其他零件的各种导轨平面,有较高的精度。

4)粗拉→精拉。拉削是用于大量生产的加工方法。粗拉可直接拉削毛坯表面,对于带有沟槽或台阶的表面,都可以直接拉削出来。这是一条适合于大批量生产的加工路线,主要特点是生产率高,特别是对台阶面或有沟槽的表面,优点更为突出。如发动机缸体的底平面、曲轴轴瓦的半圆孔及分界面,都是一次拉削完成的。由于拉削设备和拉刀价格昂贵,因此一般用在大批量生产中,可获得好的经济性。

5)粗车→半精车→精车→金刚石车、砂带磨、精密磨。这条加工路线主要用来加工回转类零件的端面,有时是和车削外圆表面合在一起的。

2. 加工阶段的划分

为了保证加工质量、生产率和经济性,通常都将工艺过程分成几个加工阶段,即粗加工、半精加工、精加工、精密加工(包括光整加工)及超精密加工阶段。对于加工精度要求较高和粗糙度值要求较小的零件,通常将工艺过程划分为粗加工和精加工两个阶段;对于加工精度要求很高、粗糙度值要求很小的零件,则常划分为粗加工阶段、半精加工阶段、精加工阶段和光整加工阶段。

(1)加工阶段的主要任务

①粗加工阶段。粗加工是加工开始阶段,其任务主要是高效率地去除各表面的大部分余量,并加工出精基准。这一阶段的关键问题是高生产率。在这个阶段中,精度要求不高,切削用量、切削力、切削功率都较大,切削热以及内应力等问题比较突出。

②半精加工阶段。这一阶段的任务是使各主要表面消除粗加工时留下的误差,并达到一定的精度和粗糙度,为精加工做好准备。在此阶段还要完成一些次要表面的加工,使其达到图纸要求,如钻孔、攻丝、铣键槽等。

③精加工阶段。这一阶段主要是保证工件的尺寸精度、形状精度、位置精度及表面粗糙度，这是比较关键的加工阶段，大多数零件的加工，经过这一阶段都可完成，也为少数需要进行精密加工或光整加工的表面做好准备。

④光整加工阶段。主要解决表面质量问题，表面质量包括表面粗糙度和表面层物理机械性能。当零件的尺寸精度、形状精度要求很高，表面粗糙度值要求很小及表面层物理机械性能要求很高时，则要用光整加工。光整加工的典型方法有珩磨、研磨、超精加工及无屑加工等，这些加工方法不但能提高表面质量，而且能提高尺寸精度和形状精度，但一般都不能提高位置精度。

上述划分加工阶段并非所有工件都应如此，在应用时要灵活掌握。例如，对于那些加工质量要求不高、刚性好、毛坯精度较高、余量小的工件，就可少划分几个阶段或不划分阶段；对于有些刚性好的重型工件，由于装夹及运输很费时，也常在一次装夹下完成全部粗、精加工。为提高加工的精度，可在粗加工后松开对工件的夹紧，让其充分变形，然后再用较小的力量夹紧工件进行精加工，以保证零件的加工质量。

加工阶段的划分是对整个工艺过程而言的，因而应以工件的主要加工面来分析，不应以个别表面(或次要表面)和个别工序来判断。

(2)划分加工阶段的主要目的

①保证加工质量。当零件的精度要求高时，如果将某表面的加工从毛坯到最终的加工都集中在一道工序中连续完成，则由于在粗加工时夹紧力大、切削厚度大、切削力大、切削热多、零件因受力变形、受热变形及残余应力等引起的加工误差，无后续工序加以纠正，从而难以保证加工精度。此外，在工艺过程前期已精加工结束的表面所获得的加工精度，势必会被后续的其他表面的粗加工工序破坏。把加工过程划分阶段后，在粗加工阶段造成的加工误差，可通过半精加工和精加工逐步得到纠正，以保证加工质量。

②便于及时发现毛坯的缺陷，可以避免以后精加工的经济损失。粗加工时切除的余量大，容易发现毛坯的缺陷(如气孔、砂眼和加工余量不足等)，此时便于及时修补或决定是否报废，可以避免以后精加工的经济损失。如果粗、精加工混合，在后面工序发现毛坯缺陷，则前面的加工工时都损失了。

③有利于合理安排加工设备和操作工人。粗加工要求设备的功率大、生产率高，对精度和工人的技术水平要求不高；精加工则要求用精度高但功率不大的设备，而对工人的技术水平要求高。划分加工阶段后，粗、精加工可分别安排适合各自要求的设备和操作工人，充分发挥粗、精加工设备的特点。

④便于安排热处理工序，使冷、热加工工序配合得更好。例如，粗加工后工件残余应力大，可安排时效处理，消除残余应力；热处理引起的变形又可在精加工中消除等。

⑤便于组织生产。粗、精加工对生产环境条件的要求不同。精加工和精密加工要求环境清洁、恒温，划分加工阶段之后，可以为精加工创造所要求的环境条件。

4.2.3　工序数目与工序顺序

1.工序数目

制定工艺路线时，选定了各表面的加工方法和划分加工阶段之后，就可将同一阶段中的各加工表面的加工组合成若干工序。在一般情况下,根据工步本身的性质(例如,车外圆、铣平面等)、加工阶段的划分、定位基准的选择和转换等,进行工序组合。设计工序时,有两种思路,一种是工序分散原则,另一种是工序集中原则。

(1)工序集中与工序分散的概念。工序集中就是将工件的加工集中在少数几道工序内完成,每道工序的加工内容较多,即工序数少而各工序的加工内容多。采用工序集中的原则,应尽可能在一次安装中加工较多表面,或尽可能在同一台设备上连续完成较多的加工,因而使总的工序数目减少。

工序分散就是将工件的加工分散在较多的工序内进行。每道工序的加工内容很少,即工序数目多而各工序的加工内容少,最少时每道工序仅一个简单工步。

(2)工序集中与工序分散的特点。

工序集中的主要特点如下:

①工件装夹次数减少,在一次安装中加工多个表面,易于保证加工表面间的相互位置精度。

②有利于采用高效的专用机床和工艺装备,可使生产效率大幅度提高。

③所用机器设备的数量少,减少了生产场地的占地面积和操作工人的数量。

④工序数目减少,缩短了工艺路线,简化了生产计划工作,易于管理。

⑤加工时间减少,减少了运输路线,缩短了加工周期。

⑥通用机床和工艺装备成本高、功能多、结构比较复杂,其调整和维修费时费事,对生产工人的技术水平要求高。

工序分散的主要特点如下:

①专用机床及工艺装备功能单一、结构比较简单,调整和维修方便,生产准备工作量少,生产工人也便于掌握操作技术,工人容易适应产品更换。

②有利于选择合理的切削用量,又易于平衡工序时间。

③设备数量多,占地面积大,工人数量也多。

④工序数目较多,工艺路线长,生产周期长。

(3)工序集中与工序分散的选用原则。工序集中与工序分散各有利弊,设计工序时究竟是采取工序分散还是工序集中,应根据生产类型、现有生产条件、产品的市场前景、工件结构特点和技术要求等进行综合分析后选用。

大批大量生产时,若使用专用机床和工艺装备组成的传统的流水线、自动线生产,多采用工序分散的原则组织生产(个别工序亦有相对集中的情况,例如,箱体类零件采用组合机床加工)。这种组织形式优点是可以降低生产成本,获得高的生产效率,缺点是柔性差,产品转换困难。大批大量生产时,若使用多刀、多轴自动机床或半高效机床、加工中心等,可采用工序集中的原则组织生产。对于多品种、中小批量生产,为便于转换和管理,多采用工序集中方式。

一般来说,单件小批生产,若使用通用设备组织生产,适于采用工序分散的原则。现在由于数控机床、带有自动换刀装置的数控机床(如加工中心)、柔性制造单元、柔性制造系统等的发展,单件小批生产可以采用工序集中的原则。

零件尺寸、重量较大,不易运输和安装的,应采用工序集中的原则。

由于市场需求的多变性,对生产过程的柔性要求越来越高,工序集中将越来越成为生产的主流方式。

2.工序顺序的安排

复杂零件的机械加工通常要经过切削加工、热处理和辅助工序。在拟定工艺路线时,零件表面的加工方法确定之后,工艺人员就要安排切削加工的先后顺序,同时还要合理安排热处理、检验等其他工序在工艺过程中的位置。零件工序顺序安排得是否合理,对加工质量、生产率和经济性都有较大的影响。

(1)机械加工工序的安排原则

①基准先行。为提高定位精度,在每一个加工阶段被选为精基准的表面应该先加工出来,然后以加工出来的精基准面定位进行其他有关表面的加工,这样能比较方便地保证加工精度要求。例如,精度要求较高的轴类零件(如机床的主轴、丝杠、汽车发动机的曲轴等),其第一道工序就是铣端面打中心孔,然后再以中心孔定位加工其他表面。中心孔若有误差(如椭圆度),该误差将反映到被加工的圆柱表面上去。因此,加工精度要求较高时,也应使工艺基准先获得较高的精度,热处理以后,中心孔容易发生损坏变形,在精加工之前必须先修磨中心孔,以提高基准的精度。对于箱体零件(如机床的主轴箱、汽车发动机的汽缸体等),也是先安排定位基准面的加工(多为一个大平面和两个销孔)。

②先主后次。先安排主要表面加工,再安排次要表面加工。主要表面是指零件上一些配合面、接合面、安装面等精度要求较高的表面。它们的质量对整个零件的加工质量影响很大,对其进行加工是工艺过程的主要内容,因此在确定加工顺序时,要首先考虑加工主要表面的工序安排,以保证主要表面的加工精度。在安排好主要表面加工顺序后,常常从加工的方便性与经济性角度出发,安排次要表面的加工。次要表面主要是指键槽、螺孔(或螺栓用光孔)、连接螺纹及轴上无配合要求的外圆等表面。次要表面往往位于主要表面上,为保证主要表面加工时的连续性,应先加工主要表面,再加工次要表面。另外,次要表面往往与主要表面有一定的相对位置要求,如圆柱面上的键槽位置常以圆柱面作为设计基准,只有先加工好圆柱面后才能加工键槽,以确保它们之间的正确位置关系,反之则无法保证。

一般次要表面都以主要表面作为基准进行加工,因此这些表面的加工一般放在主要表面的半精加工以后、最终精加工以前一次加工完毕。

③先面后孔。这主要是指箱体和支架类零件的加工而言。一般这类零件既有平面,又有孔或孔系,因其平面的轮廓平整,安放和定位比较稳定可靠,若先加工好平面,就能以平面定位加工孔,保证平面和孔的位置精度。此外,在毛坯面上钻孔或镗孔,容易使钻头引偏或打刀,此时也应先加工平面,再加工孔,以避免上述情况的发生。

④先粗后精。一个零件的切削加工过程,总是先进行粗加工,再进行半精加工,最后进行精加工和光整加工。这有利于加工误差和表面缺陷层的逐步消除,从而逐步提高零件的加工精度与表面质量。此外,粗加工后加工表面会产生较大的残余应力,粗精加工分开后,其间的时间间隔用于自然时效,有利于减少这种残余应力并让其充分变形,以便在后续精加工工序中得以切除修正。先粗后精也有利于合理使用机床,粗加工时可采用功率大、精度一般的高效率机床,而精加工时则可采用功率较小但精度较高的精密机床。

（2）热处理工序的安排。为了改善工件材料的机械性能与切削性能，以及消除切削加工过程中产生的残余应力，在加工过程中应根据零件的技术要求和材料的性质，合理地安排热处理工序。采用何种热处理工序以及如何安排热处理工序在工艺过程中的位置，需根据零件材料和热处理的目的决定。

①为了改善工件材料切削性能而进行的热处理工序（如退火、正火等），应安排在粗加工前。对于高碳钢零件用退火降低其硬度，便于切削加工；对于低碳钢零件却要用正火的办法提高硬度降低塑性，改善切削性能（不粘刀）；对锻造毛坯，因表面软硬不均不利于切削，通常也进行正火处理。因此，为了改善工件材料切削性能而进行的退火、正火等热处理工序，一般应安排在机械加工之前进行。

②为了消除内应力而进行的热处理工序（如退火、人工时效等），最好安排在粗加工之后、精加工之前进行。有时为了减少车间之间的运输工作量，也可安排在切削加工之前进行。

无论在毛坯制造还是在切削加工时都会产生残余应力，不设法消除就会引起工件变形、降低产品质量，甚至造成废品。对于尺寸大、结构复杂的铸件，需在粗加工之前进行一次自然时效处理，以消除铸件残余应力；粗加工之后、精加工之前还要安排一次人工时效处理，一方面可将铸件原有的残余应力消除一部分，另一方面又将粗加工时所产生的残余应力消除，以保证精加工时所获得的精度稳定。对一般铸件，只需在粗加工后进行一次时效处理即可，或者在铸造毛坯后安排一次时效处理。对精度要求高的铸件，在加工过程中需进行两次时效处理，第一次在粗加工之后进行，第二次在半精加工之后进行。

③为了改善工件材料的机械性能而进行的热处理工序（如调质、渗碳、淬火和氮化等）通常安排在粗加工后、精加工前进行。调质处理能得到组织均匀细致的回火索氏体，因此许多中碳钢和合金钢常采用这种热处理方法，一般安排在粗加工之后进行。淬火可以提高材料硬度和抗拉强度，由于工件淬火后常产生变形，因此，淬火工序一般安排在精加工阶段中的磨削加工之前进行。低碳钢有时需要渗碳，由于渗碳的温度高，工件产生的变形较大，一般安排在半精加工之后、精加工之前进行。但要注意对零件上不需要渗碳的部位要进行保护，或者在渗碳后安排切除多余渗碳层的工序，然后再进行渗碳后的淬火和精加工。氮化处理能提高零件表面硬度和抗腐蚀性，工件产生的变形较小，一般安排在该表面的最终加工之前进行。

④为了提高零件表面耐磨性或耐蚀性而进行的热处理工序以及以装饰为目的的热处理工序或表面处理工序（如镀铬、镀锌、氧化、发蓝、发黑等）一般都安排在机械加工完毕后进行。

（3）辅助工序的安排。辅助工序包括工件的检验、去毛刺、清洗、防锈、去磁和静动平衡等。辅助工序是必要的工序，若安排不当或遗漏，将会给后续工序和装配带来困难，影响产品质量，甚至使机器不能正常使用。

检验工序是重要的辅助工序，它对保证质量、防止产生废品起到重要作用。除了每个操作工人必须在操作过程中和加工完成后进行自检外，在工艺规程中还必须在下列情况下安排检查工序：

①不同加工阶段的前后，如粗加工结束、精加工前；精加工后、精密加工前。

②重要工序前、后。

③送往外车间加工的前、后。

④全部加工工序完成后。

有些特殊的检验,如探伤等检查工件的内部质量,一般都安排在工艺过程的开始。密封性检验、工件的静动平衡和重量检验,一般都安排在工艺过程最后进行。

此外,去毛刺、倒棱边、去磁、清洗、涂防锈油等也是不可忽视的必要的辅助工序,往往是保证顺利装配、正常运行、安全生产不可缺少的工作。例如,毛刺的存在将影响工件的定位精度、测量精度、装配精度以及工人安全,因此,零件切削加工结束以后,应安排去毛刺工序。润滑油中残留的切屑,将影响机器的使用质量,在研磨、珩磨等光整加工工序之后,残余的砂粒嵌入工件表面,将加剧零件在使用中的磨损,因此,进入装配前应安排清洗工序。用磁力夹紧的工件应安排去磁工序,避免带有磁性的工件进入装配线,影响装配质量。

4.3 机械加工工序的设计

零件的加工工艺过程拟定以后,就应进行工序设计。工序设计的内容是为每一道工序选择机床和工艺装备,确定加工余量、工序尺寸和公差,确定切削用量、工时定额及工人技术等级等。

4.3.1 机床设备与工艺装备的选择

机床设备与工艺装备的选择对零件加工质量和生产效率及零件的加工经济性有着很重要的影响。

1.机床设备的选择

选择机床应遵循如下原则:

(1)机床设备的尺寸规格应与零件的外轮廓尺寸相适应。

(2)机床设备的精度应与零件在该工序的加工要求的精度相适应。

(3)机床设备的自动化程度和生产效率应与零件的生产类型相适应。

(4)与现有加工条件相适应,如设备负荷的平衡状况等。

(5)选用机床设备应立足于国内,优先选用国产机床设备。

如果没有现成设备供选用,经过方案的技术经济分析后,可以改装旧设备或设计新的专用设备。并应根据具体要求提出设计任务书,其中包括与加工工序内容有关的必要参数、所要求的生产率、保证产品质量的技术条件以及机床的总体布置形式等。

2.工艺装备的选择

工艺装备包括夹具、刀具和量具。工艺装备选择的合理与否,将直接影响工件的加工精度、生产率和经济性。应根据生产类型、具体加工条件、工件结构特点和技术要求等选择工艺装备。

(1)夹具的选择。单件小批生产,应尽量选用通用夹具和机床附件,如各种卡盘、虎钳和分度头等。为提高生产率,有组合夹具站的企业可采用组合夹具。对于中批、大批和大量生产,为提高生产率而采用专用高效夹具。多品种中小批量生产应用成组技术时,可采用可调夹具和成组夹具。夹具的精度要与工件的加工精度相适应。

（2）刀具的选择。刀具的选择主要取决于工序所采用的加工方法、加工表面的尺寸、工件材料、所要求的精度和表面粗糙度、生产率及经济性等。一般优先采用标准刀具，必要时也可采用各种高效的专用刀具、复合刀具和多刃刀具等。刀具的类型、规格和精度等级应符合加工要求。同时要合理地选择刀具几何参数。使用数控机床加工机时费用高，为充分发挥数控机床的作用，宜选用机械夹固不重磨刀具和耐磨性特别好的刀具，例如，硬质合金涂层刀具、立方氮化硼刀具和人造金刚石刀具等，以减少更换刀具和预调刀具的时间。数控加工所用刀具的耐用度至少应保证能将一个工件加工完。

（3）量具的选择。单件小批生产应广泛采用通用量具，如游标卡尺、百分表和千分尺等，大批大量生产应采用极限量块和高效的专用检具和量仪等。量具的精度必须与加工精度相适应。

当需要设计专用刀具、量具或夹具时，应提出相应的设计任务书。

机床设备和工艺装备的选择不仅要考虑设备投资的当前效益，还要考虑产品改型及转产的可能性，应使其具有更大的柔性。

4.3.2　加工余量的确定

零件的加工工艺路线确定后，需要进一步确定各工序的工序尺寸。工序尺寸，即在加工过程中各工序加工应达到的尺寸。工序尺寸的正确确定不仅和零件图上的设计尺寸有关，而且还与各工序的加工余量有密切关系。因此在确定工序尺寸时，首先应先确定加工余量。

1. 加工余量的基本概念

加工余量是指加工过程中，从加工表面切除的金属层厚度。加工余量可分为工序加工余量和总加工余量。

工序加工余量是指某一表面在一道工序中所切除的金属层厚度，它取决于同一表面相邻两工序的工序尺寸之差。工序余量有单边余量和双边余量之分。

零件非对称结构的非对称表面，其加工余量一般为单边余量，如图4-16(a)所示，可表示为：

$$Z_b = l_a - l_b \tag{4-2}$$

对于被包容表面（轴），如图4-16(b)所示，有：

$$2Z_b = d_a - d_b \tag{4-3}$$

对于包容表面（孔），如图4-16(c)所示，有：

$$2Z_b = D_b - D_a \tag{4-4}$$

式中：Z_b——本道工序的工序余量；

l_b、d_b、D_b——本道工序的基本尺寸；

l_a、d_a、D_a——上道工序的基本尺寸。

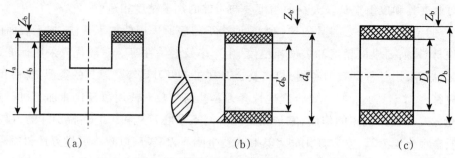

图4-16 单边余量与双边余量

总加工余量即毛坯余量,是指毛坯尺寸与零件设计尺寸之差,也就是指零件从毛坯变为成品的整个加工过程中,某一表面所被切除的金属层的总厚度。总加工余量等于各工序加工余量之和,如图4-17所示,即:

$$Z_0 = Z_1 + Z_2 + \cdots + Z_n = \sum_{i=1}^{n} Z_i \tag{4-5}$$

式中:Z_0——加工总余量(毛坯余量);

Z_i——各工序余量;

n——工序数。

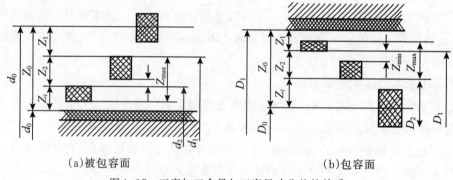

(a)被包容面　　　　　　　　(b)包容面

图4-17 工序加工余量与工序尺寸公差的关系

由于工序尺寸有公差,所以加工余量也必然在某一公差范围内变化。其公差大小等于本道工序的工序尺寸公差与上道工序的工序尺寸公差之和。因此,工序余量有公称余量(简称余量)、最大余量和最小余量之分。

如图4-18所示,被包容面的工序最大余量、最小余量及余量公差计算如下:

$$Z_{\text{bmax}} = L_{\text{amax}} - L_{\text{bmin}} \tag{4-6}$$

$$Z_{\text{bmin}} = L_{\text{amin}} - L_{\text{bmax}} \tag{4-7}$$

$$T_{Z_b} = Z_{\text{bmax}} - Z_{\text{bmin}} = T_a + T_b \tag{4-8}$$

式中:Z_{bmax},Z_{bmin}——本工序最大、最小加工余量;

L_{bmax},L_{bmin}——本工序最大、最小工序尺寸;

L_{amax},L_{amin}——前工序最大、最小工序尺寸;

T_{Z_b}——本工序加工余量公差;

T_b——本工序的工序尺寸公差;

T_a——前工序的工序尺寸公差。

可以看出,不论被包容面还是包容面,本工序余量公差都等于本工序尺寸公差与前工序尺寸公差之和。

一般情况下,工序尺寸的公差按"入体原则"标注,即对被包容尺寸(如轴的外径,实体长、宽、高等),其最大加工尺寸就是基本尺寸,上偏差为零;对包容尺寸(如孔的直径、槽的宽度等),其最小加工尺寸就是基本尺寸,下偏差为零。毛坯尺寸公差按双向对称偏差形式标注。

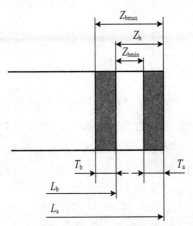

图 4-18　被包容面工序余量与公差的关系

2.影响加工余量的因素

加工余量的大小,对零件的加工质量、生产率和经济性都有较大的影响。加工余量过大,不仅加大机械加工的工作量,降低生产效率,而且将增加原材料、刀具、动力等的消耗,使生产成本上升;若加工余量过小,则不能确保去除加工表面存在的各种缺陷和加工误差,无法保证零件的加工质量。因此应合理地确定加工余量。确定加工余量的基本原则是在保证加工质量的前提下,本工序的最小加工余量越小越好。若要合理地确定加工余量,必须了解影响加工余量的各种因素。影响本工序最小加工余量的因素主要有以下两方面因素:

(1)上工序的各种表面缺陷和误差因素

①表面粗糙度 H_a(表面轮廓最大高度)和缺陷层 D_a。为了使工件的加工质量逐步提高,每道工序应切到待加工表面以下的正常金属组织,即本工序必须把上工序留下的表面粗糙度 H_a 全部切除,还应切除被上道工序破坏的缺陷层 D_a,如图 4-19 所示。

②上工序的尺寸公差 T_a。由图 4-18 可知 $Z_b = Z_{bmin} + T_a$,基本余量中包括了上工序的尺寸公差 T_a。

③上工序的形位误差(也称空间误差)ρ_a。ρ_a 是指不由尺寸公差 T_a 所控制的形位误差。当形位公差和尺寸公差之间的关系是包容原则时,可不计 ρ_a 值;若是独立原则或最大实体原则时,尺寸公差不控制形位误差,此时加工余量中要包括上工序的形位误差 ρ_a。如图 4-20 所示的小轴,当轴线有直线度误差时,需在本工序中纠正,因而直径方向的加工余量应增加 2ω。

ρ_a 的数值可按设计技术要求确定。若设计图纸上未注要求,则按未注形位公差确定。必须注意,ρ_a 具有矢量性质。

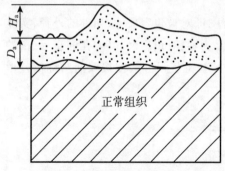

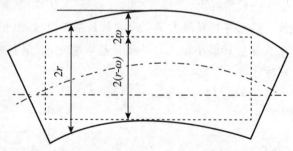

图 4-19　表面粗糙度和缺陷层的影响　　　图 4-20　形状误差对加工余量的影响

(2)本工序的装夹误差 ε_b。ε_b 包括工件的定位误差和夹紧误差,这些误差会使工件的加工位置产生偏移,因此加工余量必须包括工件的装夹误差。例如,用三爪卡盘夹持工件磨内孔时(如图 4-21 所示),若三爪卡盘定心不准,将使工件轴心线与机床主轴旋转中心线产生偏移(图中偏移量为 e),造成磨削加工余量不均匀。为确保将要加工表面的各项误差和缺陷全部切除,孔的直径余量应增加 $2e$。

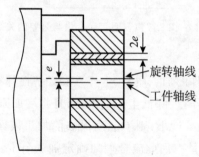

图 4-21　三爪自动定心卡盘装夹误差对加工余量的影响

装夹误差 ε_b 的数值,可通过定位误差、夹紧误差和夹具的对定误差相加而得。ε_b 也具有矢量性质。

综上所述,加工余量的组成可用公式(4-9)、公式(4-10)表示。

双边余量:

$$Z_{b\min} = T_a/2 + (H_a + D_a) + |\vec{\rho}_a + \vec{\varepsilon}_b| \tag{4-9}$$

单边余量:

$$Z_{b\min} = T_a + (H_a + D_a) + |\vec{\rho}_a + \vec{\varepsilon}_b| \tag{4-10}$$

对不同的零件和不同的工序,上述误差的数值与表达形式也各不相同,在决定工序加工余量时应区别对待。

3.加工余量的确定

加工余量的确定有计算法、经验估计法和查表法三种方法。

(1)计算法。计算法是根据一定的试验资料和计算公式,对影响加工余量的各项因素进行分析和综合计算来确定加工余量的方法。在影响因素清楚的情况下,计算法是比较准确的。这种方法确定的加工余量最经济、最合理,但目前没有全面而可靠的试验资料,很少采用。

(2)经验估计法。有经验的工程技术人员或工人根据经验确定加工余量的大小。为了防止加工余量不够而产生废品,由经验法所估计确定的加工余量往往偏大,此方法常用于单件小批生产。在确定加工余量时,要分别确定加工总余量和工序余量。加工总余量的大小与所选择的毛坯的制造精度有关。

(3)查表法。查表法主要以工厂或企业生产实践和实验研究积累的经验所制成的表格为基础,并结合实际加工情况加以修正,确定加工余量。《机械加工工艺人员手册》等各种专业手册中,已根据工厂或企业生产实践和实验研究积累的有关数据列出各种加工余量推荐表。工艺人员可以查阅这些表格,得到参考加工余量值,然后结合工厂的实际生产情况作适当修改。这种方法目前在实际生产中广泛使用。

4.3.3　工序尺寸及公差的确定

工序尺寸是加工过程中各个工序应保证的加工尺寸,其公差即为工序尺寸公差。正确地确定工序尺寸及其公差,是制定工艺规程的重要工作之一。

零件的加工过程,是通过切削加工使毛坯逐步向成品过渡的过程。在加工过程中,各工序的工序尺寸及工序余量在不断地变化,其中一些工序尺寸在零件图纸上往往不标出或不存在,需要在制定工艺过程时予以确定。

生产中大部分的加工表面都是在工艺基准(定位基准、测量基准或工序基准)与设计基准重合的情况下加工的。各工序的加工余量确定后,就可确定各工序尺寸,按每道工序的加工经济精度确定相应的工序尺寸的公差值,并且按照"偏差入体原则"确定上、下偏差。具体步骤如下:

(1)确定加工表面的总加工余量和各道工序的加工余量。

(2)确定各工序基本尺寸。从最后一道工序(设计尺寸)开始直到第一道加工工序逐次计算:各工序基本尺寸="后一道工序基本尺寸"±"后一道工序加工余量"(实体尺寸取加"+",非实体尺寸取"-"),分别得到各工序基本尺寸。

(3)确定各工序尺寸公差。各工序按各自采用的加工方法所对应的加工经济精度确定工序尺寸公差,最后一道工序的尺寸公差按图纸设计要求确定。

(4)各工序尺寸公差的标注。最终加工工序按图纸标注公差,毛坯按"双向"布置上、下偏差。其他各工序按"偏差入体原则"标注工序尺寸的公差。

例如,加工某销轴零件,轴的直径为$\phi 25^{0}_{-0.021}$,表面粗糙度要求为$Ra1.6\mu m$,要求表面淬火,毛坯为普通精度的热轧圆钢,装夹在车床前、后顶尖间加工,主要工序:下料→车端面→钻中心孔→粗车外圆→半精车外圆→表面淬火→磨削外圆。试确定外圆加工各道工序的工序尺寸及公差。

首先根据机械加工工艺手册,用查表法确定各工序的加工余量和各工序加工方法所能达到的经济精度,然后计算各工序尺寸及其公差,结果列于第四、五列。其中毛坯的公差可根据毛坯的生产类型、结构特点和制造方法,查阅有关工艺手册确定,具体数值及计算见表4-9。

表4-9 外圆工序尺寸及公差计算

工序名称	工序余量（双边）/mm	工序加工经济精度		工序基本尺寸/mm	工序基本尺寸及公差/mm
		公差等级	公差值/mm		
磨外圆	0.3	IT7	0.021	25	$\phi 25^{0}_{-0.021}$
半精车外圆	0.8	IT10	0.084	25+0.3=25.3	$\phi 25.3^{0}_{-0.084}$
粗车外圆	1.9	IT12	0.21	25.3+0.8=26.1	$\phi 26.1^{0}_{-0.21}$
毛坯	4.0	IT14	1.0	26.1+1.9=28	$\phi 28 \pm 0.5$

生产中，当工艺基准与设计基准不重合时，确定了工序余量之后，必须应用工艺尺寸链的原理确定工序尺寸及其公差。

4.3.4 工艺尺寸链的解算

1.工艺尺寸链的基本概念

(1)工艺尺寸链的定义。下面通过举例分析零件在加工和测量中有关尺寸之间的关系，以此来建立工艺尺寸链的定义。

如图4-22(a)所示台阶零件，零件图上标注了设计尺寸A_1和A_0。当A、B表面均已加工完，要加工表面C时，为使夹具结构简单和工件定位稳定可靠，应选择表面A为定位基准，并按调整法根据尺寸A_2对刀加工表面C，以间接保证尺寸A_0的精度要求，这样需要首先分析尺寸A_1、A_2和A_0之间的内在关系，然后据此计算出对刀尺寸A_2及其公差。

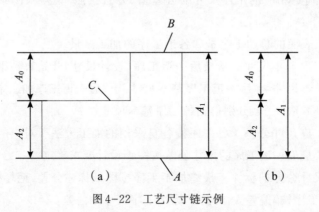

图4-22 工艺尺寸链示例

如图4-23(a)所示为一定位套，A_0与A_1为图样已标注的尺寸。当按零件图进行加工时，尺寸A_0不便直接测量。如果通过易于测量的尺寸A_2进行加工，以间接保证尺寸A_0的要求，则首先需要分析尺寸A_1、A_2和A_0之间的内在关系，然后据此计算出测量尺寸A_2及其公差。

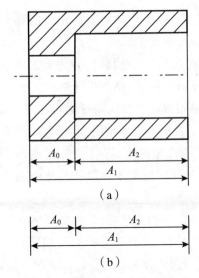

（a）

（b）

图4-23　测量工艺尺寸链示例

　　由上述两例可以看出,在零件的加工过程中,为了加工和测量的方便,有时需要进行一些工艺尺寸的计算。因此,为了计算工艺尺寸,在零件加工过程中,由若干互相关联的尺寸(如A_1、A_2和A_0)以一定顺序首尾相接形成一个封闭的尺寸组,这个封闭的尺寸组被称为工艺尺寸链。如图4-22(b)和图4-23(b)所示,即为反映尺寸A_1、A_2和A_0三者关系的工艺尺寸链图,利用工艺尺寸链就可以方便地对工艺尺寸进行分析计算。

　　(2)工艺尺寸链的组成。工艺尺寸链是由一个封闭环和若干个组成环所构成的。

　　①环:是指工艺尺寸链中的每一个尺寸。例如,图4-23(b)中的A_1、A_2和A_0都称为尺寸链的环,尺寸链至少由三个环构成。

　　②封闭环:尺寸链中,在零件加工过程中最终形成的环(或间接得到的环),如图4-22和图4-23中的尺寸A_0。封闭环的尺寸和公差是由各组成环来决定的。在工艺尺寸链中,封闭环的尺寸是不能通过加工直接得到的,而是由组成环的尺寸间接得到的。

　　③组成环:尺寸链中对封闭环有影响的全部环。组成环中的任何一个环变动,都会引起封闭环变动。组成环又分为增环和减环两种。

　　1)增环。该环变动引起封闭环同向变动,即当其他组成环的大小不变时,该环增大会使封闭环增大,该环减小封闭环也会减小的组成环。如图4-22和图4-23的尺寸A_1。

　　2)减环。该环变动引起封闭环反向变动,即当其他组成环的大小不变时,该环增大会使封闭环减小,该环减小封闭环则增大的组成环。如图4-22和图4-23的尺寸A_2。

　　(3)工艺尺寸链的特征。从工艺尺寸链图我们可以看出尺寸链有以下两个主要特征:

　　①封闭性。封闭性是尺寸链的很重要的特征,即由一个封闭环和若干个组成环构成的工艺尺寸链中各环的排列呈封闭形式,不封闭就不能称为尺寸链。

　　②关联性。关联性是指尺寸链的各环之间是相互关联的,即封闭环受各组成环的变动影响。

　　(4)工艺尺寸链的建立。工艺尺寸链的计算并不复杂,但在工艺尺寸链的建立中,封闭环的确定和组成环的查找,对初学者来说是比较困难的,甚至还会弄错,下面分别予以讨论。

①封闭环的确定。在建立工艺尺寸链时,首先要正确地确定封闭环,如果封闭环确定错了,整个尺寸链的解也将是错误的。封闭环是随着组成环的变化而变化的。

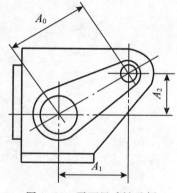

封闭环在工艺尺寸链中表现为尺寸是间接获得的,即封闭环的尺寸是由其他环的尺寸确定后间接形成(或保证)的。在多数情况下,封闭环可能是零件设计尺寸中的一个尺寸,或者是加工余量。

②组成环的查找。在封闭环确定之后,从封闭环两端

图4-24 平面尺寸链示例

面起,分别循着邻近加工尺寸查找出该尺寸的另一端面,再顺着找别的端面,查找它邻近加工尺寸的另一端面,直至两边汇合为止,此时,形成的全封闭的图形即是所建的尺寸链。注意形成这一尺寸链要使组成环环数达到最少,且一个尺寸链只能含有一个封闭环。

2.尺寸链的分类

按尺寸链在空间分布的位置关系,可分为直线尺寸链、平面尺寸链和空间尺寸链三种:

(1)直线尺寸链。由彼此平行的直线尺寸组成,图4-22、图4-23所示尺寸链即属直线尺寸链。

(2)平面尺寸链。由位于一个或几个平行平面内但相互都不平行的尺寸组成,图4-24中A_0、A_1与A_2三个尺寸就组成了一个平面尺寸链。

(3)空间尺寸链。由位于几个不平行平面内的尺寸组成。

由于最常见的是直线尺寸链,而且平面尺寸链和空间尺寸链都可以通过坐标投影方法转换为直线尺寸链求解,故本章只介绍直线尺寸链的计算方法。

3.工艺尺寸链的计算

(1)尺寸链的计算方法。尺寸链计算有极值法与统计法两种:

①极值法。这种方法又叫极大极小值解法,是从尺寸链各环均处于极值条件来求解封闭环尺寸与组成环尺寸之间的关系。它是按误差综合后的两个最不利情况来计算封闭环极限尺寸的,即各增环皆为最大极限尺寸而各减环皆为最小极限尺寸,或者各增环皆为最小极限尺寸而各减环皆为最大极限尺寸的情况。这种计算方法是考虑各组成环同时出现极值,是一种很难出现的机会,因此比较保守,但计算比较简单,因此应用较为广泛。在零件加工工艺尺寸链解算中基本上都用极值法求解。

②统计法。应用概率论原理来求解封闭环尺寸与组成环尺寸之间关系。此法适用于大批量自动化生产及半自动化生产,以及组成环数较多、封闭环公差较小的加工过程。

(2)尺寸链的计算形式。在求解尺寸链时,常采用正计算、反计算和中间计算三种形式:

①正计算。已知各组成环的基本尺寸及其公差,求封闭环的基本尺寸及其公差。其计算结果是唯一的。这种情况主要用于验证产品设计的正确性以及审核图纸。

②反计算。已知封闭环的基本尺寸及其公差和各组成环的基本尺寸,求各组成环公

差。这种情况实际上是将封闭环的公差值合理地分配给各组成环,主要用于产品设计、装配和加工尺寸公差的确定等方面。反计算时,封闭环公差的分配方法有以下几种:

1)等公差法分配。将封闭环公差平均分配给各组成环。

2)等精度法分配。按各组成环基本尺寸精度相等的原则分配封闭环公差,即各组成环的公差根据其基本尺寸的大小按比例分配,或是按照公差表中的尺寸分段及某一公差等级,规定组成环公差,使各组成环的公差符合公式(4-11)的条件,最后再加以适当的调整。这种方法从工艺上讲是比较合理的。

$$\sum_{i}^{n-1} T(A_i) \leqslant T(A_0) \tag{4-11}$$

③中间计算。已知封闭环的基本尺寸及公差和部分组成环的基本尺寸及公差,求其余组成环的基本尺寸及公差。此种方法广泛应用于各种工艺尺寸链计算,反计算最后也要通过中间计算得出结果。

4.极值法解尺寸链的计算公式

机械制造中的工艺尺寸的表示通常有三种方法:

①用基本尺寸(A)与上偏差(ES)、下偏差(EI)表示;

②用最大极限尺寸(A_{max})与最小极限尺寸(A_{min})表示;

③用基本尺寸(A)、中间偏差(Δ)与公差(T)表示。

它们之间的关系如图4-25所示,计算公式如下:

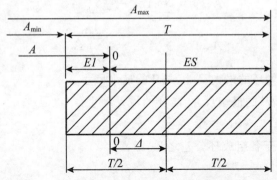

图4-25 基本尺寸、极限偏差、公差与中间偏差关系

(1)封闭环的基本尺寸A_0。封闭环的基本尺寸等于所有增环基本尺寸之和减去所有减环基本尺寸之和,即:

$$A_0 = \sum_{i=1}^{m} \xi_i A_i = \sum_{p=1}^{k} A_p - \sum_{q=k+1}^{m} A_q \tag{4-12}$$

式中:A_i——各组成环的基本尺寸;

A_p——各增环的基本尺寸;

A_q——各减环的基本尺寸;

ξ_i——各组成环的传递系数,对于增环$\xi_i = +1$、减环$\xi_i = -1$;

m, k——组成环的环数、增环的环数。

(2)环的极限尺寸

$$A_{\max}=A+ES$$
$$A_{\min}=A-EI \tag{4-13}$$

式中：$A_{\max}$，$A_{\min}$——环的最大尺寸、最小尺寸；

ES，EI——环的上、下偏差。

(3)封闭环的极限偏差。封闭环的上偏差等于所有增环的上偏差之和减去所有减环的下偏差之和；同理封闭环的下偏差等于所有增环的下偏差之和减去所有减环的上偏差之和，即：

$$ES_0 = \sum_{p=1}^{k} ES_P - \sum_{q=k+1}^{m} EI_q \tag{4-14}$$

$$EI_0 = \sum_{p=1}^{k} EI_p - \sum_{q=k+1}^{m} ES_q \tag{4-15}$$

式中：ES_0，EI_0——封闭环的上、下偏差；

ES_p，EI_p——各增环的上、下偏差；

ES_q，EI_q——各减环的上、下偏差。

(4)封闭环的极限尺寸$A_{0\max}$，$A_{0\min}$。封闭环的最大极限尺寸$A_{0\max}$等于所有增环的最大极限尺寸之和减去所有减环的最小极限尺寸之和；同理封闭环的最小极限尺寸$A_{0\min}$等于所有增环的最小极限尺寸之和减去所有减环的最大极限尺寸之和，即：

$$A_{0\max} = \sum_{p=1}^{k} A_{p\max} - \sum_{q=k+1}^{m} A_{q\min} \tag{4-16}$$

$$A_{0\min} = \sum_{p=1}^{k} A_{p\min} - \sum_{q=k+1}^{m} A_{q\max} \tag{4-17}$$

式中：$A_{p\max}$，$A_{q\min}$——增环的最大尺寸、减环的最小尺寸。

$A_{p\min}$，$A_{q\max}$——增环的最小尺寸、减环的最大尺寸。

(5)封闭环的公差T_0

封闭环的公差等于各组成环公差之和，即：

$$T_0 = \sum_{i=1}^{m} T_i \tag{4-18}$$

式中：T_i——各组成环公差。

(6)组成环的中间偏差Δ_i。组成环的中间偏差等于组成环的上偏差与下偏差代数和的二分之一，即：

$$\Delta_i = (ES_i + EI_i)/2 \tag{4-19}$$

(7)封闭环的中间偏差Δ_0。封闭环的中间偏差等于各组成环中间偏差的代数和，即：

$$\Delta_0 = \sum_{i=1}^{m} \xi_i \Delta_i \tag{4-20}$$

5.统计法解直线尺寸链基本计算公式

极值法虽然简便可靠，但由于它是从极端最不利情况下出发推导出来的封闭环与组成环的关系，这势必造成组成环的公差过于严格使加工困难，并使成本增加。事实上，从概率理论原理可知,每个组成环处于极值的概率机会是很小的,尤其是当组成环较多,而且又是大批大量生产时,这种机会已小到可忽略不计。因而统计(概率)法就显得更科学、更合理。

由概率理论知道,随机变量有两个特征数,即表示加工尺寸分布中心位置的算术平均值 $\bar{A}$ 和说明实际尺寸分布相对算术平均值的离散程度的均方根偏差 σ_0,根据概率论的均方根偏差可加的性质,各独立随机变量的均方根偏差 σ_i 与这些随机变量的合成量的均方根偏差 σ_0 之间的关系为:

$$\sigma_0^2 = \sigma_1^2 + \sigma_2^2 + \sigma_3^2 + \cdots + \sigma_m^2 \tag{4-21}$$

则:

$$\sigma_0 = \sqrt{\sigma_1^2 + \sigma_2^2 + \sigma_3^2 + \cdots + \sigma_m^2} = \sqrt{\sum_i^m \sigma_i^2} \tag{4-22}$$

统计(概率)法解尺寸链时,各环的公称尺寸改用平均尺寸标注。封闭环公差值的计算用概率理论来解尺寸链时,认为组成尺寸链的各个组成环是彼此独立的随机变量,封闭环作为组成环的合成量也是一个随机变量。且有:

封闭环的平均值等于各组成环的平均值的代数和,即:

$$A_{0M} = \sum_{p=1}^{k} A_{pM} - \sum_{q=k+1}^{m} A_{qM} \tag{4-23}$$

封闭环的方差(标准差的平方)等于各组成环方差之和,即:

$$\sigma_0 = \sqrt{\sum_i^m \sigma_i^2} \tag{4-24}$$

式中: σ_0 ——封闭环的标准差;

σ_i ——第 i 个组成环的标准差。

若各组成环为正态分布则封闭环也是正态分布,其分布范围为 6σ,封闭环的公差等于各组成环公差的平方和的平方根,即:

$$T_0 = \sqrt{\sum_i^m T_i^2} \tag{4-25}$$

则封闭环的统计公差为:

$$T_0 = \frac{1}{k_0} \sqrt{\sum_{i=1}^{m} k_i^2 T_i^2 \xi_i^2} \tag{4-26}$$

式中: k ——相对分布系数,表示尺寸分散性的系数。

封闭环中间偏差为:

$$\Delta_0 = \sum_{i=1}^{m} \xi_i(\Delta_i + e_i T_i/2) \tag{4-27}$$

式中: e_i ——组成环的相对不对称系数,表示分布曲线不对称程度的系数。

常见分布曲线的 e 值与 k 值见表 4-10。

表 4-10　常用分布曲线的 e 值与 k 值

分布特征	正态分布	三角分布	均匀分布	瑞利分布	偏态分布	
					外尺寸	内尺寸
分布曲线	3σ　3σ			$e\mathrm{T}/2$	$e\mathrm{T}/2$	$e\mathrm{T}/2$
e	0	0	0	−0.28	0.26	−0.26
k	1	1.22	1.73	1.14	1.17	1.17

6. 几种工艺尺寸链的分析与计算举例

(1) 基准不重合时的工序尺寸计算。工艺尺寸链解算步骤一般如下：

① 根据定位方案(或测量方法)确定工序尺寸,根据工艺过程确定封闭环;

② 绘制尺寸链、确定组成环;

③ 判断组成环的性质;

④ 计算工序尺寸及其公差;

⑤ 验算封闭环公差。

(2) 定位基准与设计基准不重合时的工序尺寸计算。当采用调整法加工一批零件,若所选的定位基准与设计基准不重合,那么该加工表面的设计尺寸就不能由加工直接得到。这时,就需进行有关的工序尺寸计算以保证设计尺寸的精度要求,并将计算的工序尺寸标注在该工序的工序图上。

【例 4-1】图 4-26(a)所示零件除 $\phi25$ 孔以外,其余表面均已加工完毕,现以 A 面定位,用调整法加工 $\phi25$ 孔,试用极值法求本道工序的工序尺寸及公差。

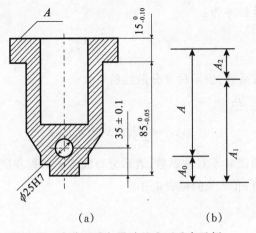

(a)　　　　　　(b)

图 4-26　定位基准与设计基准不重合示例

解:零件设计尺寸有:

$A_0 = 35 \pm 0.1 \text{mm}$

$A_1 = 85_{-0.05}^{0} \text{mm}$

$A_2 = 15_{-0.1}^{0} \text{mm}$

①确定工序尺寸与封闭环。本工序以 A 面定位,加工 $\phi 25$ 孔,故尺寸 A 是本工序加工直接保证的尺寸,因此为工序尺寸;尺寸 A_0 是本工序加工结束后间接保证的尺寸,所以是封闭环。

②正确绘制尺寸链图,确定组成环。工序尺寸 A 应控制在什么范围内才能保证设计尺寸 A_0 的要求,查明与尺寸 A_0 有联系的尺寸有 A_1、A_2 和 A,并作出如图 4-26(b)所示的工艺尺寸链图。在本工序中,除 $\phi 25$ 孔以外,其余表面均已加工完毕,故尺寸 A_1 和 A_2 是前面工序已加工好的尺寸,而尺寸 A 将是本工序加工直接得到的尺寸,因此这三个尺寸都是尺寸链中的直接尺寸,它们都是组成环。

③判断组成环的性质:增环与减环。由工艺尺寸链图可知组成环 A_1 和 A_2 是增环,A 是减环。

④计算工序尺寸 A 及其公差。

根据公式(4-12)得:

$$A_0 = A_1 + A_2 - A$$

故:$A = A_1 + A_2 - A_0 = 85 + 15 - 35 = 65 \text{(mm)}$

根据公式(4-14)得:

$$ES(A_0) = ES(A_1) + ES(A_2) - EI(A)$$

故:$EI(A) = ES(A_1) + ES(A_2) - ES(A_0) = 0 + 0 + 0.1 = 0.1 \text{(mm)}$

根据公式(4-15)得:

$$EI(A_0) = EI(A_1) + EI(A_2) - ES(A)$$

故:$ES(A) = EI(A_1) + EI(A_2) - EI(A_0) = (-0.05) + (-0.1) - (-0.1) = -0.05 \text{(mm)}$

因此:$A = 65_{-0.05}^{+0.1} \text{mm}$

⑤验算封闭环公差。

$$T_0 = T_1 + T_2 + T = 0.05 + 0.1 + 0.05 = 0.2$$

(3)测量基准与设计基准不重合时的工序尺寸计算。在工件加工过程中,在检查或测量零件的某个表面时,有时不便按设计基准直接进行测量,就要选择另外一个合适的表面作为测量基准,以间接保证设计尺寸。为此,需要进行有关工序尺寸的计算。

【例4-2】如图 4-27(a)所示轴承座零件,除 B 面外,其他尺寸均已加工完毕,加工 B 面时为便于测量,以表面 A 为定位和测量基准,保证尺寸 $90_{0}^{+0.4} \text{mm}$,求工序尺寸应为多少?

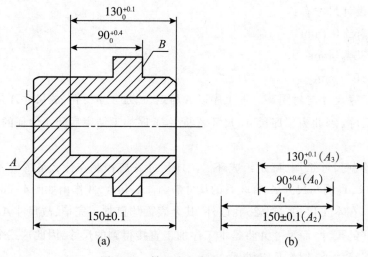

图 4-27　轴承座工序尺寸的计算

解：零件设计尺寸有：

$A_0 = 90^{+0.4}_0$

$A_2 = 150 \pm 0.1$mm

$A_3 = 130^{+0.1}_0$mm

①确定工序尺寸与封闭环。设计尺寸 $90^{+0.4}_0$mm 不便测量，应改为测量 A 面到 B 面间的尺寸 A_1，通过直接控制尺寸 A_1，以间接保证设计尺寸 $90^{+0.4}_0$mm。因此，工序尺寸为 A_1，封闭环为 $A_0(90^{+0.4}_0)$。

②正确绘制尺寸链图，判断组成环。通过分析可确定与尺寸 $90^{+0.4}_0$ 有联系的尺寸有 A_1、A_2 和 A_3，并作出如图 4-27(b) 所示的工艺尺寸链图。在本工序中，尺寸 A_1、A_2 和 A_3 可以直接测量，因此这三个尺寸都是尺寸链中的直接尺寸，它们都是组成环。

③判断组成环的性质：增环与减环。由工艺尺寸链图可知：尺寸 A_1、A_3 是增环，尺寸 A_2 是减环。

④计算工序尺寸 A_1 及其公差。

根据公式(4-12)得：

$$A_0 = A_1 + A_3 - A_2$$

故：$A_1 = A_0 + A_2 - A_3 = 90 + 150 - 130 = 110$

根据公式(4-14)得：

$$ES(A_0) = ES(A_1) + ES(A_3) - EI(A_2)$$

故：$ES(A_1) = ES(A_0) + EI(A_2) - ES(A_3) = 0.4 + (-0.1) - 0.1 = 0.2$(mm)

根据公式(4-15)得：

$$EI(A_0) = EI(A_1) + EI(A_3) - ES(A_2)$$

故：$EI(A_1) = EI(A_0) + ES(A_2) - EI(A_3) = 0 + 0.1 - 0 = 0.1$(mm)

因此：$A_1 = 110^{+0.2}_{+0.1}$(mm)

按偏差入体标注：$A_1 = 110.2^{0}_{-0.1}$(mm)

⑤验算封闭环公差。

$$T_0=T_1+T_2+T_3=0.1+0.2+0.1=0.4$$

注:假废品问题。在本例中,若生产中实测 $A_1=110.50$,按上述计算结果会判为废品,但如果此时 $A_2=150.10$, $A_3=130.00$,则实际 $A_0=90.40$,仍合格,即"假废品";或者如果 $A_2=149.90$, $A_3=130.10$ 实际测量 $A_1=109.80$,按上述计算也会判为废品,但此时实际 $A_0=90.00$,仍合格,也为"假废品"。

当测量尺寸的超差量小于或等于尺寸链中其余组成环尺寸公差之和,就有可能出现假废品,为此应对该零件各有关尺寸进行复检和验算,以免将实际合格的零件报废而导致浪费。

通过上述分析可得出以下结论:只要存在基准不重合情况,就会造成提高零件加工精度及假废品的出现,给生产质量管理带来诸多麻烦。因此,在工件的加工过程中,应尽可能使工艺基准与设计基准重合。

(4)一次加工满足多个设计尺寸要求时工序尺寸及其公差的计算。在工件的加工过程中,有些表面的测量基准或定位基准是待加工的表面。当加工这些基面时,必须同时保证多个设计尺寸的精度要求,为此必须进行中间工序尺寸的计算。

【例4-3】图4-28(a)所示为某零件一带有键槽的内孔局部剖视图,孔径的设计尺寸为 $\phi40_0^{+0.05}$mm,键槽深度的设计尺寸为 $43.6_0^{+0.34}$mm,内孔需淬火及磨削。内孔及键槽的加工顺序是:①镗内孔至 $\phi39.6_0^{+0.1}$mm;②插键槽至尺寸 A;③淬火热处理;④磨内孔至设计尺寸为 $\phi40_0^{+0.05}$mm,同时保证键槽深度为设计尺寸 $43.6_0^{+0.34}$mm。要求确定工序尺寸 A 及其公差(假定淬火后内孔没有胀缩)。

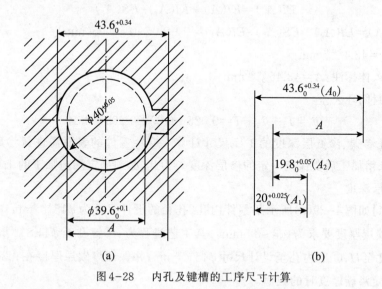

(a)　　　　　　　　(b)

图4-28　内孔及键槽的工序尺寸计算

解:由图4-28(a)可知,零件设计及中间工序尺寸有:

$$43.6_0^{+0.34},\phi40_0^{+0.05},\phi39.6_0^{+0.1},A$$

① 判断封闭环。首先分析工艺过程及图4-28(a)中各尺寸的属性。尺寸 $\phi39.6_0^{+0.1}$mm 是第一道工序镗孔直接获得的尺寸,工序尺寸 A 是在第二道工序中直接获得

的尺寸,尺寸 $\phi 40_0^{+0.05}$mm 是在第三道工序磨孔时直接获得的尺寸,尺寸 $43.6_0^{+0.34}$mm 是在第三道工序磨孔完成后间接保证的尺寸,所以尺寸 A_0($43.6_0^{+0.34}$mm)是尺寸链中的封闭环。

②正确绘制尺寸链图,确定组成环。要确定工序尺寸 A 应控制在什么范围内才能保证设计尺寸 $43.6_0^{+0.34}$mm 的要求,首先应查明与该尺寸有联系的各尺寸,可以看出该尺寸与磨内孔半径 $A_1=\phi 20_0^{+0.025}$mm、镗孔半径 $A_2=\phi 19.8_0^{+0.05}$mm 和 A 尺寸有直接关系。因此,从 $43.6_0^{+0.34}$mm 两端面开始依次寻找相关联的各尺寸,相会合形成如图 4-38(b)所示的工艺尺寸链。在加工过程中,尺寸 A_1、A_2 和 A 都是通过加工直接得到的,因此它们都是组成环。(注:此类题型建立尺寸链时,尺寸可在半径方向上统一,半径的尺寸公差为其直径公差的一半。)

③判断增环与减环。由工艺尺寸链简图,如图 4-28(b)所示,可知组成环 A 和 A_1 是增环,A_2 是减环。

④计算工序尺寸 A 及其公差。

根据公式(4-12)得:
$$A_0=A+A_1-A_2$$
故:$A=A_0+A_2-A_1=44.6+19.8-20=44.4\text{(mm)}$

根据公式(4-14)得:
$$ES(A_0)=ES(A)+ES(A_1)-EI(A_2)$$
故:$ES(A)=ES(A_0)+EI(A_2)-ES(A_1)=0.34+0-0.025=0.315\text{(mm)}$

根据公式(4-15)得:
$$EI(A_0)=EI(A)+EI(A_1)-ES(A_2)$$
故:$EI(A)=EI(A_0)+ES(A_2)-EI(A_1)=0+0.05-0=0.05\text{(mm)}$

因此:$A=43.4_{+0.05}^{+0.315}$mm

按偏差入体标注:$A=43.45_0^{+0.265}$mm

⑤验算封闭环公差。
$$T_0=T_1+T_2+T=0.025+0.05+0.265=0.34$$

(5)保证渗碳、渗氮层深度的工序尺寸计算。有些零件的表面需进行渗碳或渗氮处理,并且要求精加工后要保持一定的渗层深度。为此,必须确定渗前加工的工序尺寸和热处理时的渗层深度。

【例 4-4】如图 4-29(a)所示某零件内孔,孔径的设计尺寸为 $\phi 45_0^{+0.04}$mm,内孔表面需要渗碳,渗碳层厚度要求为 $0.3\sim0.5$mm。其工艺过程为:①镗孔至 $\phi 44.8_0^{+0.04}$mm;②热处理:渗碳厚度至 H;③磨内孔至设计尺寸 $\phi 45_0^{+0.04}$mm,并保证渗碳层厚度在 $0.3\sim0.5$mm 范围内。试确定渗碳厚度 H 的数值。

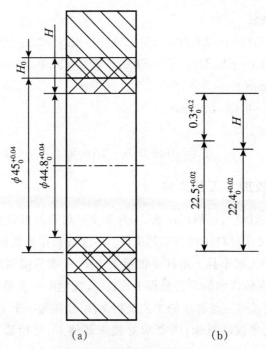

图 4-29　渗碳层深度的工序尺寸计算

解：由图 4-29(a) 可知，零件设计及中间工序尺寸有：

$$H_0 = 0.3_0^{+0.2}, \phi45_0^{+0.04}, \phi44.8_0^{+0.04}, H$$

①判断封闭环。尺寸 $\phi44.8_0^{+0.04}$mm 是第一道工序直接获得的尺寸，工序尺寸 H 是在第二道工序直接保证的尺寸，尺寸 $\phi45_0^{+0.04}$mm 是在第三道工序磨孔时直接获得的尺寸，渗碳层厚度 H_0 是在第三道工序磨孔完成后间接保证的尺寸，所以 H_0 是尺寸链中的封闭环。

②正确绘制尺寸链图，确定组成环。要确定渗碳厚度 H 应控制在什么范围内才能保证最终的渗碳层厚度为 H_0 的要求，首先应查明与该尺寸有联系的各尺寸，可以看出该尺寸与镗孔半径 $22.4_0^{+0.02}$mm、磨孔半径 $22.5_0^{+0.02}$mm 和 H 尺寸有直接关系。因此，从 H_0 两端面开始依次寻找相关联的各尺寸，相会合形成如图 4-29(b) 所示的工艺尺寸链。在工艺过程中，尺寸 $22.4_0^{+0.02}$、$22.5_0^{+0.02}$ 和 H 都是通过加工直接得到的，因此它们都是组成环。(注：此类题型建立尺寸链时，尺寸可在半径方向上统一，半径的尺寸公差为其直径公差的一半。)

③判断增环与减环。由工艺尺寸链简图，如图 4-29(b) 所示，可知组成环 H 和 $22.4_0^{+0.02}$ 是增环，$22.5_0^{+0.02}$ 是减环。

④计算工序尺寸 H 及其公差。

根据公式 (4-12) 得：

$$H_0 = H + 22.4 - 22.5$$

故：$H = H_0 + 22.5 - 22.4 = 0.3 + 22.5 - 22.4 = 0.4 (\text{mm})$

根据公式 (4-14) 得：

$$ES(H_0) = ES(H) + ES(22.4_0^{+0.02}) - EI(22.5_0^{+0.02})$$

故：$ES(H) = ES(H_0) + EI(22.5_0^{+0.02}) - ES(22.4_0^{+0.02}) = 0.2 + 0 - 0.02 = +0.18 (\text{mm})$

根据公式(4-15)得：

$$EI(H_0)=EI(H)+EI(22.4^{+0.02}_0)-ES(22.5^{+0.02}_0)$$

故：$EI(H)=EI(H_0)+ES(22.5^{+0.02}_0)-EI(22.4^{+0.02}_0)=0+0.02-0=+0.02(\text{mm})$

因此：$H=0.4^{+0.18}_{+0.02}\text{mm}$

渗碳厚度应为：$H=0.42\sim0.58\text{mm}$

⑤验算封闭环公差。

$$T_0=0.02+0.02+0.16=0.2$$

4.3.5　编制机械加工工艺文件

工艺规程设计完成以后，还须以图表、卡片和文字材料的形式固定下来，以便贯彻执行，这些图表、卡片和文字材料统称为工艺文件。各企业所用的机械加工工艺规程文件的具体格式虽不统一，但大同小异。单件小批量生产中，一般只编制工艺过程卡，对于关键零件或复杂零件则编制较详细的工艺规程卡片；在成批生产中多采用机械加工工艺卡；在大批大量生产中，则要求有完整详细的工艺规程文件，往往每一个工序都要编制机械加工工序卡片。对自动及半自动机床，则要求有机床调整卡，对检验工序要求有检验工序卡等。

1.机械加工工艺过程卡片

机械加工工艺过程卡片的作用是说明加工的工艺路线，也是工艺规程的总纲。工艺过程卡片主要列出整个零件加工所经过的工艺路线(包括毛坯、机械加工和热处理等)，它是制定其他工艺文件的基础，也是生产技术准备、编制作业计划和组织生产的依据。它是以工序为单位说明一个零件全部加工过程的工艺卡片。这种卡片包括零件各个工序的名称、工序内容、经过的车间、工段、所用的机床、刀具、夹具、量具、工时定额等。主要用于单件小批量生产以及生产管理中。

这种卡片由于各工序的说明不够具体，故一般不能直接指导工人操作，而多用于生产管理方面。在单件小批量生产中，通常不编制其他较详细的工艺文件，而是以这种卡片指导生产。工艺过程卡片的格式示例见表4-11。

2.机械加工工序卡片

机械加工工序卡片是以工序为单位详细说明整个工艺过程的工艺文件，它是根据工艺过程卡片制定的。在工序卡片上，要画出工序简图，在工序简图上标出定位基准、加工表面及其粗糙度、工序尺寸及其公差以及夹紧力的方向和作用点。工序卡片是用于指导工人进行生产的工艺文件，主要适用于大批大量生产中所有的零件，中批生产中的复杂产品的关键零件以及单件小批生产中的关键工序，其格式见表4-12。

表4-11 机械加工工艺过程卡片

厂名全称			产品型号			零件图号			共 页	
			产品名称			零件名称			第 页	
材料牌号		毛坯种类	毛坯外形尺寸			每毛坯件数		每台件数	备注	
工序号	工序名称		工序内容			车间	工段	设备	工艺装备	工时
										准终	单件

工序号	工序名称	工序内容		车间	工段	设备	工艺装备	工时	
								准终	单件
							设计（日期）	审核（日期）	会签（日期）
a	①								
标记	处数	更改文件号	签字	日期	标记	处数	更改文件号	签字	日期

注：空格可根据需要填写

表 4-12　机械加工工序卡片

厂名全称			产品型号		零件图号				共　页
			产品名称		零件名称				第　页
					车间	工序号	工序名称	材料牌号	
					毛坯种类	毛坯外形尺寸	每毛坯可制件数	每台件数	
					设备名称	设备型号	设备编号	同时加工件数	
					夹具编号	夹具名称		切削液	
					工位器具编号	工位器具名称	工序工时(分)		
							准终	单件	

工步号	工步内容	工艺装备	主轴转速	切削速度	进给量	背吃刀量	进给次数	工步工时	
			r/min	m/min	mm/r	mm		基本	辅助
						设计(日期)	校对(日期)	审核(日期)	标准化(日期)	会签(日期)

a	①										
标记	处数	更改文件号	签字	日期	标记	处数	更改文件号	签字	日期		

注:空格可根据需要填写

思考与练习题

4-1　什么是生产过程、工艺过程和工艺规程?

4-2　粗基准的选择原则有哪些? 为什么在同一尺寸方向上粗基准通常只允许使用一次?

4-3　试述选择精基准时,采用基准统一原则的好处。

4-4　在零件加工过程中,若已有加工完成的表面,则应尽量采用精基准定位,而粗基准一般只在第一道工序中使用一次,这种说法对吗? 为什么?

4-5　加工工序的安排一般应遵循哪些原则? 热处理工序应如何安排?

4-6　在工艺过程中通常要划分加工阶段,其目的是什么?

4-7　试简述按工序集中原则或工序分散原则组织工艺过程的工艺特征,各用于什么场合?

4-8　试分析影响工序余量的因素,为什么在计算本工序余量时必须考虑本工序装夹误差的影响?

4-9　如题图 4-1 所示的尺寸链中(图中 A_0、B_0、C_0、D_0 是封闭环),试分析哪些组成环是增环? 哪些组成环是减环?

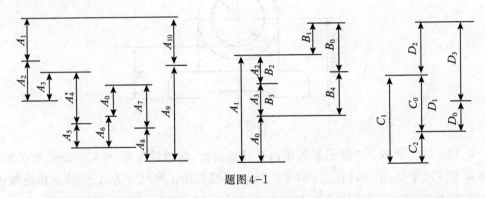

题图 4-1

4-10　如题图 4-2(a)所示为一轴套零件,尺寸 $38_{-0.1}^{0}$ 和 $8_{-0.05}^{0}$ mm 已加工好,题图 4-3(b)、(c)、(d)为钻孔加工时可采用的三种定位方案的简图。试分别计算三种不同定位方案的工序尺寸 A_1、A_2、A_3。

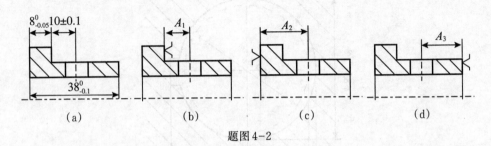

题图 4-2

4-11　如题图 4-3 所示的轴套的外圆、内孔及各端面均已加工。现以 B 面定位,用调整法加工直径 $\phi10$mm 的孔,试用求极值法求本道工序的工序尺寸及公差。

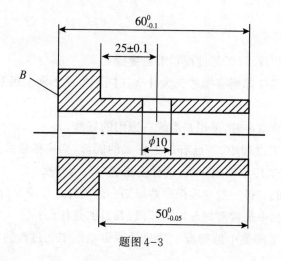

题图 4-3

4-12 如题图 4-4 所示轴承座零件，$\phi 30^{+0.03}_{0}$mm 孔已加工好，现欲测量尺寸 $80\pm$ 0.05。由于该尺寸不便直接测量，故改测尺寸 H。试确定尺寸 H 的大小及偏差。

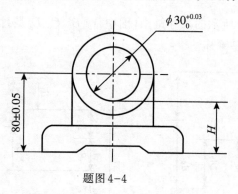

题图 4-4

4-13 加工题图 4-5 所示某齿轮内孔及插键槽，键槽深度是 $90.4^{+0.20}_{0}$mm，有关加工顺序和工序尺寸是：①车内孔至 $\phi 84.8^{+0.07}_{0}$mm；②插键槽工序尺寸为 A；③淬火热处理；④磨内孔至 $\phi 85^{+0.035}_{0}$mm，并间接保证键槽深度尺寸 $\phi 90.4^{+0.20}_{0}$mm；请用尺寸链极值解法求工序尺寸 A 及其上下偏差。

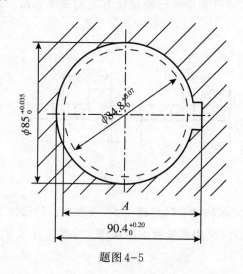

题图 4-5

4-14　加工题图 4-6 所示某轴类零件的外圆及键槽。设计尺寸为外圆直径是 $\phi 28^{+0.024}_{+0.008}$mm，键槽深度是 $4^{+0.16}_{0}$mm。有关加工顺序和工序尺寸是：①车外圆至 $\phi 28.5^{0}_{-0.1}$mm；②在铣床上按尺寸 H 铣键槽；③热处理：淬火；④磨外圆至 $\phi 28^{+0.024}_{+0.008}$mm，并同时接保证键槽深度尺寸 $4^{+0.16}_{0}$mm；请用尺寸链极值解法求工序尺寸 H 及其上下偏差。

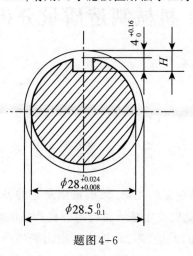

题图 4-6

第5章　机械制造质量分析与控制

◇ 5.1　概　述 ◇

一个企业的生产技术是企业的生命,而质量则是它的灵魂。一个企业的好坏不单是企业利润的多少,严格的质量把关才是最关键的。在产品的生产过程中,如果每一个环节都能把握好,避免不良产品的发生,那么,最终制造出来的产品才是值得信赖的。高质量的产品会给企业带来利润,对企业的长远发展将会产生不可估量的积极作用。

生产任何一种机械产品,都要求在保证质量的前提下,做到高效率、低消耗。产品的质量永远是第一位的,没有质量,高效率和低成本就失去了意义。产品的质量是指用户对产品的满意程度,它有三层含义:设计质量、制造质量和服务质量。以往企业质量管理中,强调较多的往往是制造质量,它主要指产品的制造与设计的符合程度。现代的质量观主要站在用户的立场上衡量。设计质量主要反映所设计的产品与用户的期望之间的符合程度,设计质量是质量的重要组成部分。目前,服务质量也占据越来越重要的地位,服务主要包括售前的服务,售后的培训、安装、维修等。产品的制造质量主要与零件的制造质量和产品的装配质量有关,零件的制造质量是保证产品质量的基础。

零件的机械制造质量包括零件的几何精度和零件表面层的物理机械性能两个方面。零件的几何误差包括尺寸误差、几何形状误差和位置误差。几何形状误差又可分为宏观几何形状误差、波度、微观几何形状误差,如图5-1所示。表面粗糙度是加工表面的微观几何形状误差,其波距和波高之比一般小于50;波距与波高之比在50～1000范围内的几何形状误差,称为波度;波距与波高之比大于1000的几何形状误差,称为宏观几何形状误差,例如圆柱度误差、平面度误差等。表面层的物理机械性能主要指的是表面层材料的冷作硬化、金相组织的变化、残余应力等。

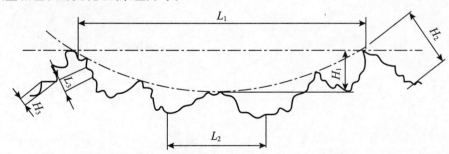

图5-1　宏观几何形状误差、波度、微观几何形状误差

本章将机械制造质量分为加工精度和表面质量两个方面来研究,前者包括尺寸精度、宏观几何形状精度和位置精度;后者包括表面粗糙度、波度和表面层材料的物理机械性能。

◇—— 5.2　机械加工精度　——◇

5.2.1　机械加工精度概述

1.加工精度与加工误差

加工精度是指零件经机械加工后,其尺寸、形状、表面相互位置等参数的实际值与理想值相符合的程度,而它们之间的偏离程度则称为加工误差。加工精度在数值上通过加工误差的大小来表示,因此说,加工精度和加工误差是对同一问题两种不同的说法,两者的概念是相关联的,即符合程度越高,加工精度也越高,误差越小;反之,精度越低,误差就越大。生产实践证明,任何一种加工方法不管多么精密,都不可能把零件加工得绝对准确,与理想值完全相符。从机器的使用要求来说,只要其误差值不影响机器的使用性能,就是允许误差值在一定的范围内变动,也就是允许有一定的加工误差存在。

零件的几何参数包括尺寸、几何形状和相互位置三个方面,所以,零件的加工精度包括三方面:尺寸精度、形状精度和位置精度,三者之间是有联系的。

(1)尺寸精度是指加工后,零件的实际尺寸与零件尺寸公差带中心的符合程度。就一批零件的加工而言,工件平均尺寸与公差带中心的符合程度由调整决定;而工件之间尺寸的分散程度,则取决于工序的加工能力,是决定尺寸精度的主要方面。

(2)形状精度是指加工后,零件表面的实际几何形状与理想的几何形状的相符合程度。

(3)位置精度是指加工后,零件有关表面之间的实际位置与理想位置的符合程度。

2.影响加工精度的因素

在机械加工中,由机床、夹具、刀具和工件等组成的系统,称为工艺系统。工艺系统中凡是能直接引起加工误差的因素都称为原始误差。在完成任何一个加工过程中,由于工艺系统中各种原始误差的存在,使工件和刀具之间正确的几何关系遭到破坏而产生加工误差。这些原始误差包括:加工原理误差,如采用近似成形方法进行加工而存在的误差;工艺系统的几何误差,如机床、夹具、刀具的制造误差,工件因定位和夹紧而产生的装夹误差,这一部分误差与工艺系统的初始状态有关;工艺系统的动态误差,如在加工过程中产生的切削力、切削热和摩擦,它们将引起工艺系统的受力变形、受热变形和磨损,影响调整后获得的工件与刀具之间的相对位置,造成加工误差,这一部分误差与加工过程有关,也称为加工过程误差。机械加工过程中可能出现的原始误差如图5-2所示。

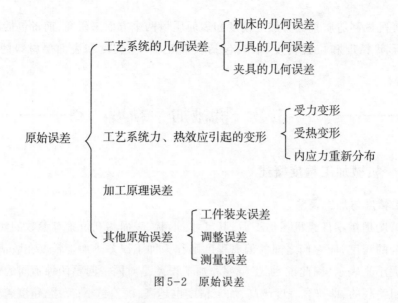

图 5-2　原始误差

5.2.2　工艺系统的几何误差

机械加工工艺系统的几何误差包括机床、夹具、刀具的误差,是由制造误差、安装误差以及使用中的磨损引起的误差等组成。

1.机床的几何误差

在机械加工中,刀具相对工件的成形运动,通常都是通过机床完成的。工件的加工精度在很大程度上取决于机床的精度。机床本身存在着制造误差,而且在长期生产使用中逐渐扩大,从而使被加工零件的精度降低。对工件加工精度影响较大的机床误差有:主轴回转误差、导轨误差和传动链误差。机床的制造误差、安装误差和使用过程中的磨损是机床误差的根源。

(1)机床主轴的回转误差。机床主轴是安装工件或刀具的基准,并传递切削运动和动力给工件或刀具,其回转精度是评价机床精度的一项极为重要的指标,对零件加工表面的几何形状精度、位置精度和表面粗糙度都有重大影响。机床主轴回转时,理论上其回转轴线在回转过程中应保持在某一位置不变。但是,由于在主轴部件中存在着主轴轴径的圆度误差、前后轴径的同轴度误差、主轴轴承本身的各种误差、轴承孔之间的同轴度误差、主轴挠度及支承端面对轴颈轴线的垂直度误差等原因,导致主轴在每瞬时回转轴线的空间位置是变动的,即存在回转误差。

主轴的回转运动误差,是指主轴的实际回转轴线对其理想回转轴线(各瞬时回转轴线的平均位置)的变动量。变动量越大,回转精度越低;变动量越小,回转精度越高。实际上,主轴的理想回转轴线虽然客观存在,但很难确定其位置,所以通常用平均回转轴线(即主轴各瞬时回转轴线的平均位置)来代替它。

主轴的回转运动误差表现为端面圆跳动、径向圆跳动、角度摆动三种基本形式,如图5-3所示。

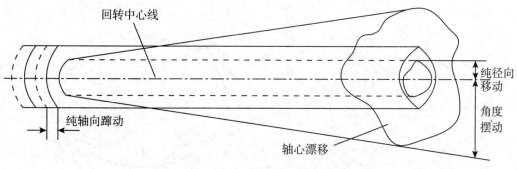

图 5-3　主轴回转误差的基本形式

①端面圆跳动:主轴实际回转轴线沿平均回转轴线的方向作纯轴向蹿动。它对内、外圆柱面车削影响不大;主要是在车端面时它使工件端面产生垂直度、平面度误差和轴向尺寸精度误差;在车螺纹时它使螺距产生误差。

②径向圆跳动:主轴实际回转轴线相对于平均回转轴线在径向的变动量。车削外圆时它影响被加工工件圆柱面的圆度和圆柱度误差。

③角度摆动:主轴实际回转轴线相对于平均回转轴线成倾斜一个角度作摆动。它影响被加工工件圆柱度与端面的形状误差。

主轴回转运动误差实际上是上述三种运动的合成,因此主轴不同横截面上轴线的运动轨迹既不相同,也不相似,造成主轴的实际回转轴线对其平均回转轴线的"漂移"。

影响主轴回转运动误差的因素主要有主轴支承轴颈的误差、轴承的误差、轴承的间隙、箱体支承孔的误差、与轴承相配合零件的误差及主轴刚度和热变形等。对于不同类型的机床,其影响因素也是不相同的。当主轴采用滑动轴承结构时,主轴轴颈在轴套内旋转。对于工件回转类机床(如车床),因切削力的方向不变,主轴回转时作用在支承上的作用力方向也不变化,主轴的轴颈被压向轴承内孔某一固定部位。此时,主轴的支承轴颈的圆度误差影响较大,而轴承孔圆度误差影响较小,如图 5-4(a)所示。对于刀具回转类机床(如镗床),切削力方向随主轴旋转而变化,主轴轴颈总是以某一固定部位与轴承孔内表面不同部位接触。此时,主轴支承轴颈的圆度误差影响较小,而轴承孔的圆度误差影响较大,如图 5-4(b)所示。

产生轴向蹿动的主要原因是主轴轴肩端面和轴承承载端面对主轴回转轴线有垂直度误差。

提高轴承精度,提高主轴轴颈、箱体轴承孔及与轴承相配合零件有关表面的加工精度和装配精度,对高速主轴部件进行动平衡,对滚动轴承进行预紧,均可提高机床主轴回转精度。

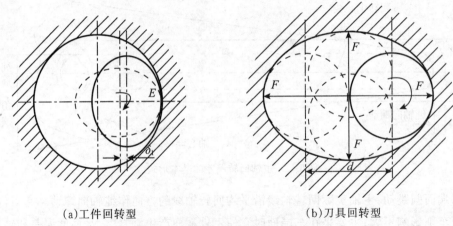

(a)工件回转型　　　　　　　　　　(b)刀具回转型

图 5-4　采用滑动轴承时主轴的径向圆跳动

(2)机床导轨的误差。机床导轨副是机床中确定各主要部件位置关系的基准,是实现直线运动的主要部件,其制造和装配精度是影响直线运动的主要因素,直接影响工件的加工精度。机床导轨的精度要求主要有以下三个方面:

①导轨在水平面内的直线度误差 Δ_1,如图 5-5 所示。

②导轨在垂直面内的直线度误差 Δ_2,如图 5-5、图 5-6 所示。

③前后导轨的平行度误差(扭曲度) Δ_3,如图 5-7 所示。

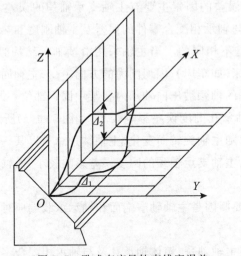

图 5-5　卧式车床导轨直线度误差

分析导轨导向误差对加工精度的影响时,主要考虑刀具与工件在误差敏感方向上的相对位移。以卧式车床车削外圆为例,如果床身导轨在水平面内弯曲 Δ_1,那么在刀具纵向走刀的过程中,刀具的运动路径将产生误差,导致加工工件在半径 R 方向产生尺寸误差 Δ_1。卧式车床在水平面内的直线度误差直接反映在被加工工件法线方向上(加工误差的敏感方向上)。如果床身导轨在垂直面内弯曲 Δ_2,那么在刀具纵向走刀的过程中,刀具的运动路径也将产生误差,但是由于它发生在被加工表面的切线方向,反映到加工表面的形状误差很小。因此,卧式车床导轨在垂直面内的直线度误差 Δ_2 对加工精度的影响要比 Δ_1

小得多,如图 5-6 所示。因为 Δ_2 而使刀尖由 a 下降到 b,可求得半径 R 方向的变化量 $\Delta_R \approx \Delta_2^2/D$,假设 $\Delta_2 = 0.1\text{mm}$,$D = 50\text{mm}$,则 $\Delta_R = 0.0002\text{mm}$。由此可知,卧式车床导轨在垂直面内的直线度误差对工件加工精度的影响很小,可忽略不计。

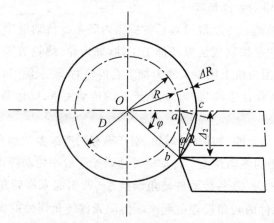

图 5-6 卧式车床导轨垂直面内直线度误差对工件加工精度的影响

当前后导轨存在平行度误差时,将会使刀具相对于工件在水平和垂直两个方向上产生偏移。如图 5-7 所示,当前后导轨有了扭曲误差 Δ_3 之后,由几何关系可求得 $\Delta_y \approx (H/B)\Delta_3$。一般车床的 $H/B \approx 2/3$,车床前后导轨的平行度误差对于加工精度的影响很大。

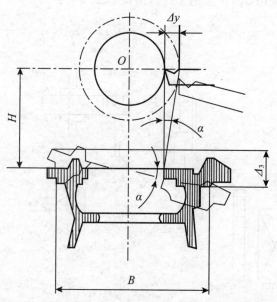

图 5-7 卧式车床前后导轨平行度误差对工件加工精度的影响

机床制造误差,包括导轨、溜板的制造误差以及机床的装配误差,是影响导轨精度的重要因素。机床安装不正确引起的导轨误差,往往远大于制造误差,尤其是刚性较差的长床身,在自重的作用下容易产生变形。因此,若安装不正确或地基不牢固,都将使机床床身导轨产生变形;导轨磨损是造成导轨误差的另一重要原因,由于使用程度不同及受力不均,导轨沿全长上各段的磨损量不等,就会引起导轨在水平面和垂直面内产生直线度误差。

提高机床导轨、溜板的制造精度及安装精度,采用耐磨合金铸铁、镶钢导轨、贴塑导轨、滚动导轨、静压导轨、导轨表面淬火等措施提高导轨的耐磨性,正确安装机床和定期检修等措施均可提高导轨的去掉精度。

(3)机床传动链误差。传动链误差是指机床内联系的传动链中首末两端传动元件之间相对运动的误差,它是按展成法原理加工工件(如齿轮、蜗轮等零件)时,影响加工精度的主要因素。例如在滚齿机上用单头滚刀加工直齿轮时,要求滚刀转一圈,工件转过一个齿。上述加工时,必须保证工件与刀具间有严格的传动关系,此运动关系是由刀具与工件间的传动链来保证的。

传动链中的各传动元件,如齿轮、蜗轮、蜗杆等有制造误差和磨损时,就会破坏正确的运动关系,出现传动链的传动误差。传动链传动误差一般用传动链末端转角误差来衡量。传动链的总转角误差 $\Delta\varphi_\Sigma$ 是各传动件转角误差 $\Delta\varphi_j$ 所引起末端转角误差 $\Delta\varphi_{jn}$ 的叠加,而传动链中某个传动元件的转角误差引起末端传动元件转角误差的大小,取决于该传动元件到末端元件之间的总传动比 u_j,即 $\Delta\varphi_{jn}=u_j\Delta\varphi_j$。

如图5-8所示是一台精密滚齿机的传动系统图,被加工齿轮装夹在工作台上,它与蜗轮同轴回转。由于传动链中各传动件不可能制造及安装得绝对准确,每个传动件的误差都将通过传动链影响被切齿轮的加工精度。各传动件在传动链中所处的位置不同,他们对工件加工精度的影响也不同。设滚刀轴均匀旋转,若齿轮 z_1 有转角误差 $\Delta\varphi_1$,而其他各传动件假设无误差,则由 $\Delta\varphi_1$ 产生的工件转角误差 $\Delta\varphi_{1n}$ 为:

$$\Delta\varphi_{1n}=\Delta\varphi_1\times\frac{80}{20}\times\frac{28}{28}\times\frac{28}{28}\times\frac{28}{28}\times\frac{42}{56}\times i_{差}\times\frac{e}{f}\times\frac{a}{b}\times\frac{c}{d}\times\frac{1}{72}=K_1\times\Delta\varphi_1$$

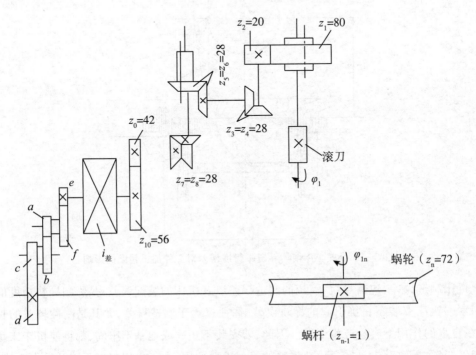

图5-8 滚齿机传动原理图

式中:K_1 为 z_1 到工作台的传动比。K_1 反映了齿轮 z_1 的转角误差对终端工作台传动精度的影响程度,称为误差传递系数。同理,第 j 个传动元件有转角误差 $\Delta_{\varphi j}$,则该转角误差通过相应的传动链传递到工作台的转角误差为:

$$\Delta\varphi_{jn} = K_j\Delta\varphi_j$$

式中:K_j 为第 j 个传动件的误差传递系数。

由于所有的传动件都有可能存在误差,因此各传动件对工件加工精度影响的和 $\Delta\varphi_\Sigma$ 为各传动元件所引起的末端元件转角误差的叠加:

$$\Delta\varphi_\Sigma = \sum_{j=1}^{n}\Delta\varphi_{jn} = \sum_{j=1}^{n}k_j\Delta\varphi_j$$

式中:k_j——第 j 个传动件的误差传递系数;

$\Delta\varphi_j$——第 j 个传动件的转角误差。

考虑到各传动件转角误差的随机性,则传动链末端元件的总转角误差可用概率法进行估计:

$$\Delta\varphi_\Sigma = \sqrt{\sum_{j=1}^{n}k_j^2\Delta\varphi_j^2} \qquad (5\text{-}1)$$

各传动副的传动比决定了误差传递系数的大小,而误差传递系数反映了各传动件的转角误差对传动链误差影响的程度,误差传递系数 k_j 越小,末端传动件转角误差就越小,对加工精度的影响也就越小。因此,为了提高传动链的传动精度,减小传动链传动误差,可采取以下措施:

①减少传动环节,缩短传动链,以减少误差来源。

②提高传动元件,特别是提高末端传动元件(如车床丝杠螺母副、滚齿机分度蜗轮)的制造精度和装配精度。

③传动链中按降速比递增的原则分配各传动副的传动比。传动链末端传动副的降速传动比越大,则传动链中其余各传动元件误差对传动精度的影响就越小。如齿轮加工时,蜗轮的齿数一般比被加工齿轮的齿数多,目的就是得到很大的降速传动比。

④采用误差校正机构。其实质是测出传动误差,在原传动链中人为地加入一个误差,其大小与传动链本身的误差相等且方向相反,从而使之相互抵消。

2.夹具的几何误差

夹具的作用是使工件相对于刀具和机床具有正确的位置,因此夹具的制造误差对工件的加工精度特别是位置精度有很大的影响。例如用镗模进行箱体的孔系加工时,箱体和镗杆的相对位置是由镗模来决定的,机床主轴只起传递动力的作用,这时工件上各孔的位置精度就完全依靠夹具(镗模)来保证。

夹具误差包括制造误差、定位误差、夹紧误差、夹具安装误差、对刀误差等。这些误差主要与夹具的制造和装配精度有关。所以在夹具的设计制造以及安装时,凡影响零件加工精度的尺寸和几何公差均应严格控制。

夹具的制造精度必须高于被加工零件的加工精度。精加工(精度等级>IT6~IT8)时,夹具主要尺寸的公差一般可规定为被加工零件相应尺寸公差的 1/2~1/3;粗加工(IT11以下)时,因工件尺寸公差较大,夹具的精度则可规定为零件相应尺寸公差的 1/5~1/10。

在夹具使用过程中,定位元件、导向元件等工作表面的磨损、碰伤,会影响工件的定位精度和加工表面的形状精度。例如镗模上镗套的磨损,会使镗杆和镗套间的间隙增大并造成镗孔后的几何形状误差。因此,除了严格保证夹具的制造精度外,必须注意提高夹具易磨损件的耐磨性,并定期检查,及时修复或更换磨损元件。

3.刀具的几何误差

刀具误差包括刀具制造、安装误差及刀具磨损等。刀具误差对加工精度的影响随刀具类型的不同而不同。机械加工中常用的刀具有一般刀具、定尺寸刀具、成形刀具以及展成刀具等。

(1)一般刀具(如普通车刀、单刃镗刀、面铣刀、刨刀等)的制造误差对加工精度没有直接影响,但对于用调整法加工的一批工件,刀具的磨损对工件尺寸或形状精度有一定影响。这是因为加工表面的形状主要是由机床精度来保证的,加工表面的尺寸主要由调整决定。

一般刀具的耐用度较低,在一次调整加工中的磨损量较显著,特别是在加工大型工件时,加工持续时间长的情况下更为严重,因此它对工件的尺寸及形状精度的影响是不可忽视的。如车削大直径的长轴、镗深孔和刨削大平面时,将产生较大的锥度和位置误差。在用调整法车削短小的轴类零件时,车刀的磨损对单个工件的影响可忽略不计,但在一批工件中,工件的直径将逐件增大,使整批工件的尺寸分散范围增大。

(2)定尺寸刀具(如钻头、铰刀、圆孔拉刀、丝锥、板牙、键槽铣刀等)的尺寸误差和形状误差直接影响被加工工件的尺寸精度和形状精度。这类刀具两侧切削刃刃磨不对称,或安装有几何偏心时,可能引起加工表面的尺寸扩张(又称正扩切)。定尺寸刀具耐用度较高,在加工批量不大时磨损量很小,故其磨损量对加工精度的影响可忽略。但在加工余量过小或工件壁厚较薄的情况下,用磨钝了的刀具加工时,工件的加工表面会发生收缩现象(负扩切)。钝化的钻头还会使被加工孔的轴线倾斜、孔径扩张等。

(3)成形刀具(如成形车刀、指状齿轮铣刀、盘形齿轮铣刀、成形砂轮等)的形状误差将直接决定被加工面的形状精度。这类刀具的寿命亦较长,在加工批量不大时的磨损亦很小,对加工精度的影响也可忽略不计。成形刀具的安装误差所引起的工件形状误差是不可忽视的,如成形车刀安装高于或低于工件轴线时,就会产生较大的工件形状误差。

(4)展成刀具(如齿轮滚刀、花键滚刀、插齿刀等)的刀刃形状必须是加工表面的共轭曲线,切削刃的几何形状及有关尺寸,以及其安装、调整不正确都会影响加工表面的形状精度。这类刀具在加工批量不大时的磨损也很小,可以忽略不计。

正确地选用刀具材料、合理地选择刀具几何参数和切削用量、正确地刃磨刀具和使用切削液,均可有效地减少刀具的磨损。必要时还可采用补偿装置对刀具磨损量进行自动补偿。

5.2.3 工艺系统受力变形引起的误差

1.工艺系统的刚度

机械加工工艺系统在切削力、传动力、惯性力、夹紧力以及重力等的作用下,将产生相应的变形,破坏已调整好的刀具和工件之间正确的位置关系,从而产生加工误差。例如,车削细长轴时,工件在切削力作用下弯曲变形,加工后会产生腰鼓形的圆柱度误差,如图5-9(a)所示;在内圆磨床上进行切入式磨孔时,由于磨头主轴受力弯曲变形,磨出的孔会产生带有锥度的圆柱度误差,如图5-9(b)所示。

工艺系统在外力作用下产生变形的大小,不仅和外力的大小有关,而且也和工艺系统抵抗外力使其变形的能力,即工艺系统的刚度有关。工艺系统在各种外力作用下,将在各个受力方向上产生相应的变形,这里主要研究误差敏感方向上的变形。因此,工艺系统刚度 k 定义为:加工表面法向切削力 F_p 与工艺系统的法向变形 δ 的比值:

$$k = \frac{F_p}{\delta} \tag{5-2}$$

由于工艺系统各个环节在外力作用下都会产生变形,故工艺系统的总变形量应是:

$$\delta_系 = \delta_{机床} + \delta_{刀具} + \delta_{夹具} + \delta_{工件} \tag{5-3}$$

而根据刚度的定义,则有:

$$k_系 = \frac{F_p}{\delta_系}, k_{刀具} = \frac{F_p}{\delta_{刀具}}, k_{夹具} = \frac{F_p}{\delta_{夹具}}, k_{工件} = \frac{F_p}{\delta_{工件}}$$

式中:$\delta_{机床}$,$\delta_{刀具}$,$\delta_{夹具}$,$\delta_{工件}$——分别为机床、刀具、夹具、工件的变形量(mm);

$k_{机床}$,$k_{刀具}$,$k_{夹具}$,$k_{工件}$——分别为机床、刀具、夹具、工件的刚度(N/mm)。

所以,工艺系统刚度计算的一般公式为:

$$\frac{1}{k_系} = \frac{1}{k_{机床}} + \frac{1}{k_{刀具}} + \frac{1}{k_{夹具}} + \frac{1}{k_{工件}} \tag{5-4}$$

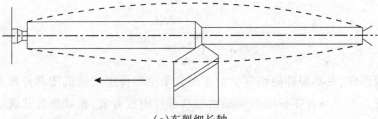

(a)车削细长轴

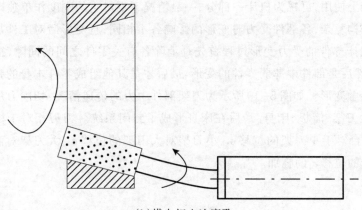

(b)横向切入法磨孔

图 5-9　工艺系统受力变形引起的加工误差

即工艺系统刚度的倒数等于系统各组成环节刚度的倒数之和。因此,当已知工艺系统的各个组成部分的刚度,即可求出工艺系统刚度。用刚度计算的一般公式求解系统刚度时,应针对具体情况进行具体分析。例如车削外圆时,车刀本身在切削力作用下的沿切向(误差非敏感方向)的变形对加工误差的影响很小。

(1)工件、刀具的刚度。当工件、刀具的形状比较简单时,其刚度可用材料力学的有关公式进行近似计算,结果与实际相差无几。例如车削装夹在卡盘中的轴类零件,可按悬臂梁受力变形的公式计算,工件最大变形量及最小刚度为:

$$\delta_{工件} = \frac{F_p L^3}{3EI} \tag{5-5}$$

$$k_{工件} = \frac{F_p}{\delta_{工件}} = \frac{3EI}{L^3} \tag{5-6}$$

式中:L——长度(mm);

E——工件材料的弹性模量(N/mm^2);

I——工件的截面惯性矩(mm^4)。

而上述零件用双顶尖装夹,则可按简支梁受力变形计算,工件变形量为:

$$\delta_{工件} = \frac{F_p x^2 (L-x)^2}{3EIL}$$

式中:x——刀尖距离右顶尖的距离(mm)。

当切削位置在零件中点时,变形量最大:

$$\delta_{工件} = \frac{F_p L^3}{48EI}$$

$$k_{工件} = \frac{F_p}{\delta_{工件}} = \frac{48EI}{L^3}$$

(2)机床部件、夹具部件的刚度。对于由若干个零件组成的机床部件及夹具,因其结构复杂,其受力变形与各零件间的接触刚度和部件刚度有关,很难用公式表达,其刚度目前主要用实验方法测定,测定方法有单向静载测定法和三向静载测定法。因夹具一般总是固定在机床上使用,可视为机床一部分,一般情况下不对它的刚度作单独讨论。

因机床结构复杂,各部件受力对变形的影响各不相同,且变形后对工件加工精度的影响也不同。机床部件的受力变形过程首先是消除各有关零件之间的间隙,挤掉期间的油膜层的变形,然后是部件中薄弱零件的变形,最后才是其他组成零件本身的弹性变形和相互接触面的接触变形。如图5-10所示为刀架部件中力的传递情况:切削力从刀刃传到刀台、小刀架、大刀架、溜板、床身,最后在床身形成了封闭系统。刀刃相对于机床主轴的总位移σ应是刀台对于小刀架的位移σ$_4$、小刀架对大刀架的位移σ$_3$、大刀架对溜板的位移σ$_2$和溜板对床身的位移σ$_1$的叠加。

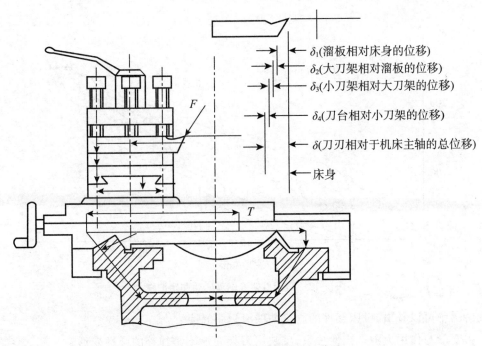

δ_1(溜板相对床身的位移)

δ_2(大刀架相对溜板的位移)

δ_3(小刀架相对大刀架的位移)

δ_4(刀台相对小刀架的位移)

δ(刀刃相对于机床主轴的总位移)

床身

图5-10　刀架部件受力与位移的关系

　　由于机床部件刚度的复杂性,很难用理论公式计算,一般用实验方法来测定。如图5-11所示为单向测定车床静刚度的实验方法。实验时转动加力器的加力螺钉5,通过测力环3使刀架2与心轴1之间产生作用力,力的大小由测力环3中的千分表读出(测力环预先在材料实验机上用标准压力标定)。这时,床头和尾座以及刀架在力的作用下产生变形的大小可分别从千分表4中读出。

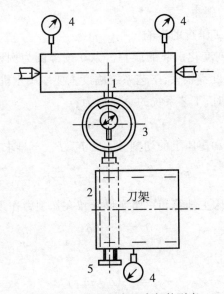

图5-11　静态测定机床部件刚度

　　实验时可以进行几次加载和卸载,根据测得的F_p和δ数据可分别画出刀架、床头和尾座等部件的静刚度曲线,如图5-12所示为车床刀架静刚度的实测曲线,实验中,进行了三次加载-卸载循环。

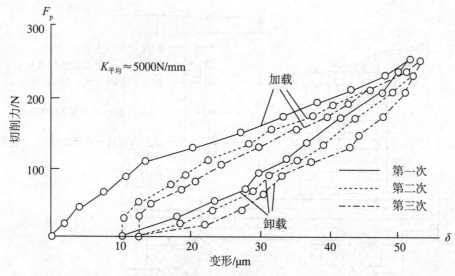

图5-12　车床刀架静刚度实验测定曲线

由图中可以看出,机床部件的刚度曲线有以下特点:

①变形与作用力不是线性关系,反映出刀架变形不是纯粹的弹性变形。

②加载和卸载曲线不重合,两曲线间包容的面积代表了加载-卸载循环中所损失的能量,也就是消耗在克服部件内部零件间的摩擦和接触塑性变形所做的功。

③卸载后曲线不回到原点,说明有残留变形。在反复加载-卸载后,残留变形才接近于零。

④机床部件的实际刚度比按实体所估算的值小得多。

由于机床部件的刚度曲线不是线性的,因此,通常所说的机床部件刚度是指他的平均刚度,为曲线两端点连线的斜率。

2. 工艺系统刚度对加工精度的影响

(1)由于工艺系统刚度变化引起的误差。以车削外圆为例说明,如图5-13所示。假设被加工工件和刀具的刚度都很大,工艺系统刚度主要取决于机床部件刚度,当刀具切削刃在工件的任意位置 C 点时,工艺系统的总变形为:

$$\delta_系 = \delta_x + \delta_{刀架} \tag{5-7}$$

设作用在机床主轴箱和尾座上的切削分力为 F_A、F_B,不难求得:

$$F_A = \frac{l-x}{l}F_y, \quad F_B = \frac{x}{l}F_y \tag{5-8}$$

由图5-13可知,由机床主轴箱和尾座变形导致在切削力作用点 C 点的位移 δ_x 为:

$$\delta_x = y_x + \delta_主 \tag{5-9}$$

由三角函数关系可知:

$$y_x = \frac{x}{l}(\delta_尾 - \delta_主) \tag{5-10}$$

将式(5-8)、(5-9)、(5-10)代入到式(5-7)中,可以求得:

$$\delta_系 = \delta_x + \delta_{刀架} = F_y\left[\frac{1}{k_主}\left(\frac{l-x}{l}\right)^2 + \frac{1}{k_尾}\left(\frac{x}{l}\right)^2 + \frac{1}{k_{刀架}}\right] \tag{5-11}$$

$$k_{系} = \frac{F_y}{\delta_{系}} = \frac{1}{\frac{1}{k_{主}}(\frac{l-x}{l})^2 + \frac{1}{k_{尾}}(\frac{x}{l})^2 + \frac{1}{k_{刀架}}} \qquad (5-12)$$

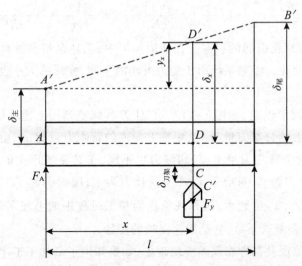

图 5-13　车削外圆时工艺系统受力变形对加工精度的影响

若机床主轴箱刚度、尾座刚度、刀架刚度已知,则通过式(5-12)可算得刀具在任意位置处工艺系统的刚度。如果要知道最小变形量 $\delta_{系\min}$ 发生在何处,只需将式(5-11)中的 $\delta_{系}$ 对 x 求导,令其为零,即可求得。为了计算方便,令 $\alpha = k_{主}/k_{尾}$,代入式(5-11),对 x 求导,令其为零,求得 $x = l/(1+\alpha)$,即当 $x = l/(1+\alpha)$ 时,工艺系统的最小变形量为:

$$\delta_{系\min} = F_y \left[\frac{1}{k_{刀架}} + (\frac{\alpha}{1+\alpha}) \frac{1}{k_{主}} \right]$$

【例 5-1】经测试某车床的 $k_{主} = 300000\text{N/mm}$,$k_{尾} = 56600\text{N/mm}$,$k_{刀架} = 30000\text{N/mm}$,在加工长度为 l 的刚性轴时,径向切削分力 $F_y = 400\text{N}$,计算该轴加工后的圆柱度误差。

解:由式(5-11)计算得:$x=0$、$x=l$、$x=l/2$、$x=l/(1+\alpha)$ 时,工艺系统变形大小如表 5-1 所示。

表 5-1　数据计算表

x	0	l	$l/2$	$l/(1+\alpha)$
δ/mm	0.0147	0.0204	0.0154	0.0144

变形大的地方,从工件上切去的金属层薄;变形小的地方,切去的金属层厚。因此,机床受力变形使加工出来的工件产生两端粗、中间细的马鞍形圆柱度误差,误差大小为:

$$\Delta = \delta_{系\max} - \delta_{系\min} = (0.0204 - 0.0144) = 0.006\text{mm}$$

可以证明,当主轴箱刚度与尾座刚度相等时,工艺系统刚度在工件全长上的差别最小,工件在轴截面内几何形状误差最小。

如果再考虑到工件的刚度,则工件本身的变形在工艺系统的总变形中就不能忽略了。此时式(5-11)应该写为:

$$\delta_系 = \delta_x + \delta_{刀架} + \delta_{工件} = F_p\left[\frac{1}{k}\left(\frac{l-x}{l_主}\right)^2 + \frac{1}{k_尾}\left(\frac{x}{l}\right)^2 + \frac{1}{k_{刀架}} + \frac{(l-x)^2 x^2}{3EIL}\right] \quad (5-13)$$

$$k = \frac{F_p}{\delta_系} = \frac{1}{\frac{1}{k_主}\left(\frac{l-x}{l}\right)^2 + \frac{1}{k_尾}\left(\frac{x}{l}\right)^2 + \frac{1}{k_{刀架}} + \frac{(l-x)^2 x^2}{3EIL}} \quad (5-14)$$

（2）由于切削力变化引起的误差。在切削加工中，毛坯余量和材料硬度的不均匀，会引起切削力大小的变化。工艺系统由于受力大小的不同，变形的大小也相应发生变化，从而产生加工误差。

若毛坯上有椭圆形误差，如图 5-14 所示，让刀具调整到图上虚线位置，由图可知，在毛坯椭圆长轴方向上的背吃刀量为 a_{p1}，短轴方向上的背吃刀量为 a_{p2}，由此，造成的原始误差 $\Delta_毛 = a_{p1} - a_{p2}$；由于背吃刀量不同，切削力也不同，工艺系统产生的让刀变形也不同，对应于 a_{p1} 产生的让刀为 y_1，对应于 a_{p2} 产生的让刀为 y_2；因而引起了工件的圆度误差 $\Delta_工 = y_1 - y_2$，且 $\Delta_毛$ 越大，$\Delta_工$ 也越大；这种现象称为加工过程中的毛坯误差复映现象，$\Delta_工$ 与 $\Delta_毛$ 之比值 ε，称为误差复映系数，它是误差复映的度量。

尺寸误差和形位误差都存在误差复映现象，如果知道了某加工工序的误差复映系数，就可以通过测量毛坯的误差值来估算加工后工件的误差值。

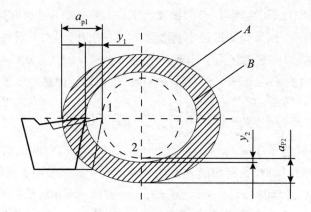

图 5-14 毛坯形状误差的复映

由工艺系统刚度的定义可知：

$$\Delta_工 = y_1 - y_2 = \left(\frac{F_{y1}}{k_系} - \frac{F_{y2}}{k_系}\right) \quad (5-15)$$

$$\varepsilon = \frac{\Delta_工}{\Delta_毛} = \frac{y_1 - y_2}{a_{p1} - a_{p2}} = \frac{F_{y1} - F_{y2}}{k_系(a_{p1} - a_{p2})} \quad (5-16)$$

而：
$$F_y = C_y f^y a_p^x HBS^n$$

式中：C_y——与刀具前角等切削条件有关的系数；

f——进给量；

a_p——背吃刀量；

HBS——工件材料的硬度；

x、y、n——指数。

在一次走刀加工中,工件材料硬度、进给量及其他切削条件假设不变,则:

$$C_y f^y HBS^n = C \tag{5-17}$$

C 为常数,在车削加工中,$x \approx 1$,所以有:

$$F_y = C a_p^x \approx C a_p \tag{5-18}$$

即:

$$F_{y1} = C(a_{p1} - y_1), F_{y2} = C(a_{p2} - y_2)$$

因为 y_1、y_2 相对于 a_{p1}、a_{p2} 而言数值很小,可忽略不计,则有:

$$F_{y1} = C a_{p1}, F_{y2} = C a_{p2}$$

所以:

$$\varepsilon = \frac{C(a_{p1} - a_{p2})}{k_{系}(a_{p1} - a_{p2})} = \frac{C}{k_{系}} \tag{5-19}$$

由上式可知,$k_{系}$ 越大,ε 就越小,毛坯误差复映到工件上的部分就越小。

一般来说,误差复映系数 ε 是一个小于1的数,这表明该工序对误差具有修正能力,工件经多道工序或多次走刀加工之后,工件的误差就会减小到工件公差所许可的范围内。

若经过 n 次走刀加工后,则误差复映为:

$$\Delta_{工} = \varepsilon_1 \varepsilon_2 \cdots \varepsilon_n \Delta_{毛}$$

总的误差复映系数为:$\varepsilon_\Sigma = \varepsilon_1 \varepsilon_2 \cdots \varepsilon_n$,是一个远小于1的数。

【例5-2】如图5-15所示,具有偏心量 $e = 1.5$mm 的短阶梯轴装夹在车床三爪卡盘中分两次走刀粗车小头外圆,设两次走刀的复映系数均为 $\varepsilon = 0.1$,试估算加工后阶梯轴的偏心量是多大?

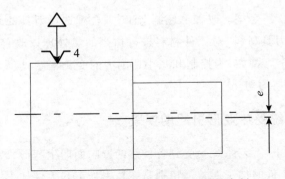

图5-15 具有偏心误差的阶梯轴的车削

解:

第一次走刀偏心量为:$\Delta_{工1} = \varepsilon \Delta_{毛} = 0.1 \times 1.5 = 0.15$mm

第二次走刀偏心量为:$\Delta_{工2} = \varepsilon \Delta_{工1} = \varepsilon^2 \Delta_{毛} = 0.1^2 \times 1.5 = 0.015$mm

综上所述,可以得出以下结论:

①毛坯的各种形状误差(圆度、圆柱度、同轴度、平面度等)都会以一定的复映系数,复映成工件的加工误差。

②毛坯材料的不均匀、硬度有变化等,同样会引起径向力的变化,导致产生加工误差。

③增加走刀次数,可减小误差复映,提高加工精度,但会使生产率降低。

④提高工艺系统刚度,对减小误差复映系数具有重要意义。

3.减少工艺系统受力变形的措施

从工艺系统刚度表达式可以看出,若要减小工艺系统变形,应提高工艺系统刚度,减小切削力并压缩它们的变动幅值。

(1)提高工艺系统刚度。提高工艺系统刚度应从提高其各组成部分薄弱环节的刚度入手,这样才能取得事半功倍的效果,提高工艺系统刚度的主要途径是:

①提高接触刚度。一般情况下,零件的接触刚度都低于零件实体的刚度。所以,提高接触刚度是提高工艺系统刚度的关键。常用的方法是改善工艺系统中主要零件接触面的配合质量,如机床导轨副、锥体与锥孔、顶尖与中心孔等配合面采用刮研与研磨,以提高配合表面的形状精度,使实际接触面积增加,从而有效地提高接触刚度。对于相配合零件,可以通过在接触面间适当预紧消除间隙,增大实际接触面积,减少受力后的变形量,该措施常用在各类轴承的调整中。

②提高零件的刚度。在切削加工中,由于零件本身的刚度较低,特别是叉架类、细长轴等零件,容易变形。在这种情况下,提高零件的刚度是提高加工精度的关键。其主要措施是缩小切削力的作用点到支撑之间的距离,以增大零件在切削时的刚度。

③提高机床部件的刚度。在切削加工中,有时由于机床部件刚度低而产生变形和振动,影响加工精度和生产率的提高,所以加工时常采用增加辅助装置,减少悬伸量,以及增大刀杆直径等措施来提高机床部件的刚度。

④合理的装夹方式和加工方法。改变夹紧力的方向、让夹紧力均匀分布等都是减少夹紧变形的有效措施。

(2)减小切削力及其变化。改善毛坯制造工艺、合理选择刀具的几何参数、增大前角和主偏角、合理选择刀具材料、对工件材料进行适当的热处理以改善材料的切削加工性能,都可使切削力减小。譬如,为控制和减小切削力的变化幅度,应尽量使一批工件的材料性能和加工余量保持均匀。

5.2.4 工艺系统受热变形引起的误差

在机械加工过程中,工艺系统会受到各种热的影响而产生变形,破坏了刀具与工件的相对位置关系,造成工件的加工误差。特别是在精密加工和大件加工中,热变形所引起的加工误差通常会占到工件加工总误差的 40%～50%。为减少热变形对加工精度的影响,通常需要预热机床以获得热平衡;或降低切削用量以减少切削热和摩擦热;或粗加工完毕停机,待热量散发后再进行精加工;或增加工序(使粗、精加工分开)等。工艺系统热变形不仅影响加工精度,而且还影响加工效率,随着高精度、高效率及自动化加工技术的发展,工艺系统热变形问题日益突出。

引起工艺系统变形的热源可分为内部热源和外部热源两大类。内部热源包括切削热和摩擦热,它们产生于工艺系统内部,其热量主要是以传导的形式传递;外部热源包括环境热和辐射热,主要是指工艺系统外部的,以对流传热为主要形式的环境温度(它与气温变化、通风、空气对流和周围环境等有关)和各种辐射热(包括阳光、照明、暖气设备等发出的辐射热)。

切削热是切削加工中最主要的热源,它对工件加工精度的影响最为直接。在切削(磨削)过程中,消耗于切削层的弹、塑性变形能及刀具与工件和切屑之间摩擦的机械能,绝大部分都转变成了切削热。切削热产生的多少与被加工材料的性质、切削用量及刀具的几何参数等有关,同样,切削热传导的多少也随切削条件不同而不同。车削加工中切削热将随着切削速度的不同而按不同的百分比传到工件、刀具和切屑中去,如图 5-16 所示。

一般情况下,车削时传给工件的热量约在 30% 左右;铣、刨加工时传给工件的热量小于 30%;卧式镗孔时,由于有大量切屑留在孔内,因此传给工件的热量常占 50% 以上;磨削加工时传给工件的热量多达 80% 以上,磨削区温度可高达 800~1000℃。

工艺系统中的摩擦热主要是机床和液压系统中运动部件产生的,如电动机、轴承、齿轮、丝杠副、导轨副、离合器、阀等各运动部件产生的摩擦热。尽管摩擦热比切削热少,但摩擦热在工艺系统中是局部发热,会引起局部温升和变形,破坏系统原有的几何精度,对加工精度会带来严重影响。

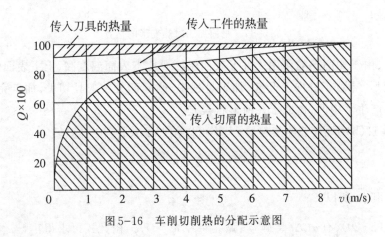

图 5-16　车削切削热的分配示意图

1. 工件热变形对加工精度的影响

在机械加工过程中,工件产生热变形主要是由切削热引起的。对于精密零件,周围环境温度变化和日光、取暖设备等外部热源对工艺系统的局部辐射等也不容忽视。不同的材料、不同的形状及尺寸、不同的加工方法,工件的受热变形也不相同。如加工铜、铝等有色金属零件时,由于热膨胀系数大,其热变形尤为显著。

在车削或磨削轴类零件时,如果零件处在相对比较稳定的温度场,零件可近似看成是均匀受热,工件均匀受热影响工件的尺寸精度,其热变形可以按物理学计算热膨胀的公式求出

$$\Delta L = \alpha L \Delta t \tag{5-20}$$

式中:L——工件变形方向的长度(或直径)(mm);

α——工件材料的热膨胀系数,单位为 1/℃,钢的热膨胀系数为 1.17×10^{-5}(1/℃),黄铜为 1.7×10^{-5}(1/℃);

Δt——工件的平均温升(℃)。

精密丝杠磨削时,工件的受热伸长会引起螺距累积误差。若丝杠长度为 2m,每一次走刀磨削温度升高约 3℃,则丝杠的伸长量 $\Delta L = \alpha L \Delta t = 1.17 \times 10^{-5} \times 2000 \times 3 \approx 0.07$mm,而 6 级丝杠的螺距累积误差在全长上不允许超过 0.02mm,由此可见热变形的严重性。

平面在刨削、铣削、磨削加工时,如图5-17(a)所示,此为工件不均匀受热情况。

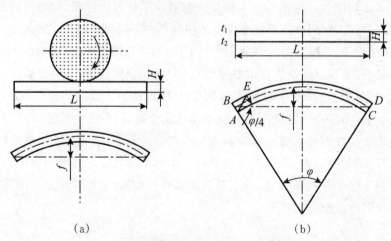

（a）　　　　　　　　　　（b）

图5-17　平面加工时热变形的估算

加工时,由于切削热的作用工件上表面温度要比下表面温度高,上下表面间产生温差而引起热变形,导致工件向上凸起,加工过程中,凸起部分被刀具切去,加工完毕冷却后,加工表面就产生了中凹,造成了几何形状误差。

如图5-17(b)所示,工件凸起量f大小可以按照下式计算:

$$f = \frac{L}{2}\tan\frac{\varphi}{4}$$

因为φ很小,所以:

$$f \approx \frac{L}{8}\varphi$$

根据式(5-20),有$\alpha L\Delta t =$弧$_{BD}-$弧$_{AC}=AB\varphi = H\varphi$,由此式可求得:

$$\varphi = \frac{\alpha L\Delta t}{H}$$

所以:

$$f \approx \frac{\alpha L^2\Delta t}{8H} \tag{5-21}$$

式中:L——工件长度(mm);

H——工件厚度(mm)。

由式(5-21)分析可知,工件凸起量随工件长度的增加而急剧增加,且工件厚度越小,工件的凸起量就越大。对于某一具体工件而言,L、H、α均为定值,如欲减小热变形误差,就必须设法控制上下表面的温差。

工件的热变形对粗加工的加工精度的影响一般可不必考虑,但在流水线、自动线以及工序集中的场合下,应给予足够的重视,否则粗加工的热变形将影响到精加工。为了避免工件热变形对加工精度的影响,在安排工艺过程时应尽可能把粗、精加工分开,以使工件粗加工后有足够的冷却时间。

2.刀具热变形对加工精度的影响

加工大型零件时,刀具热变形往往造成几何形状误差。如车削长轴时,可能由于刀具热伸长而产生锥度(尾座处的直径比主轴箱附近的直径大)。为了减小刀具的热变形,应合理选择切削用量和刀具几何参数,并给以充分冷却和润滑,以减少切削热,降低切削温度。

3.机床热变形对加工精度的影响

机床在工作过程中,受到内外热源的影响,各部分的温度将逐渐升高。由于机床结构的复杂性,各部件的热源不同,分布不均匀,因此不仅各部件的温升不同,而且同一部件不同位置的温升也不相同,形成不均匀的温度场,使机床各部件之间的相互位置发生变化,破坏了机床原有的几何精度而造成加工误差。

由于各类机床的结构和工作条件相差很大,不同类型的机床,其主要热源各不相同,热变形对加工精度的影响也不相同,所以引起机床热变形的形式也各不相同。龙门刨床、导轨磨床等大型机床的长床身部件,导轨面与底面的温差,会使机床床身产生较大的弯曲变形,故床身热变形是影响加工精度的主要因素。

机床运转一段时间之后,各部件传入的热量和散失的热量基本相等而达到热平衡状态,变形趋于稳定。在机床达到热平衡状态之前,机床几何精度变化不定,对加工精度的影响也变化不定,因此,精密加工应在机床处于热平衡之后进行。一般机床,如车床、磨床,其空运转的热平衡时间为4~6小时;中小型精密机床为1~2小时;大型精密机床往往要超过12小时。

4.减少工艺系统热变形的途径

(1)减少发热和隔热。尽量将热源从机床内部分离出去,如电动机、变速箱等产生热源的部件,通常应该把它们从主机中分离出去。对于不能分离的热源,一方面从结构上采取措施,改善摩擦条件,减少热量的产生,例如采用空气轴承,采用低黏度的润滑油等。另一方面也可采取隔热措施,例如,为了解决某单立柱坐标镗床立柱热变形问题,工厂采用隔热罩,将电动机、变速箱与立柱隔开,使变速箱及电动机产生的热量,通过风扇从立柱的排风口排出,如图5-18所示。

(2)改善散热条件。采用风扇、散热片、循环润滑冷却系统等散热措施,可将大量热量排放到工艺系统以外,以减小热变形误差。也可对加工中心等贵重、精密机床、采用冷冻机对冷却润滑液进行强制冷却,效果明显。

(3)均衡温度场。如图5-19所示的端面磨床,立柱前壁因靠近主轴箱而温升较高,采用风扇将主轴箱内的热空气经软管通过立柱后壁空间排出,使立柱前后壁的温度大致相等,减小立柱的弯曲变形。

(4)加快温度场的平衡。为了尽快使机床进入热平衡状态,可在加工工件前使机床做高速空运转,当机床在较短的时间内达到热平衡之后,再将机床迅速转换成工作速度进行加工。还可以在机床的适当部位设置附加的"控制热源",在机床开动初期的预热阶段,人为利用附加的控制热源给机床供热,可以促使其更快地达到热平衡状态。

(5)控制环境温度。精密加工机床应尽量减小外部热源的影响,避免日光照射,布置取暖设备时,要避免使机床受热不均。精密加工、精密计量和精密装配都应在恒温条件下进行,恒温基数在春、秋两季可取为20℃,夏季可取为23℃,冬季可取为15℃。恒温精度一般级为±1℃,精密级为±0.5℃,超精密级为±0.01℃。

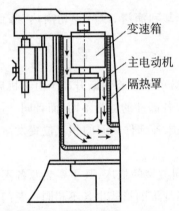

变速箱

主电动机

隔热罩

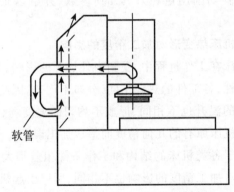

软管

图 5-18　采用隔热罩减少热变形　　　　图 5-19　均衡立柱前后壁的温度场

5.2.5　内应力重新分布引起的误差

内应力(或残余应力)是指外部载荷去除后,仍残存在工件内部的应力。内应力是由于金属内部的相邻组织发生了不均匀的体积变化而产生的,体积变化的因素主要来自热加工或冷加工。零件中的内应力往往处于一种很不稳定的相对平衡状态,其内部组织有恢复到一种新的稳定的没有内应力状态的倾向。在常温下,特别是在外界某种因素的影响下很容易失去原有状态,使内应力重新分布。在内应力变化的过程中,零件产生相应的变形,原有的加工精度受到破坏。用这些零件装配成机器,在机器使用中也会逐渐产生变形,从而影响整台机器的质量。因此,必须采取措施消除内应力对零件加工精度的影响。

1. 内应力的产生

(1)毛坯制造中产生的内应力。在铸、锻、焊及热处理等热加工过程中,由于工件各部分热胀冷缩不均匀以及金相组织转变时的体积变化,使毛坯内部产生了相当大的残余应力。毛坯的结构越复杂、壁厚越不均匀,散热的条件差别越大,毛坯内部产生的内应力也越大。具有内应力的毛坯,内应力暂时处于相对平衡状态,变形是缓慢的,但当条件变化后,就会打破这种平衡,内应力重新分布,工件就明显地出现变形。

如图 5-20(a)所示,该铸件内外壁后相差较大,浇铸完毕后,逐渐冷却到室温,由于壁 A、C 比较薄,散热快,所以冷却速度快,而壁 B 较厚,冷却速度慢。当壁 A、C 从塑性状态冷却到弹性状态的时候,壁 B 的温度仍然比较高,尚处在塑性状态,所以壁 A、C 收缩时,壁 B 不起阻挡变形的作用,铸件内部不产生内应力。但是当壁 B 也冷却到弹性状态时,壁 A、C 的温度已经降低很多,收缩速度变慢,而壁 B 的温度比壁 A、C 温度高,所以收缩较快,就受到了壁 A、C 的阻碍。这样,壁 B 就产生了拉应力,壁 A、C 就产生了压应力,如图 5-20(b)所示,形成了相对平衡状态。如果在壁 A 上开一个口,壁 A 上的压应力消失,铸件在壁 B、C 的内应力的作用下,壁 B 收缩,壁 C 伸长,铸件就产生了弯曲变形,直到残余应力重新分布达到新的平衡状态为止,如图 5-20(c)所示。

推广到一般情况,各种铸件都难免产生冷却不均匀而产生残余应力。如铸造后的机床床身,其导轨面和冷却快的地方都会出现残余压应力。带有压应力的导轨表面在粗加工中被切去一层后,残余应力就重新分布,结果使导轨中部下凹。

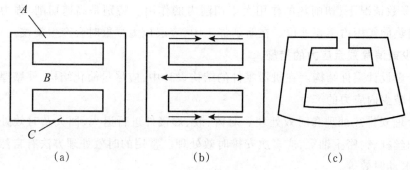

图 5-20 铸件因残余应力引起的变形

（2）冷校直带来的内应力。一些刚度较差容易变形的轴类零件，譬如丝杠，在加工以后，棒料在轧制中产生的内应力要重新分布，产生弯曲，在实际工作现场，常采用冷校直方法使之变直。校直的方法是在室温状态下，将有弯曲变形的轴放在两个支点上，使凸起部位朝上，在弯曲的反方向加外力 F，使工件反方向弯曲，产生塑性变形，以达到校直的目的，如图 5-21(a)所示。在外力 F 的作用下，工件内部残余应力的分布如图 5-21(b)所示，在轴线以上产生压应力（用负号表示），在轴线以下产生拉应力（用正号表示）。在轴线和两条虚线之间是弹性变形区域，在两条虚线之外是塑性变形区域。

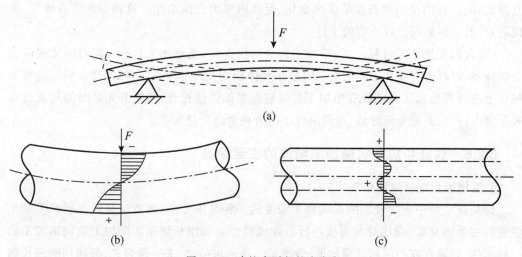

图 5-21 冷校直引起的内应力

当外力 F 去除后，内部弹性变形部分本来可以完全恢复而消失，但外层的塑性变形区域阻止内部弹性变形的恢复，使残余应力重新分布，如图 5-21(c)所示。这时，冷校直虽能减小弯曲，但工件却处于不稳定状态，如再次加工，工件还会朝原来的弯曲方向变回去，产生新的变形。

（3）切削加工中产生的内应力。工件在进行切削加工时，在切削力和摩擦力的作用下，使表层金属产生塑性变形引起体积改变，从而产生残余应力。这种残余应力的分布情况由加工时的工艺因素决定。内部有残余应力的工件在切去表面的一层金属后，残余应力要重新分布，从而引起工件的变形。为此，在拟定工艺规程时，要将加工划分为粗、精等不同阶段进行，以便把粗加工后残余应力重新分布所产生的变形在精加工阶段去除。

在大多数情况下,切削热的作用大于切削力的作用。特别是高速切削、强力切削、磨削时,切削热的作用占主要地位。在磨削加工中,表层拉力严重时会产生裂纹。

2.减少或消除残余应力的措施

(1)合理设计零件结构。在机器零件的结构设计中,应尽量简化结构,使壁厚均匀、结构对称,以减少内应力的产生。

(2)合理安排热处理和时效处理。对铸、锻、焊接件进行退火、回火及时效处理,对精密零件,如丝杠、精密主轴等,应多次安排时效处理。常用的时效处理方法有自然时效,人工时效及振动时效等。

①自然时效:是把毛坯或经粗加工后的工件放置于车间外的露天处,利用春夏秋冬自然界温度的变化,使工件经过多次热胀冷缩,让工件有充分的时间变形,使内应力逐渐消除。这种方法效果好,但所需时间长,影响产品的制造周期,所以除特别精密件外,一般较少采用。

②人工时效:是将工件放在炉内加热到一定温度,再随炉冷却以消除内应力。人工时效包括高温时效和低温时效,前者一般用于毛坯制造或粗加工以后进行,后者多在半精加工后进行。低温时效效果好,但时间长。人工时效对大型零件需要较大的设备,其投资和能源消耗都比较大。

③振动时效:让工件受到激振器或振动台的振动,或把工件装入滚筒在滚筒旋转时相互撞击,使工件的受力状态发生多次变化,促使内应力逐渐消除。这种方法节省能源、简便高效,但一般适用于较小型的工件。

(3)合理安排工艺过程。粗、精加工宜分阶段进行,使粗加工后有一定时间让内应力重新分布,以减少对精加工的影响。对质量和体积均很大的笨重零件,即使在同一台重型机床上进行粗精加工也应该在粗加工后将被夹紧的工件松开,使之有充足时间重新分布残余应力,在使其充分变形后,重新用较小的力夹紧进行精加工。

5.2.6 保证和提高机械加工精度的主要途径

1.直接减少或消除误差法

这是在生产中应用较广的提高加工精度的一种基本方法,该方法是在查明产生加工误差的主要因素后,设法对其直接进行消除或减少。如细长轴是车削加工中较难加工的一种工件,普遍存在的问题是精度低、效率低。正向进给,一夹一顶装夹,高速切削细长轴时,由于其刚性特别差,在切削力、惯性力和切削热作用下易引起弯曲变形,如图5-22所示。为了减少加工误差,可采取以下措施:

(1)采用中心架。可缩短支撑点间的距离一半,提高工件刚度近八倍。

(2)采用跟刀架。在刀具正对着的工件后面增加一个移动承力点(跟刀架),跟刀架随刀具一起进给,承受绝大部分的径向切削力,工件刚度更为提高。

(3)采用反向进给切削。一端用三爪卡盘夹持,另一端采用可伸缩的活顶尖。此时工件受拉不受压,工件不会因偏心压缩而产生弯曲变形,尾部的可伸缩活顶尖使工件在热伸长下有伸缩的自由,避免了热弯曲,如图5-23所示。

(4)采用大进给量和大主偏角车刀。增大了进给力,减小了背向力,切削更平稳,也能够提高细长轴的加工精度。

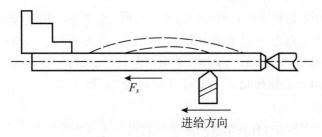

图5-22　进给方向从尾架到主轴箱车削细长轴

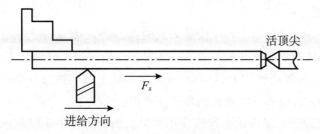

图5-23　进给方向从主轴箱到尾架车削细长轴

2.误差转移法

误差转移法就是转移工艺系统的几何误差、受力变形和热变形等误差,使其从误差敏感方向转移到误差的不敏感方向。当机床精度达不到零件加工要求时,不应该一味提高机床精度,而应在工艺上或夹具上想办法,创造条件,使机床的几何误差转移到不影响加工精度的方向。比如磨削主轴锥孔时,锥孔与轴颈的同轴度,不靠机床主轴的回转精度来保证,而是靠专用夹具的精度来保证,机床主轴与工件主轴之间用浮动连接,机床主轴的回转误差就转移了,不再影响加工精度;再如,选用转塔车床车削工件外圆时,如图5-24(a)所示,转塔刀架的转位误差会引起刀具在误差敏感方向上的位移,将严重影响工件的加工精度。如果将转塔刀架的安装形式改为图5-24(b)所示情况,刀架转位误差所引起的刀具位移对工件加工精度的影响就小得多。

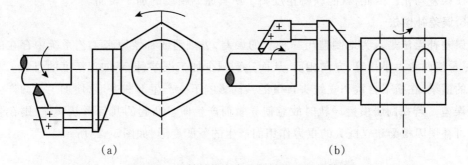

(a)　　　　　　　　　　　　　　　(b)

图5-24　立轴转塔车床刀架转位误差的转移

3.误差分组法

在机械加工中,对于毛坯误差、定位误差引起的工序误差,可采取分组的方法来减少其影响。误差分组法是把毛坯或上道工序加工的工件尺寸经测量按大小分为 n 组,每组工件的尺寸误差范围就缩减为原来的 $1/n$。然后按各组分别调整刀具与工件的相对位置或选用合适的定位元件,使各组工件的尺寸分散范围中心基本一致,以使整批工件的尺寸分散范围大大缩小。这种方法比起一味提高毛坯或定位基准的精度要经济得多。例如某厂采用心轴装夹工件剃齿,由于配合间隙太大,剃齿后工件齿圈径向圆跳动超差。为了不用提高齿坯加工精度而减少配合间隙,采用误差分组法,将工件内孔尺寸按大小分成4组,分别与相应的4根心轴相配合,保证了剃齿的加工精度要求。

4.就地加工法

在机械加工和装配中,有些精度问题牵涉到很多零部件的相互关系,如果单纯依靠提高零部件的精度来满足设计要求,有时不仅困难,甚至可能达不到。而采用就地加工法就可以解决这种难题。

例如在转塔车床中,转塔上六个安装刀具的孔,其轴心线必须与机床主轴回转中心线重合,而六个端面又必须与回转中心垂直。实际生产中采用了就地加工法,转塔上的孔和端面经半精加工后装配到机床上,再在自身机床主轴上安装镗刀杆和径向小刀架对这些孔和端面进行精加工,便能方便地达到所需的精度。

这种就地加工方法,在机床生产中应用很多。如为了使牛头刨床的工作台面对滑枕保持平行的位置关系,就在装配后的自身机床上进行"自刨自"的精加工;平面磨床的工作台面也是在装配后作"自磨自"的精加工;在车床上,为了保证三爪卡盘卡爪的装夹面与主轴回转中心同心,也是在装配后对卡爪装夹面进行就地车削或磨削;加工精密丝杠时,为保证主轴前后顶尖和跟刀架导套孔严格同轴,采用了自磨前顶尖孔,自磨跟刀架导套孔和刮研尾架垫板等措施来实现。

5.误差平均法

误差平均法就是利用有密切联系的表面之间的相互比较和相互修正或者利用互为基准进行加工,以达到很高的加工精度。例如,对配合精度要求很高的轴和孔,常采用研磨的方法来达到。研具本身的精度并不高,分布在研具上的磨料粒度大小也可能不一样,但由于研磨时工件与研具间作复杂的相对运动,使工件上各点均有机会与研具的各点相互接触并受到均匀的微量切削。高低不平处逐渐接近,几何形状精度也逐步共同提高,并进一步使误差均化。因此,就能获得精度高于研具原始精度的加工表面。

6.误差补偿法

误差补偿法是人为地制造出一种新的误差,去抵消或补偿原来工艺系统中存在的误差,尽量使两者大小相等、方向相反,从而达到减少加工误差,提高加工精度的目的。龙门铣床的横梁,在横梁自重和立铣头自重的共同影响下会产生下凹变形,使加工表面产生平面度误差。若在刮研横梁导轨时故意使导轨面产生向上凸起的几何形状误差,则在装配后就可补偿因横梁和立铣头的重力作用而产生的下凹变形,如图5-25所示。

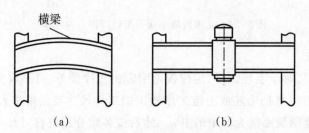

横梁

(a)　　　　　　(b)

图5-25　制造凸形横梁导轨补偿因自重和承重而引起的横梁下凹变形

5.3　机械加工表面质量

5.3.1　机械加工表面质量概述

机械零件的破坏一般总是从表面层开始的。产品的性能,尤其是它的可靠性和耐久性,在很大程度上取决于零件表面层的质量。研究机械加工表面质量的目的,就是掌握机械加工中各种工艺因素对加工表面质量影响的规律,以便运用这些规律来控制加工过程,最终达到改善表面质量,提高产品使用性能的目的。

而表面质量包含三个方面的内容:表面粗糙度、波度、表面层的物理机械性能。表面粗糙度在前面介绍过,而表面层的物理机械性能,主要包括以下几个方面:表面层因塑性变形产生的加工硬化,表面层因切削或磨削热引起的金相组织的变化,表面层因力或热的作用产生的残余应力。波度是由机械加工中的振动引起的。由于讨论机械加工振动问题所需篇幅较多,且其内容相对独立,故本章把讨论机械加工振动问题的内容另立一节介绍。

5.3.2　机械加工表面质量对机械产品使用性能的影响

1.表面质量对耐磨性的影响

一个刚刚加工好的摩擦副的两个接触表面总是存在着一定程度的粗糙不平,实际上当两个表面相接触时,并不是全部表面接触,而只是一些凸峰接触,一个表面的凸峰可能伸入另一表面的凹谷中,形成犬牙交错。由试验得知,两个车或铣加工后的表面实际接触面积只为15%~20%;细磨过的两表面实际接触面积为30%~50%;超精加工后的两表面实际接触面积为90%~95%。

当零件受到正压力时,两表面的实际接触面积部分产生很大压强,两表面相对运动时,实际接触的凸峰处产生弹性变形、塑性变形、剪切等现象,产生较大的摩擦阻力,引起表面的磨损,从而在一定程度上使零件丧失原有精度。

实践表明,表面粗糙度对磨损的影响极大,适当的表面粗糙度可以有效地减轻零件的磨损,但表面粗糙度值过低,也会导致磨损加剧。因为表面特别光滑,存储润滑油的能力变得很差,金属分子的吸附力增大,难以获得良好的润滑条件,紧密接触的两表面便会发生分子黏合现象而咬合起来,导致磨损加剧。因此,接触面的表面粗糙度有一个最佳值,如图 5-26 所示。表面粗糙度的最佳值与零件的工作情况有关,工作载荷加大时,初期磨损量增大,表面粗糙度最佳值也加大。

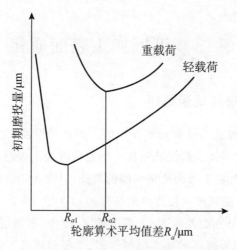

图 5-26　表面粗糙度与初期磨损量的关系

　　表面加工纹理方向对摩擦也有很大影响,当表面纹理与相对运动方向重合时,摩擦阻力最大,当两者间呈一定角度或表面纹理方向无规则时,摩擦阻力变小。

　　加工表面的冷作硬化,使摩擦副表面层金属的显微硬度提高,故一般可使耐磨性提高。但也不是冷作硬化程度越高耐磨性就越高,这是因为过度的冷作硬化将引起金属组织过度疏松,甚至出现裂纹和表层金属剥落,使耐磨性下降。

　　如果表面层的金相组织发生变化,其表层硬度相应地也随之发生变化,影响耐磨性。

2.表面质量对零件配合性质的影响

　　对于相互配合零件,无论是间隙配合,还是过渡配合、过盈配合,如果配合表面的粗糙度值过大,必然会影响它们的实际配合性质。

　　对于间隙配合的表面,如果粗糙度值过大,相对运动时摩擦磨损就大。经初期磨损后配合间隙就会增大很多,从而改变了应有的配合性质,甚至是机器出现漏气、漏油或晃动而不能正常工作。

　　对于过盈配合的表面,在将轴压入孔时,配合表面的部分凸峰会被挤平,使实际过盈量减小。若表面粗糙度值过大,即使设计时对过盈量进行一定补偿,并按此加工,取得有效过盈量,但其配合的强度与具有同样有效过盈量的低粗糙度配合表面的过盈配合相比,仍要低得多。

　　因此,有配合要求的表面一般都要求有适当小的表面粗糙度,配合精度越高,要求配合表面的粗糙度越小。

3.表面质量对零件疲劳性能的影响

　　在交变载荷作用下,零件表面的微观不平、划痕和裂纹等缺陷会引起应力集中现象,零件表面的微观低凹处的应力容易超过材料的疲劳强度而出现疲劳裂纹,造成疲劳损坏。

　　一般来说,表面粗糙度值越高,其疲劳强度越低。并且,越是优质钢材,晶粒越细,组织越致密,表面粗糙度对疲劳强度的影响就越大。加工表面粗糙度的纹理方向对疲劳强度也有较大影响,当其方向与受力方向垂直时,疲劳强度将明显下降。实验表明,对于承受交变载荷的零件,减少其容易发生应力集中部位的表面粗糙度,可以明显提高零件的疲劳强度。

表面层一定程度的冷作硬化能阻碍疲劳裂纹的产生和已有裂纹的扩展,提高零件的疲劳强度,但加工硬化程度过高时,常产生大量显微裂纹而降低疲劳强度。

表面层的残余应力对疲劳强度也有很大影响。若表面层的残余应力为压应力,则可部分抵消交变载荷引起的拉应力,延缓疲劳裂纹的产生和扩展,从而提高零件的疲劳强度;若表面层的残余应力为拉应力,则易使零件在交变载荷作用下产生裂纹而降低零件的疲劳强度。实验表明,零件表面层的残余应力不相同时,其疲劳强度可能相差数倍至数十倍。

4.表面质量对零件抗腐蚀性能的影响

当零件在有腐蚀性介质的环境中工作时,腐蚀性介质容易吸附和聚集在粗糙表面的凹谷处,并通过微细裂纹向内渗透。表面粗糙度值越高,凹谷越深、越尖锐,尤其是当表面有裂纹时,对零件的腐蚀作用就越强烈。当表面层存在残余压应力时,有助于表面微细裂纹的封闭,阻碍侵蚀作用的扩展。因此,减小零件表面粗糙度,使表面具有适当的残余压应力和加工硬化,均可提高零件的抗腐蚀性能。

除以上所述外,零件表面质量对其使用性能还有其他方面的影响。

对于滑动零件,恰当的表面粗糙度能提高运动灵活性,减少发热和功率损失;对于液压油缸和滑阀,较大的表面粗糙度值会影响其密封性;残余应力可使加工好的零件因内应力重新分布而在使用过程中逐渐变形,从而影响尺寸和形状精度;对于两个相互接触的表面,表面质量对接触刚度也有影响,表面粗糙度值越大,接触刚度就越小。

5.3.3　影响表面粗糙度的因素

机械加工中,产生表面粗糙度的主要原因可归纳为两方面:一是刀刃和工件相对运动轨迹所形成的表面粗糙度—几何因素;二是和被加工材料性质及切削机理有关的因素—物理因素。不同的加工方法,因切削机理不同,产生的表面粗糙度也不同,一般磨削加工表面的表面粗糙度值小于切削加工表面粗糙度值。

1.切削加工影响表面粗糙度的因素

(1)产生表面粗糙度的几何因素。产生表面粗糙度的几何因素是切削残留面积和刀刃刃磨质量。在理想切削条件下,由于切削刃的形状和进给量的影响,在加工表面上遗留下来的切削层残留面积就形成了理论表面粗糙度,如图5-27所示。

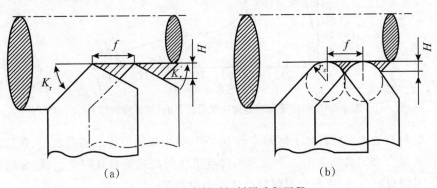

图5-27　车削时切削层残留面积

对于车削而言,如果背吃刀量较大,主要是以刀刃的直线部分形成表面粗糙度,此时可不考虑刀尖圆弧半径 r_ε 的影响,由图5-27(a)中的几何关系可求得:

$$H = \frac{f}{\cot\kappa_r + \cot\kappa_r'} \qquad (5-22)$$

如果背吃刀量较小,工件表面粗糙度则主要由刀刃的圆弧部分形成,由图5-27(b)的几何关系可求得:

$$H = r_\varepsilon(1 - \cos\alpha) = 2r_\varepsilon\sin^2\frac{\alpha}{2} \approx \frac{f^2}{8r_\varepsilon} \qquad (5-23)$$

式中:H——残留面积高度;

   f——进给量;

   κ_r——主偏角;

   κ_r'——副偏角;

   α——圆心角的一半;

   r_ε——刀尖圆弧半径。

由上述公式可知,减小 f、κ_r、κ_r' 及加大 r_ε,可减小残留面积的高度。

(2)产生表面粗糙度的物理因素。产生表面粗糙度的物理因素是切削过程中的塑性变形、摩擦、积屑瘤、鳞刺以及工艺系统中的高频振动等。在切削过程中,刀具刃口圆角及后刀面对工件的挤压与摩擦,使工件已加工表面发生弹性、塑性变形,促使表面粗糙度增大。

2.影响表面粗糙度的工艺因素

影响表面粗糙度的工艺因素包括切削用量、刀具材料、工件材料、切削液等。

切削速度在一定的切速范围内容易产生积屑瘤或鳞刺。因此,合理选择切削速度是减小粗糙度值的重要条件,如图5-28所示。减小进给量,可减少残留面积高度,故可降低粗糙度值,如式(5-22)、(5-23)所示。背吃刀量对表面粗糙度也有一定的影响,过小的背吃刀量,将使刀具在被加工表面上挤压和打滑,形成附加的塑性变形,会增大表面粗糙度值。

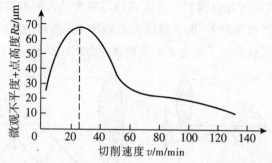

图5-28 切削速度对表面粗糙度的影响(加工塑性材料)

刀具材料与被加工材料分子间的亲和力大时,易生成积屑瘤。实验表明,在切削条件相同时用硬质合金刀具加工的工件表面粗糙度值比用高速钢刀具加工小;用金刚石车刀加工因不易形成积屑瘤,故可获得粗糙度值更小的表面。

刀具的几何角度对塑性变形、积屑瘤和鳞刺的产生均有很大的影响。前角增大时,塑性变形减小,表面粗糙度值变小,后角过小会增加摩擦,刃倾角的大小又会影响刀具的实际前角,因此它们都会影响表面粗糙度。

加工塑性材料时,由于刀具对金属的挤压产生了塑性变形,加之刀具迫使切屑与工件分离的撕裂作用,使表面粗糙度值增大。工件材料韧性越好,金属的塑性变形就越大,加工表面就越粗糙。中碳钢和低碳钢材料的工件,在加工或精加工前常安排作调质或正火处理,就是为了改善工件的切削性能,减小表面粗糙度值。

加工脆性材料时,切屑呈碎粒状,切屑的崩碎又在加工表面留下许多麻点,使表面粗糙度值变大。

切削液对加工过程能起到冷却和润滑的作用,因此,能降低切削区的温度,减少刀刃与工件的摩擦,从而减少了切削过程的塑性变形并抑制积屑瘤和鳞刺的生长,对降低表面粗糙度值有很大作用。

3.磨削加工中影响表面粗糙度的因素

磨削加工表面是由分布在砂轮表面上的磨粒与被磨工件做相对运动产生的刻痕所形成的表面。若单位面积上的刻痕越多(即通过单位面积的磨粒越多),且刻痕细密均匀,则表面粗糙度值就越小。实际上磨削过程不仅有几何因素,而且还有塑性变形等物理因素的影响。

影响磨削表面粗糙度的工艺因素有:

(1)磨削用量。砂轮速度大时,参与切削的磨粒数增多,可以增加工件单位面积上的刻痕数,又因高速磨削时塑性变形不充分,因而提高磨削速度有利于降低表面粗糙度值。磨削深度与工件速度增大时,将使塑性变形加剧,因而使表面粗糙度值增大。为了提高磨削效率,通常在开始磨削时采用较大的磨削深度,然后采用小的磨削深度或光磨,以减小表面粗糙度值。

(2)砂轮。砂轮硬度应适宜,使磨粒在磨钝后及时脱落,露出新的磨粒来继续切削,即具有良好的"自锐性"。砂轮应及时修整,以去除已钝化的磨粒,修整砂轮的金刚石工具越锋利、修整导程越小、修整深度越小,则修出的磨粒微刃越细越多,刃口等高性越好,磨出的工件就越能获得较小的表面粗糙度值。

(3)工件材料。工件材料的硬度、塑性、韧性和导热性能等对表面粗糙度有显著影响。

工件材料太硬时,磨粒易钝化,钝化的磨粒不能及时脱落,工件表面受到强烈的摩擦和挤压作用,塑性变形加剧,使表面粗糙度值增大;工件材料太软时,砂粒脱落过快,砂轮易堵塞,表面粗糙度值也会增大;工件材料的韧性大和导热性差也会使磨粒早期崩落,而破坏了微刃的等高性,使表面粗糙度值增大。

(4)切削液和其他。磨削切削液对减小磨削力、降低磨削区域温度、减少砂轮磨损等都有良好的效果。正确选用切削液对减小表面粗糙度值有利。

磨削工艺系统的刚度、主轴回转精度、砂轮的平衡、工作台运动的平衡性等方面,都将影响砂轮与工件的瞬时接触状态,从而影响表面粗糙度。

5.3.4　影响加工表面层物理机械性能的因素

机械加工中工件表面层由于受到切削力和切削热的作用,而产生很大的塑性变形,使表面层的物理力学性能发生变化,主要表现在表面层金相组织的变化、显微硬度的变化和出现残余应力。其中,因为磨削加工时产生的塑性变形和切削热比其他切削加工时更严重,所以磨削加工后加工表面的上述三项物理机械性能的变化比其他切削加工更大。

1.影响加工表面冷作硬化的因素

切削过程中,工件表面层由于受力的作用而产生塑性变形,使晶格严重扭曲、拉长、纤维化及破碎,引起加工表面层硬度增加,即冷作硬化(或强化)。

冷作硬化的程度取决于产生塑性变形的力和变形速度以及切削温度。被冷作硬化的金属处于高能位的不稳定状态,只要一有可能,金属的不稳定状态就要向比较稳定的状态转化,这种现象称为弱化。弱化作用的大小取决于温度的高低、温度持续时间的长短和强化程度的大小。机械加工时表面层的冷作硬化,就是强化作用和弱化作用的综合结果。

评定冷作硬化的指标有三项,即表层金属的显微硬度 H、硬化层深度 h 和硬化程度 N,$N = ((H - H_0)/H_0) \times 100\%$,式中 H_0 为工件内部金属的显微硬度,如图5-29所示。

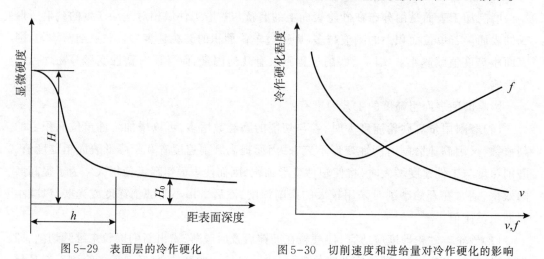

图5-29 表面层的冷作硬化   图5-30 切削速度和进给量对冷作硬化的影响

影响冷作硬化的主要因素如下:

(1)切削用量。切削速度和进给量对冷作硬化影响较大,如图5-30所示。随着切削速度的提高,刀具与工件的接触时间减少,塑性变形不充分,故强化作用小,同时因切削速度的提高使切削温度增加,弱化作用就大,故表面冷硬程度也随之减少;增加进给量f,切削力增大,使塑性变形加大,因而作冷硬化程度亦随之增加。但f太小时,由于刀具刃口圆角对工件的挤压次数增多,硬化程度反而增大。

(2)刀具的影响。切削刃钝圆半径增大,对表层金属的挤压作用增强,塑性变形加剧,导致冷作硬化增强;刀具后刀面磨损增大,与被加工工件的摩擦加剧,塑性变形增大,导致冷作硬化增强。

(3)加工材料的影响。工件材料的塑性越大,加工表面层的冷作硬化越严重。碳钢中含碳量愈大,强度变高、塑性变小、冷作硬化程度变小。有色金属的熔点低、容易弱化,冷作硬化现象就比碳钢轻得多。

2.影响表面层金相组织的因素

机械加工过程中,在加工区由于加工时所消耗的能量大部分转化为热能而使加工表面温度升高,当温度升高到金相组织变化的临界点时,就会产生金相组织的变化。切削加工时,切削热大部分被切屑带走,因此影响较小,多数情况下,表层金属的金相组织没有质的变化。但磨削加工时,磨削速度高,切除金属所消耗的功率远大于切削加工,磨削加工所消耗的能量大部分要转化为热能,传给被磨工件表面,使工件温度升高,引起加工表面金属金相组织的显著变化。

当被磨工件表面层温度达到相变温度以上时,表层金属发生金相组织的变化,使表层金属强度、硬度降低,并伴随着产生残余应力,甚至出现微观裂纹,这种现象称为磨削烧伤。譬如磨削淬火钢时,表面层产生的烧伤有以下三种:

①回火烧伤:磨削区温度超过了马氏体转变温度而未超过相变温度,则工件表面原来的马氏体组织将产生回火现象,转化成为硬度较低的回火组织——索氏体或屈氏体。

②淬火烧伤:磨削区温度超过相变温度,马氏体转变为奥氏体,由于冷却液的急冷作用,表面层会出现二次淬火马氏体,硬度较原来的回火马氏体高,而它的下层则因为冷却缓慢成为硬度较低的回火组织。

③退火烧伤:不用冷却液进行干磨削时,磨削区温度超过相变温度,马氏体转变为奥氏体,因工件冷却缓慢,即产生退火现象,表面层会出现珠光体组织,表层硬度急剧下降。

磨削热是造成磨削烧伤的根源,故改善磨削烧伤有两个途径:一是尽可能地减少磨削热的产生;二是改善冷却条件,尽量使产生的热量少传入工件。

(1)磨削用量。当磨削深度增大时,工件表面一定深度的金属层的温度将显著增加,容易造成烧伤或使烧伤加剧,故磨削深度不能太大。

当工件速度增大时,工件磨削区表面温度将升高,但此时热源作用时间减少,因而可减轻烧伤,但提高工件速度会导致表面粗糙度值增大,此时,可提高砂轮转速。实践证明,同时提高工件速度和砂轮速度可减轻工件表面烧伤。

当工件纵向进给量增加时,工件表层和表层以下各深度层温度均下降,可减轻烧伤,但进给量增大,会导致表面粗糙度增大,因而可采用较宽的砂轮来弥补。

(2)砂轮参数。砂轮磨料的种类、砂轮的粒度、黏合剂种类、硬度,以及组织等均对烧伤有影响。硬度高而锋利的磨料,如立方氮化硼、人造金刚石等,不易产生烧伤;磨粒太细易堵塞砂轮产生烧伤;硬度高的砂轮,磨钝的磨粒不易脱落下来,易产生烧伤,采用较软的砂轮可避免烧伤。

(3)冷却方法。采用适当的冷却润滑方法,可有效避免或减小烧伤,降低表面粗糙度值。由于砂轮的高速回转,表面产生强大的气流,使冷却润滑液很难进入磨削区。如何将冷却润滑液送到磨削区内,是提高磨削冷却润滑的关键。常用的冷却方法有高压大流量冷却、喷雾冷却、内冷却等。常用的冷却润滑液有切削油、乳化油、乳化液等。

3.影响加工表面残余应力的因素

工件经机械加工后,其表面层都存在残余应力。残余压应力可提高工件表面的耐磨性和疲劳强度,残余拉应力则使耐磨性和疲劳强度降低,若拉应力值超过工件材料的疲劳强度极限时,则使工件表面产生裂纹,加速工件的损坏。引起残余应力的原因有以下几个方面:

(1)表面层金属的冷态塑性变形。在切削或磨削过程中,工件加工表面受到刀具刀面或砂轮磨粒的挤压和摩擦后,产生拉伸塑性变形,此时里层金属处于弹性变形状态。切削或磨削过后,里层金属趋于弹性恢复,但受到已产生塑性变形的表面层金属的牵制,在表面层产生残余压应力,里层产生残余拉应力。

(2)表面层金属的热态塑性变形。机械加工过程中,切削或磨削热使工件表面局部温升过高,引起高温塑性变形。如图5-31所示为因加工温度而引起残余应力的示意图,图5-31(a)为加工时表面到内部温度与分布情况。第1层温度在塑性温度以上,该层金属产生热塑变形;第2层温度在塑性温度与室温之间,该层金属只产生弹性热膨胀;第3层是处在室温的冷态层不产生热变形。由于第1层处于塑性状态,故没有应力;第2层的膨胀受到了第3层的阻碍,所以第2层产生压应力;第3层则产生拉应力,即图5-31(b)所示。开始冷却时,当第1层冷到塑性温度以下,体积收缩,但第2层阻碍其收缩,此时第1层产生拉应力,第2层压应力增加,由于第2层的冷却收缩,第3层的拉应力有所减少,即如图5-31(c)所示。冷却结束后,第1层继续收缩,拉应力进一步增大,而第2层热膨胀全部消失,完全由第1层的收缩而形成一个不大的压应力,第3层拉应力消失,而与第2层一起受第1层的影响,形成压应力,即如图5-31(d)所示。

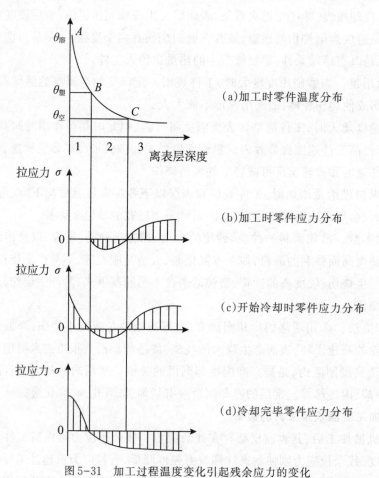

图5-31 加工过程温度变化引起残余应力的变化

(3)表面层金属金相组织的变化。在切削或磨削的过程中,若工件表面层金属温度高于材料的相变温度,将引起金相组织的变化。由于不同的金相组织具有不同的密度,例如,马氏体密度 $\rho_\text{马}=7.75\text{g/cm}^3$、奥氏体密度 $\rho_\text{奥}=7.96\text{g/cm}^3$、珠光体密度 $\rho_\text{珠}=7.78\text{g/cm}^3$、铁素体密度 $\rho_\text{铁}=7.88\text{g/cm}^3$。因此,表面层金属金相组织的变化造成了其体积的变化,这种变化受到了基体金属的限制,从而在工件表面层产生残余应力。当金相组织的变化使表面层金属的体积膨胀时,表面层金属产生残余压应力,反之,则产生残余拉应力。

必须指出,实际加工后表面层的残余应力是冷态塑性变形、热态塑性变形和金相组织变化三者综合作用的结果。

影响零件表面层残余应力的工艺因素比较复杂。不同加工条件下,残余应力的大小、符号及分布规律可能有明显的差别。切削加工时起主要作用的往往是冷态塑性变形,表面层常产生残余压应力;磨削加工时,热态塑性变形或金相组织的变化通常是产生残余应力的主要因素,表层常存有残余拉应力。

总的来说,凡能减小塑性变形和降低切削或磨削温度的因素都可使零件表层残余应力减小。零件主要工作表面留下的残余应力将直接影响机器的使用性能,因此,零件主要工作表面的最终加工工序的选择是至关重要的。选择零件主要工作表面最终工序的加工方法,必须考虑零件主要工作表面的具体工作条件和可能的破坏形式。在交变载荷的作用下,机器零件表面上的局部微观裂纹,会因拉应力的作用使原生裂纹扩大,最后导致零件断裂。从提高零件抵抗疲劳破坏的角度考虑,该表面最终工序应选择能在该表面产生残余压应力的加工方法。

各种加工方法在加工表面残留的残余应力情况,参见表5-2。

表 5-2 各种加工方法在加工表面残留的残余应力

加工方法	残余应力符号	残余应力值 σ(MPa)	残余应力层深度 h(mm)
车削	一般情况下,表面受拉,里层受压;$v>500\text{m/min}$ 时,表面受压,里层受拉	200～800,刀具磨损后达1000	一般情况下,0.05～0.10;当用大负前角($\gamma=-30°$)车刀,v很大时,h可达0.65
磨削	一般情况下,表面受压,里层受拉	200～1000	0.05～0.30
铣削	同车削	600～1500	
碳钢淬硬	表面受压,里层受拉	400～750	
钢珠滚压钢件	表面受压,里层受拉	700～800	
喷丸强化钢件	表面受压,里层受拉	1000～1200	
渗碳淬火	表面受压,里层受拉	1000～1100	
镀铬	表面受压,里层受拉	400	
镀铜	表面受压,里层受拉	200	

5.4 机械加工过程中的振动

在机械加工过程中,工艺系统(工件—夹具—刀具—机床)经常会发生振动,给加工过程带来很多不利的影响。发生振动时,工艺系统的正常切削过程受到干扰和破坏,使零件加工表面产生振纹,降低了零件的加工精度和表面质量,低频振动增大波度,高频振动增加表面粗糙度;振动可能使刀刃崩碎,特别是对硬质合金、陶瓷、金刚石和立方氮化硼等韧性差的刀具,影响刀具的寿命;振动会导致机床、夹具的零件连接松动,增大间隙,降低刚度和精度,并缩短使用寿命;强烈的振动和伴随而来的噪声污染环境,危害操作者的身心健康。由于振动限制了切削用量的进一步提高,影响了生产效率,严重时甚至不能正常切削,因此,研究机械加工过程中的振动,探索抑制、消除振动的措施是十分必要的。

机械加工振动的相关内容,可通过下方二维码扫码阅读。

思考与练习题

5-1　什么是加工精度?什么是加工误差?两者有何区别和联系?

5-2　车床床身导轨在垂直面内及水平面内的直线度对车削圆轴类零件的加工误差有什么影响,影响程度有何不同?

5-3　在卧式镗床上采用工件送进方式加工直径为 $\phi200mm$ 的通孔时,若刀杆与送进方向倾斜 $\alpha=1°30'$,则在孔径横截面内将产生什么样的形状误差?其误差大小为多少?

5-4　已知某车床部件刚度 $k_主=44500N/mm$,$k_{刀架}=13330N/mm$,$k_尾=30000N/mm$,$k_{刀具}$ 很大,加工一个刚度很大的粗短外圆轴,若切削力 $F_y=420N$,试求工件加工后的形状误差和尺寸误差。

5-5　什么是误差复映?误差复映系数的大小和哪些因素有关系?

5-6　已知一工艺系统的误差复映系数为0.25,工件在本工序前有圆度误差0.45mm,若本工序形状精度规定允许误差0.01mm,问至少走刀几次才能使形状精度合格?

5-7　车床上加工丝杠,工件总长度为2650mm,螺纹部分的长度 $L=2000mm$,工件材料和母丝杠材料都是45钢,加工时室温为20℃,加工后室温升至45℃,母丝杠温升至30℃,试求工件全长上由于热变形引起的螺距累积误差。

5-8　有一板状框架铸件,壁3薄、壁1和壁2厚,当采用宽度为B的铣刀铣断壁3后(如题图5-1所示),断口尺寸B将会因内应力重新分布产生什么样的变化,为什么?

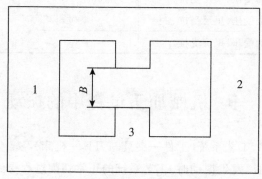

题图 5-1

5-9　在车床上用两顶尖装夹工件车削细长轴时,产生如题图 5-2 所示的三种形状误差的原因是什么? 可采用什么办法来减少或者消除误差?

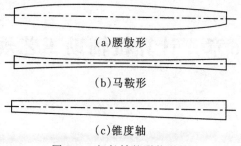

(a)腰鼓形

(b)马鞍形

(c)锥度轴

图 5-2　细长轴的形状误差

5-10　什么是回火烧伤、淬火烧伤和退火烧伤? 为什么磨削加工时,容易产生烧伤?

5-14　机械加工中,为什么工件表面层金属会产生残余应力? 磨削加工表面层产生残余应力的原因和切削加工产生残余应力的原因是否相同? 为什么?

5-15　简述机械加工中强迫振动、自激振动的特点。

第6章　计算机辅助工艺规划

工艺规程设计起着连接产品设计和制造的重要作用,同时它也是生产计划管理和实时调度的技术依据。然而,长期以来用手工方式进行工艺规程设计工作存在着一系列问题,如设计效率低,不能适应快速市场响应的要求;因个人经验的局限性难于设计出最佳方案;中小批量生产采用简化的工艺规程削弱了对生产的指导作用;工艺规程设计中大量的事务性工作妨碍工艺人员从事创造性、开拓性工作等。计算机的发展及其在机械制造业中的广泛应用,为工艺规程设计提供了理想的工具。

◇ 6.1　CAPP概述 ◇

计算机辅助工艺规程设计(Computer Aided Process Planning,CAPP)是通过计算机技术辅助工艺设计人员,以系统的和科学的方法确定零件从毛坯到成品的整个加工工艺过程,即工艺规程。

具体地说,CAPP就是利用计算机的信息处理和信息管理优势,采用先进的信息处理技术和智能技术,辅助工艺设计人员完成工艺设计中的各项任务,如选择定位基准、拟定零件加工工艺路线、确定各工序的加工余量、计算工序尺寸和公差、选择加工设备和工艺装备、确定切削用量、确定重要工序的质量检测项目和检测方法、计算工时定额、编写各类工艺文件等,最后生成产品生产所需的各种工艺文件和数控加工程序、生产计划制订和作业计划制订所需的相关数据信息,作为数控加工程序的编制、生产管理与运行控制系统执行的基础信息。

计算机辅助工艺规划的研究始于20世纪60年代后期,其早期意图就是建立包括工艺卡片生成,工艺内容存储及工艺规程检索在内的计算机辅助工艺系统,这样的系统没有工艺决策能力和排序功能,因而不具有通用性。真正具有通用意义的CAPP系统是1969年以挪威开发的AUTOPROS系统为开端,其后很多的CAPP系统都受到这个系统的影响。我国在20世纪80年代初期也开始了CAPP的研究工作,其中,同济大学的TOJICAP系统、北京航空航天大学开发的EXCAPP系统、南京航空航天大学开发的NHCAPP系统、清华大学开发的THCAPP-1系统等都有不俗的表现。

6.1.1　CAPP的基本组成

CAPP系统的组成与其开发环境、产品对象及其规模大小等有关。图6-1所示的系

统构成是根据CAD/CAPP/CAM集成的要求而拟定的,其基本功能模块如下:

(1)零件信息获取模块:用于获取产品或零件的设计信息。零件信息的获取方法主要有:①人工交互输入零件的设计信息;②从CAD系统直接获取;③从集成制造环境下的统一产品数据模型获取。

(2)工艺过程设计模块:根据零件的结构特点完成零件加工工艺规程的决策,主要是选择各加工面的加工方法和合理安排加工顺序,生成零件加工工艺过程卡。

(3)工序决策模块:选择定位基准,确定加工余量和毛坯尺寸,计算工序尺寸和公差,选择机床、刀具、夹具和其他工装设备,生成工序卡。

(4)工步决策模块:确定刀具走刀路径、选择合理的切削用量,确定加工质量要求,生成工步卡及提供形成NC指令所需的刀位文件。

(5)输出模块:输出工艺过程卡、工序卡和工步卡,完成工艺管理文件等,亦可从现有工艺文件库中调出各类工艺文件,对现有文件进行修改后得到所需的工艺文件。

(6)产品设计数据库:存放有CAD系统完成的产品设计信息。

(7)制造资源数据库:存放企业或车间的加工设备、工装工具等制造资源的相关信息。

(8)工艺知识数据库:用于存放产品制造工艺规则、工艺标准、工艺数据手册、工艺信息处理的相关算法和工具等。

(9)典型案例库:存放各零件族典型零件的工艺流程图、工序卡、工步卡、加工参数等数据,供系统参考使用。

(10)制造工艺数据库:存放由CAPP系统生成的产品制造工艺信息,供输出工艺文件、数控加工编程和生产管理与运行控制系统使用。

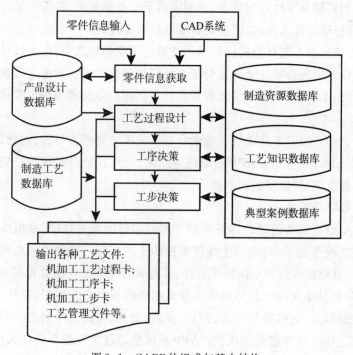

图6-1 CAPP的组成与基本结构

6.1.2 CAPP 的类型

从 CAPP 的工作原理上分,可以将 CAPP 分成四种类型:

1. 检索式 CAPP 系统

检索式 CAPP 系统是将企业现行各类工艺文件,根据产品和零件图号,存入计算机数据库中。进行工艺设计时,可以根据产品或零件图号,在工艺文件库中检索相类似零件的工艺文件,由工艺人员采用人机交互方式,对检索到的工艺文件进行编辑,最后由计算机按工艺文件要求进行打印输出。

2. 派生式 CAPP 系统

派生式 CAPP 系统是基于成组技术的原理,根据零件的几何形状、加工工艺等方面的相似性,将零件进行分类、划分零件族,并设计出综合该族所有零件的虚拟典型样件,根据此样件设计工艺作为该零件族的典型工艺规程。当设计一个新零件的工艺规程时,首先,确定其零件编码,并据此确定其所属零件族,由计算机检索出该零件族的典型工艺规程。工艺设计人员根据零件结构及加工工艺要求,采用人机交互的方式,对典型工艺规程进行修改,从而得到所需的工艺规程。

由派生式 CAPP 系统的工作原理可知,派生式 CAPP 系统主要解决三个关键问题:

(1)零件信息描述问题。在派生式的 CAPP 系统中,零件信息以编码的形式输入到 CAPP 系统中,即将零件信息代码化,目前国内的派生式 CAPP 系统常见的编码系统是建立在以 Opiz 编码系统为基础的 GB-JXLJ。

(2)相似零件族的划分问题。划分零件族前,需要对所有零件的结构特征进行分析,并在此基础上制定划分零件族的标准,即确定若干个特征矩阵,将每个零件族的特征矩阵存储起来,构成特征矩阵文件,以便确定新零件所属零件族。

(3)零件族的标准工艺规程制订问题。在确定了零件族之后,需要设计零件族的标准工艺规程。可以采用复合零件法和复合工艺路线法等来生成。标准工艺规程由各种加工工序构成,工序由工步构成,标准工艺规程在计算机中的存储和查询主要依靠工步代码文件来实现。

由于派生式的 CAPP 系统主要以检索已存在的工艺规程为目标,因此,存在着通用性差等问题,同时,由于派生式 CAPP 的原理等原因,导致其难以实现与 CAD 系统的集成,不符合现代高度集成、智能制造的需要。

3. 创成式 CAPP 系统

创成式 CAPP 系统指的是软件系统能够综合零件的加工特征,根据系统中的工艺知识库和各种工艺决策逻辑,自动的生成该零件的工艺规程。这种工艺系统能够在获取零件的信息以后,自动提取所需要的加工特征,并将其转变为系统能够识别的工艺知识。根据工艺知识,从软件系统的工艺知识库中检索相应的标准工艺知识,应用工艺决策规则,进行工艺路线的制定,包括选择机床、刀具、夹具、量具,完成工序制定,切削用量选择,工艺规程优化等工作。最理想的创成式 CAPP 系统是通过决策逻辑效仿人的思维,在无需人工干预的情况下自动生成工艺路线,系统具有高效的柔性。

因此,要实现完全创成式的CAPP系统,必须解决下列两个关键问题:一是零件的信息必须要用计算机能识别的形式完全准确地描述,即CAPP系统能够自动地识别CAD系统的设计数据,并转化为相应的工艺知识;二是设计大量的工艺知识和工艺规程决策逻辑,选择合适的表达方法,存贮在CAPP系统中。

零件信息描述是创成式CAPP系统首先要解决的问题,零件信息的描述指的是把零件的几何形状和技术要求转化为计算机能够识别的代码信息。目前,零件信息数据基本都以CAD形式表现,不同CAD系统的零件表达方式存在一定的差异,导致不同的CAPP系统在读取不同CAD数据时,经常会遇到数据不能识别或者识别混乱等问题。另外,零件上的某些特征信息,CAPP系统在识别上存在问题。譬如,零件的材料、形位公差等信息,特别是对复杂零件三维模型的识别也还没有完全解决,因此,关于CAD和CAPP之间的数据交换是CAPP的一个难点问题。工艺知识和工艺规程决策规则是创成式CAPP系统要解决的第二个关键问题。工艺知识是一种经验型知识,建立工艺决策模型时,通过工艺知识表示相应的决策逻辑,并通过计算机编程语言实现是一件比较困难的事情。在理论上,创成式CAPP系统包含有决策逻辑,系统具有工艺规程设计所需要的所有信息,但是代价是需要大量的前期准备工作。譬如,收集生产实践中的工艺知识,并以一定的存储方式进行存储。由于产品品种的多样化,各种产品的加工过程不同,即便是相同的产品;由于具体加工条件的差异,工艺决策逻辑也都不一样,现有的创成式CAPP系统大部分都是针对特定企业的某一类产品专门设计的,创成能力有限。

1978年MIT David Gossard教授指导的学士论文"CAD零件的特征表示"第一次提出特征的概念,而后很多科研工作者研究基于特征的零件信息表述方法,到目前为止,该方法被认为是根本解决CAD和CAPP集成问题的有效途径。从不同的角度出发,特征有不同的含义。从设计角度出发,特征指的是"和CIMS的一个和多个功能相关的几何实体";从制造角度出发,特征指的是"零件上具有显著特性的、对应于主要加工操作的几何形体";从广义角度出发,特征指的是"能够抽象的描述零件上感兴趣的几何形状及其工程语义的对象"。

利用特征建模技术建立零件信息模型是目前流行的方法,国内外的学者对基于特征的零件信息模型表达方法进行了深入的探讨。Shah提出的产品模型四级结构包括特征图、特征属性表、特征实例和构造表示CSG(Constructive Solid Geometry)和边界表示B-Rep(Boundary Representation)。Requicha、Roy、Wickens对尺寸公差模型、约束网络、尺寸驱动设计等进行了研究,并探讨了相应的模型边界与修改。杨安建建立了基于主框架、表面特征框架和辅助特征框架三层结构的零件信息框架模型。清华大学王先逵和李志忠提出了通过信息元法建立IDEF1X零件信息实体模型的方法。西北大工业大学李原通过面向对象的建模方法与B-Rep方法描述零件特征的分类和几何拓扑信息。

另外一个问题是关于工艺规则决策逻辑的创建问题。建立工艺决策逻辑则是创成式CAPP的核心问题。从决策基础来看,它又包括逻辑决策、数学计算以及创造性决策等方式。建立工艺决策逻辑应根据工艺设计的知识和原理,结合具体生产条件,并将有关专家和工艺人员的逻辑判断思维结合在一起的建立起来的一整套决策规则。譬如定位基准的选择,加工方法的选择,加工阶段的确定,工装设备和机床的确定,切削用量的选择,工艺方案的选择等。工艺知识、原理、专家人员的设计经验等通过高级编程语言,转变为工艺决策逻辑,存储在CAPP系统的数据库或者软件系统中。工艺规则决策逻辑主要是基于决策表和决策树。国内外研究开发了一些基于决策表和决策树的系统,例如CAPSY系统,这一系统是图形人机对话式创成式CAPP系统,它能和CAD系统和NC系统配套使用,零件信息的描述可用二维CAD系统COMVAR或三维CAD系统COMPAC建立零件模型。北京理工大学的BITCAPP系统是一个适用于FMS的创成式CAPP系统,是针对FMS中所加工的兵器零件开发的。但是,现有的创成式CAPP系统的创成能力和与CAD集成都很有限,都是在一定范围内拥有一定的创成能力,应用范围受到很大的限制。

4.智能式CAPP系统

智能式CAPP系统指的是利用人工智能技术进行工艺路线的辅助规划。首先,建立工艺知识库,既包括基础的零件基本信息,又将需要众多经验丰富的专家、学者的知识和经验,以一定的形式存储到数据库中,其次,建立工艺规划决策模块,模拟专家的逻辑思维和工艺推理能力,设计具体零件的工艺路线。

综上,开发与应用CAPP系统所涉及的关键技术如下:

(1)零件信息的描述与获取。CAPP技术是按照自己的特点而发展的,零件信息(几何拓扑及工艺信息)的输入是CAPP系统工作基础和前提,也是技术难点。

(2)工艺数据库的建立和工艺知识的获取及表示。企业人员、资源条件、技术水平、工艺习惯不同则工艺数据库不同,工艺数据库的建立十分烦琐和复杂,也是目前制约CAPP应用的关键。同时,工艺规程设计通常随设计人员、资源条件、生产技术水平和工艺习惯而变。要使工艺规程设计在企业内得到广泛有效的应用,需总结出适应本企业的零加工的典型工艺及工艺决策的方法,按所开发CAPP系统的要求采用不同的形式表示这些经验及决策逻辑。

(3)工艺规程设计决策机制。其核心为特征型面加工方法的选择,零件加工工序及工步的安排及组合。决策内容主要包括:①工艺路线的决策;②工序决策;③工步决策;④工艺参数决策。为保证工艺规程设计达到全局最优化,系统把这些内容集成在一起,进行综合分析,动态优化,交叉设计。

◆——— 6.2 零件信息的描述及输入 ———◆

计算机辅助工艺规程设计的目的是根据零件的信息制订详细而合理的零件加工工艺规程。即借助计算机生成零件的工艺路线,并确定每道工序内容,为此必须首先输入零件信息。

零件信息描述的目的就是对零件特征信息的标识,使CAPP系统正确地理解零件的工艺特征,所以设计良好的人机界面及数据存储结构、零件信息的描述与输入是CAPP系统的第一步,也是关键的一步。

零件信息主要包括以下内容:

（1）生产管理信息。如零件名称、图号、材料、所属产品和部件，每一产品中该零件的件数、生产批量等。

（2）几何信息。指零件的结构形状和尺寸，如表面形状、表面间的相互位置、尺寸及其公差，实际上是工程图纸上的图形。

（3）工艺信息。毛坯特征、零件材料、加工精度、表面粗糙度、热处理、表面处理、配合关系等技术要求，这些信息都是制订工艺规程时必需的，又称之为非几何信息。

零件信息的描述应满足以下要求：

（1）信息描述要准确、完整。所谓完整，是指要能够满足计算机辅助工艺规程设计的需要，不是指要描述全部信息。

（2）信息描述要易于被计算机接受和处理，界面友好，使用方便，工效高。

（3）信息描述要易于被工程技术人员理解和掌握，便于被操作人员运用。

（4）考虑计算机辅助设计、计算机辅助制造、计算机辅助检测等多方面的要求，以便能够信息共享。

目前零件信息的输入方法主要包括：代码描述法，特征描述法，直接从CAD系统中读取，从CIMS集成环境下统一的产品数据模型获取。

1.代码描述法

代码描述法也称编码描述法，是按照分类编码的规则用一组顺序排列的字符（数字和字母）对零件的各有关特征进行描述和标识。零件分类编码系统就是用数字、字母或符号将机械零件图上的各种特征进行标识的一套特定的法则和规定。这些特征包括零件的几何形状、尺寸、精度、材料、热处理等，也可描述零件有关功能以及生产管理方面的信息，诸如零件名称、功能要素、加工设备、工装、工时、生产批量等。目前，各个国家或大企业均有自己的零件分类编码系统，比较典型的和应用比较广泛的有德国的OPTIZ系统、日本的KK-3系统和我国的JLBM-1系统。

JLBM-1系统，是我国机械工业部门为在机械加工中推行成组技术而开发的一种零件分类编码系统。它是一套通用零件分类编码系统，适于中等及中等以上规模的多品种、中小批量生产的机械制造企业使用，为在产品设计、制造工艺和生产管理等方面开展成组技术提供了条件。JLBM-1零件分类编码系统是一个十进制15位代码的主辅码组合结构系统，其基本结构如图6-2所示。它吸取了OPTIZ零件分类编码系统的基本结构和KK-3系统的特点。在横向分类环节上，主码分为零件名称类别码、形状及加工码、辅助码。零件名称类别码表示了零件的功能名称；辅助码表示了与设计和工艺有关的信息；每一码位包括从0到9的10个特征项号，详见表6-1、表6-2、表6-3、表6-4。JLBM-1系统的特点是零件类别按名称类别矩阵划分，便于检索，码位适中，又有足够的描述信息的容量。如图6-4所示为按JLBM—1系统对如图6-3所示零件的分类编码。

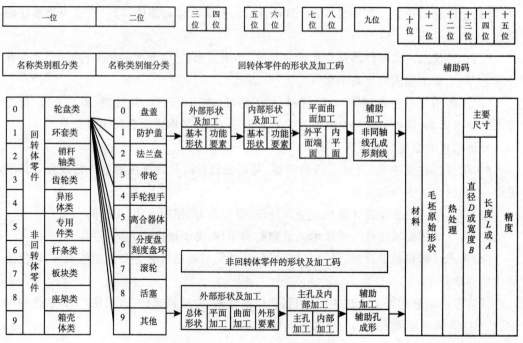

图 6-2　JLBM—1 分类编码系统

表 6-1　名称类别矩阵表（第一~第二位）

	第二位 →　第一位 ↓	0	1	2	3	4	5	6	7	8	9
0	回转类零件 轮盘类	盘、盖	防护盖	法兰盘	带轮	手轮捏手	离合器体	分度盘刻度盘杯	滚轮	活塞	其他
1	环套类	垫片类	环、套	螺母	衬套轴套	外螺纹套直管接头	法兰套	半联轴节	液压缸汽缸		其他
2	销杆轴类	销、堵短圆柱	圆杆圆管	螺杆螺栓螺钉	阀杆阀芯活塞杆	短轴	长轴	蜗杆丝杠	手把手柄操纵杆		其他
3	齿轮类	圆柱外齿轮	圆柱内齿轮	锥齿轮	蜗轮	链轮棘轮	螺旋锥齿轮	复合齿轮	圆柱齿条		其他
4	异形件	异形盘套	弯管接头弯管	偏心件	扇形件弓形件	叉形接头叉轴	凸轮凸轮轴	阀体			其他
5	专用件										其他

续表

第一位 ＼ 第二位			0	1	2	3	4	5	6	7	8	9
非回转类零件	6	杆条类	杆、条	杠杆摆杆	连杆	撑杆拉杆	扳手	键镶(压)条	梁	齿条	拨叉	其他
	7	板块类	板、块	防护板盖板、门板	支撑板垫板	压板连接板	定位板棘爪	导向块、滑块、板	阀块分油器	凸轮板		其他
	8	座架类	轴承座	支座	弯板	底座机架	支架					其他
	9	箱壳体类	罩、盖	容器	壳体	箱体	立柱	机身	工作台			其他

表6-2　回转类零件分类表(第三~第九位)

码位	三		四		五		六		七		八		九	
特征	外部形状及加工				内部形状及加工				平面、曲面加工				辅助加工(非同轴线孔、成形、刻线)	
项号	基本形状		功能要素		基本形状		功能要素		外(端)面		内面			
0	单一轴线	光滑	0	无	0	无轴线孔	0	无	0	无	0	无	0	无
1		单向台阶	1	环槽	1	非加工孔	1	环槽	1	单一平面不等分平面	1	单一平面不等分平面	1	均布孔 轴向
2		双向台阶	2	螺纹	2	通孔	2	光滑单向台阶	2	螺纹	2	平行平面等分平面	2	平行平面等分平面	2	径向
3		球、曲面	3	1+2	3	双向台阶	3	1+2	3	槽、键槽	3	槽、键槽	3	非均布孔 轴向

续表

码位	三	四	五	六	七	八	九
4	正多边形	4 锥面	4 盲孔 ｜ 单侧	4 锥面	4 花键	4 花键	4 径向
5	非圆对称表面	5 1+4	5 ｜ 双侧	5 1+4	5 齿形	5 齿形	5 倾斜孔
6	弓、扇形或4、5以外	6 2+4	6 球、曲面	6 2+4	6 2+5	6 3+5	6 各种孔组合
7	多轴线 平行轴线	7 1+2+4	7 深孔	7 1+2+4	7 3+5或4+5	7 4+5	7 成形
8	弯曲、相交轴线	8 传动螺纹	8 相交孔平行孔	8 传动螺纹	8 曲面	8 曲面	8 机械刻线
9	其他	9 其他	9 其他	9 其他	9 其他	9 其他	9 其他

表6-3 材料、毛坯、热处理分类表(第十~第十二位)

代码	十	十一	十二
项目	材料	毛坯原始形状	热处理
0	灰铸铁	棒材	无
1	特殊铸铁	冷拉材	发蓝
2	普通碳钢	管材(异形管)	退火、正火及时效
3	优质碳钢	型材	调质
4	合金钢	板材	淬火
5	铜和铜合金	铸件	高、中、工频淬火
6	铝和铝合金	锻件	渗碳+4或5
7	其他有色金属及其合金	铆焊件	氮化处理
8	非金属	铸塑成形件	电镀
9	其他	其他	其他

表6-4　主要尺寸、精度分类表(第十三~第十五位)

代码	十三						十四	十五
项目	主要尺寸						项目	精度
	直径或宽度(D 或 B/mm)			长度(L 或 A/mm)				
	大型	中型	小型	大型	中型	小型		
0	≤14	≤8	≤3	≤50	≤18	≤10	0	低精度
1	>14~20	>8~14	>3~6	>50~120	>18~30	>10~16	1	中等精度 内、外回转面加工
2	>20~58	>14~20	>6~10	>120~250	>30~50	>16~25	2	平面加工
3	>58~90	>20~30	>10~18	>250~500	>50~120	>25~40	3	1+2
4	>90~160	>30~58	>18~30	>500~800	>120~250	>40~60	4	高精度加工 外回转面加工
5	>160~400	>58~90	>30~45	>800~1250	>250~500	>60~85	5	内回转面加工
6	>400~630	>90~160	>45~65	>1250~2000	>500~800	>85~120	6	4+5
7	>630~1000	>160~440	>65~90	>2000~3150	>800~1250	>120~160	7	平面加工
8	>1000~1600	>440~630	>90~120	>3150~5000	>1250~20000	>160~200	8	4或5、或6+7
9	>1600	>630	>120	>5000	>2000	>200	9	超高精度

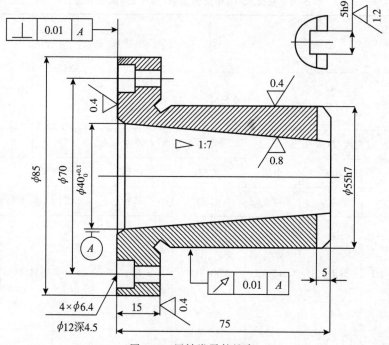

图6-3 回转类零件锥套

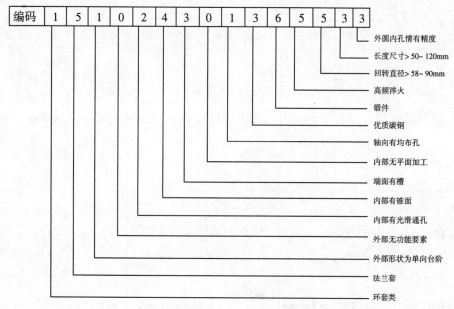

图6-4 JLBM—1分类编码系统示例

2.型面特征描述

任何零件都是由若干个形状特征(或表面元素)按一定规则和顺序组合而成的，每一种形状特征都可以用一组特征参数给予描述，每一种几何特征对应一组加工方法，可根据具体的加工精度和表面质量要求来确定。这些形状特征可以是圆柱面、圆锥面、螺纹面、孔、凸台、槽等基本几何要素。例如，图6-5传动轴由四个外圆柱面①②③④、两个带倒角的端面⑤⑪、三个倒圆角⑦⑧⑩、两个键槽⑥⑨组成，每一个型面又可用一组尺寸和精度表示。

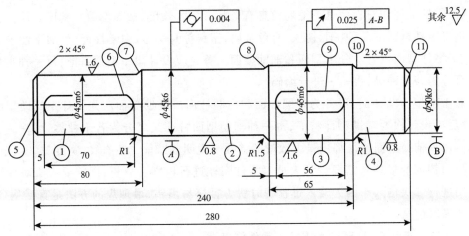

技术要求：调质处理，硬度220~250HBS

图6-5　传动轴

　　型面特征描述法是采用经过定义的特征(包括几何特征、技术特征等)对零件进行描述,并建立一套主要由图形叠加规则组成的型面特征描述系统的方法。这种方法的基本思想是按照零件加工过程中所形成的零件型面来定义零件的几何特征,并在这些型面特征中关联相应的工艺信息(包括零件的精度、材料、热处理等技术要求)作为技术特征,以几何特征信息集的形式对零件进行描述。几何特征是零件几何要素的组合,具有相对独立性。零件的加工过程实际上是各种几何面的成型过程,各种面的大小决定了零件的几何尺寸,它们之间的相对位置则决定了零件的形状要求。

　　型面特征描述的关键是型面特征的设计,在设计时要考虑以下几点:

　　(1)型面特征的种类要能覆盖欲描述零件的要求,同时数量要尽量少,型面特征要有典型性。

　　(2)为了有效地对零件进行描述,可采用型面特征分层结构的型面特征描述系统,将型面分成主型面、辅助型面和组合型面。

　　(3)型面特征的划分要同时考虑零件的几何结构特征和工艺特征等诸多因素,而不是单纯的几何划分,要考虑产品零件的特点,因为不同产品零件的型面特征划分及其描述系统可能差别很大。

　　目前常用的型面特征分类方法是将零件按照几何面分解,进而采用它们加工的最小单元组合作为特征,这种分类方法比较容易实现特征级的工艺生成,但加大了零件级工艺生成的难度,且不利于输入过程中几何特征的识别与提取。

　　这种方法要求将组成零件的各个形状特征按一定顺序逐个地输入计算机中去,输入过程由计算机界面引导,并将输入的信息按事先确定的数据结构进行组织,在计算机内部形成所谓的零件模型。

　　型面特征的描述可采用编码、语言、图论等多种形式,视具体情况而定。型面特征用编码形式描述将所描述的特征分三类:

　　(1)零件总体信息。包括产品代号、图号、车间、批量、零件重量、选用的机床、技术要求、热处理(种类、硬度、表面处理)、外表面数量、内表面数量等。

(2)零件毛坯和材料信息。毛坯信息有形状、尺寸(长度、截面参数)、精度。尺寸代码材料信息包括材料的品种(钢、铸铁、有色金属、塑料等)、牌号、力学性能、可加工性等。

(3)零件型面信息。分主型面和辅助型面。首先应设计出主型面特征,每一种主型面特征可分为若干种类,再一一进行编码。

对于主型面圆柱面,可分为外圆柱面和内圆柱面。辅助型面应先设计主辅助型面特征,然后再设计次要辅助型面特征,每一种辅助型面特征又可分为若干种类,可一一进行编码。每一辅助型面特征都用最少数量的参数来说明其特征,如:直径、宽度、高度、角度。

型面特征的描述法需要设计人员对零件图样进行识别和分析,即需要人工对设计的零件图进行二次输入。因为输入过程费时费力且容易出错,最理想的方法是直接从CAD系统中提取信息。

3. 从三维造型CAD系统直接输入零件信息

目前三维造型CAD系统对零件造型是采用参数化特征体素(如圆柱轴段、圆锥轴段、倒角、倒圆、孔、槽、凸缘、筋等)造型,零件的定义是各种特征体素的拼装,并可能赋予各特征体素有关的尺寸、公差、表面粗糙度等工艺信息。

设计者采用这种系统绘图时,不是一条线一条线地绘制,而是一个特征一个特征地绘制,然后再进行特征拼装。设计者在拼装各个特征的同时,即赋予了各个形状特征(或几何表面)的尺寸、公差、粗糙度等工艺信息,其输出的信息也是以这些形状特征为基础来组织的。这种方法的关键是要建立基于特征的、统一的CAD/CAPP/CAM零件信息模型,并对特征进行总结分类,建立便于客户二次扩充与维护的特征类库。目前这种方法已用于许多实用化CAPP系统之中,被认为是一种比较有前途的方法。

4. 从CIMS集成环境下统一的产品数据模型获取

实现计算机集成制造系统(CIMS),最理想的方法是为产品建立一个完整的、语义一致的产品信息模型,以满足产品全生命周期各阶段(产品需求分析、工程设计、产品设计、加工、装配、测试、销售和售后服务)对产品信息的不同需求和保证对产品信息理解的一致性,使得各应用领域(如CAD、CAPP、CAM、CNC、MIS等)可以直接从该模型抽取所需信息。这个模型是采用通用的数据结构规范实现的。显然,只要各CAD系统对产品或零件的描述符合这个数据规范,其输出的信息既包含了点、线、面以及它们之间的拓扑关系等底层的信息,又包含了几何形状特征以及加工和管理等方面高层信息,那么CAD系统的输出结果就能被其下游工程,如CAPP、CAM等系统接收。目前较为流行的是美国的PDES,以及ISO的STEP产品定义数据交换标准,另外还有法国的SET、美国的IGES、德国的VDAFS、英国的MEDVSA和日本的TIPS等。目前STEP还在不断发展与完善之中。

6.3 工艺数据处理与工艺数据库建立

工艺数据是指在工艺规程设计过程中所使用及产生的数据。从数据性质来看,它包含静态和动态两种类型数据。静态工艺数据主要涉及设计规范、设计标准、产品技术参数及支持工艺规程设计过程中所需的相关数据,如《机械加工工艺手册》等中的数据和已规范化的工艺术语及工艺规程等都属于此类数据。在CAPP系统中这类数据主要包括加工材料数据、加工工艺数据、机床数据、工、夹、量具数据、工时定额数据、成组分类特征数据及已规范化的工艺规程及工艺术语数据等,这些数据形成了相应的工艺数据库的子库;动态工艺数据主要是指在工艺规程设计过程中产生的相关信息,其中大量的是工艺规程设计中间过程的数据、零件图形数据、工序图数据、最终的工艺规程以及 NC 代码等。

工艺数据库主要包括的内容有:

(1)材料数据。材料规格及属性的数据,包含工件和刀具两方面的材料类型、材料的力学和物理化学性能等,"刀具材料与工件材料"材料组合的特性等,皆在材料数据记录内。

(2)刀具数据。在编制零件数控加工程序时,需要由工艺数据库提供刀具的有关数据。包括:刀具号、刀具的成组分类信息、刀具坐标系统、刀具尺寸、刀具几何形状、刀具调整尺寸、刀具应用条件等。

(3)机床数据。在制定工艺过程中,选择最佳方案时就要用到工艺数据库中存储的机床驱动功率、主轴转速、进给速度等数据。包括:机床名称、型号、机床检索号、中心高、主驱动功率、控制系统类型、主轴转速范围、进给量、最大工件长度及加工精度等信息。

(4)量、夹具数据。用于工艺设计的量、夹具数据通常包括量、夹具名称、类型、重要尺寸及与机床连接的数据(指夹具)等。

(5)切削用量数据。根据企业的机床和工艺装备等有关信息,将工艺手册上的切削用量数据用数据库的形式存储下来,由工艺人员或有关程序进行检索,并进行运算和优化处理。切削用量数据可以采用优化的方法得到,也可以采用查表法和经验法获得。

6.4 派生式CAPP系统

派生式 CAPP 系统的工作原理是根据成组技术中相似性原理,如果零件的结构(形状、尺寸、精度)和材料(材质、毛坯、热处理)相似,则它们的工艺也有相似性。

6.4.1 派生式CAPP系统的工作原理及设计过程

成组技术(Group Technology,GT)是一门生产技术和管理技术相结合的科学,它研究如何识别和发展生产活动中有关事物的相似性,并充分利用它把各种问题按相似性归类成组,寻求解决这一组问题相对统一的最优方案,以取得所期望的经济效益。在机械产品生产中,成组技术的运用是指:识别相似零件并将它们组合在一起形成零件族(组),每个零件族都具有相似的设计和加工特点,以便在设计和制造中充分利用它们的相似性。通过对相似零件的修改来完成零件设计和工艺规程制定,根据给定零件族具有的相似工艺过程将生产设备分成加工组或加工单元,从而提高产品设计和制造的运行效率。由于成组技术的原理符合客观生产规律,所以可以用它作为指导生产的通用准则。

成组技术的核心是成组工艺,它是把结构、材料、工艺相似的零件组成一个零件族(组),按零件族制定工艺进行加工,从而扩大了批量、减少了品种、便于采用高效方法、提高劳动生产率。零件的相似性是广义的,在几何形状、尺寸、功能要素、精度、材料等方面的相似性为基本相似性。以基本相似性为基础,在制造和装配及生产、经营、管理等方面所导出的相似性,称为二次相似性或派生相似性。将品种众多的零件按其相似性分类,以形成为数不是很多的零件族,把同一零件族中诸零件分散的小批量汇集成较大的成组生产量,这样成组技术就巧妙地把品种多转化为"少",把生产量小转化为"大",由于主要矛盾有条件地转化,就为提高多品种、小批量生产的经济效益开辟了广阔的空间。成组技术的科学理论及其实践表明,它能从根本上解决生产中由于品种多、产量小而带来的矛盾。

派生型CAPP系统的设计过程是:①选择合适的零件编码系统,为每个零件编制成组代码(GT代码),用GT代码对零件信息进行描述与输入;②按照成组技术原理,将零件按几何形状及工艺相似性分类、归族,建立零件族特征矩阵库;③针对每个零件族设计出典型样件,根据此样件设计出典型工艺规程,存入典型工艺规程库中,见图6-6。

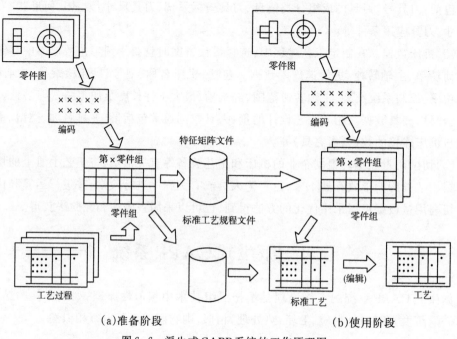

（a）准备阶段　　　　　　　　　　　　　　（b）使用阶段

图6-6　派生式CAPP系统的工作原理图

派生型CAPP系统的使用过程是:①当需要设计一个新的零件工艺规程时,根据其成组编码,检索零件族特征矩阵库确定其所属零件族;②由计算机检索出相应零件族典型工艺规程;③根据具体零件结构及工艺要求,对典型工艺进行适当修改,从而得到所需的工艺规程,见图6-6。

派生式CAPP系统具有如下特点:①以成组技术为理论基础,利用其相似性原理和零件分类编码系统,因此有系统理论指导,技术上较易实现,比较成熟;②多适应于结构比较简单的零件,在回转体类零件中应用更为广泛,对于复杂的或不规则的零件则不易实现;③对于相似性差的零件,难以形成零件组,不适于用派生式方法,因此多用于相似性较强的零件;④可减轻工艺文件编制工作量。

6.4.2　零件族的划分

目前最常见的零件族划分方法是编码分类。零件族的划分是根据零件的编码来进行分类成组,并用特征矩阵形式表示。

零件族划分首先选择合理的零件分类编码系统,然后制定各零件族的相似性标准,根据这一相似性标准进行零件的归类。制定零件族相似性标准的方法有:特征码位法、码域法和特征位码域法等3种方法。

1.特征码位法

根据加工相似的特点,选择几位与加工特征有关的码位(即特征码位)作为划分零件族的依据,凡零件编码中特征码位的代码相同者归属于一组,称为特征码位法。这种分类方法的关键是要根据待选零件来确定特征码位,可借助零件的特征频数分析与其他分类成组方法的结果等来选定。

如图6-7所示,例如取零件编码中第1、2、6和7为特征码位,零件编码中,只要这几个码位的代码相同,就归为一组,其他码位可不考虑,为全码域,则零件041003032、042033025、047323072为一个零件组。

2.码域法

对分类编码系统中的每一码位的特征码规定一定的码域(码值)作为划分零件族的依据,凡零件编码中每一码位值均在规定的码域内,则归属于一组,称之为码域法。如图6-8所示,码位1选定码域为0或1,其码域值为2;码位2选定码域为0~3,其码域值为4;码位3选定码域为2~4,其码域值为3。依次类推,各码位均选定相应的码域。若零件编码的各码位上的特征码落在规定码域内的零件可归属于同一组。

码位 码域	1	2	3	4	5	6	7	8	9
0	+		+	+	+		+	+	+
1			+	+	+		+	+	
2			+	+	+		+	+	
3			+	+	+	+			
4		+	+	+	+		+	+	
5			+	+				+	
6			+	+				+	
7			+	+				+	
8			+	+			+	+	
9			+	+			+	+	

图6-7　特征码位法示例

码位 码域	1	2	3	4	5	6	7	8	9
0	+	+			+	+		+	
1	+	+		+		+	+	+	+
2		+	+	+		+	+		+
3		+	+						
4		+	+						
5									
6							+		
7									
8									
9									

图6-8　特征码域法示例

3.特征位码域法

根据具体生产条件与分组需要,选取特征性较强的特征码位并规定允许的特征码变化范围(码域),以此作为零件分组的依据。特征位码域法是上述两种方法的综合,其特点是这样既考虑了零件分类的主要特征,同时又适当放宽了相似性要求。

6.4.3 制定零件族的典型加工工艺规程

零件族的典型工艺规程设计是在零件分类成组的基础上进行的,当零件已分为若干个零件族(组)后,即可按零件族(组)设计成组工艺。

制订零件族的典型加工工艺规程应满足以下设计原则:①典型工艺规程应能满足零件组内所有零件的加工。CAPP系统只需根据该零件的信息,对典型工艺规程的工序或工步作删减,就能设计出该零件的工艺规程。②典型工艺规程应是符合企业具体生产条件的最佳工艺方案,能保证优质、高效和低成本的优化方案。目前主要有复合零件法和复合工艺法。

1.复合零件法

复合零件法的思路是先按各零件族(组)设计出能代表该族(组)零件特征的复合零件,制定该复合零件的工艺规程,即为该零件族(组)的成组工艺规程,再对成组工艺规程经过删减等处理产生该族(组)各个零件的具体工艺规程。该方法主要适用于结构不太复杂的回转类零件。

(1)设计零件族的复合零件。在一个零件族(组)中,选择其中一个能包含这组零件全部加工表面要素的零件作为该族(组)的代表零件或称之为样件,即为复合零件。如果在零件族(组)中不能选择出复合零件,则可以设计一个假想零件,或称虚拟零件,作为复合零件。其具体的方法是先分析零件组内各个零件的型面特征,将它们组合在一个零件上,使这个零件包含了全组的型面特征,即可形成复合零件。图6-9表示了复合零件的设计产生过程,该零件组由4个零件组成,通过分解共有6个型面特征,将它们集中在一起就形成了图示的复合零件。

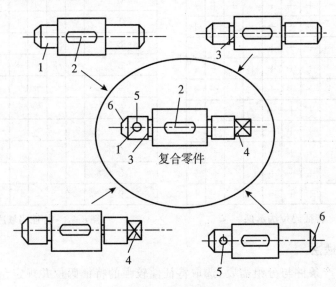

图6-9 复合零件

(2)设计复合零件的标准工艺。对复合零件制定其工艺规程即为该零件组的标准工艺。标准工艺规程应能满足该零件组所有零件的加工要求,并能反映工厂实际工艺水平,尽可能是合理可行的。设计时对零件组内各零件的工艺要进行仔细分析、概括和总结,每一个形状要素都要考虑在内。另外要征求有经验的工艺人员、专家和工人的意见,集中大家的智慧和经验。如图6-10所示,标准工艺规程为C1—C2—XJ—X—Z,表示在车床1、车床2、键槽铣床、立式铣床、钻床上加工。从成组工艺规程经过删减可分别得到该组中各零件的工艺规程。

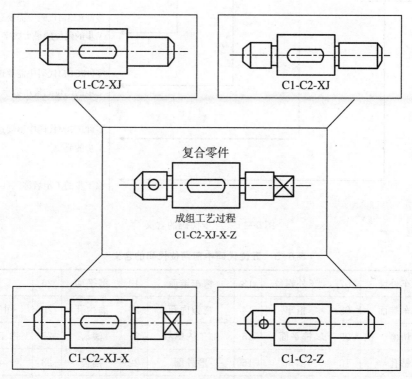

图6-10　按复合零件法设计成组工艺示例

C1—车一端外圆、端面、切槽、倒角;C2—调头、车另一端面、外圆、切槽、倒角;XJ—铣键槽;X—铣方头平面;Z—钻径向辅助孔

2.复合工艺法

复合工艺法的思路是先在同组零件中选择结构最复杂、工序最多、安排合理、最有代表性的工艺规程作为加工该组零件的基本工艺规程;再将基本工艺过程与组内其他零件的加工工艺相比较,把其他零件有的,而基本工艺规程没有的工序按合理顺序添入到基本工艺规程中最终得到一个工序齐全、安排合理、能满足全组零件要求的复合工艺,作为该零件组的典型工艺。该方法主要适用于结构复杂的零件,特别是非回转体零件。

3.标准工艺规程的表达与工艺规程筛选方法

(1)基于工步代码的标准工艺规程的表达方法。零件加工工艺规程是由加工工序组成的,每个工序又是由若干工步组成的。所以工步是工艺规程中的最基本的组成要素。为便于对典型标准工艺规程在计算机内部表达、存储、调用与筛选,标准工艺规程可以用工序代码和工步代码来表示。用代码所形成的文件叫工步代码文件,可以将该文件储存在工艺数据库中。

工步代码随所采用的零件编码系统不同而异,当采用JCBM(机床编码)编码系统时,工步代码的建立过程如下:

采用五位代码表示一个工步,各码位的含义如图6-11所示。其中前两位代码表示工步的名称,其含义见表6-5。

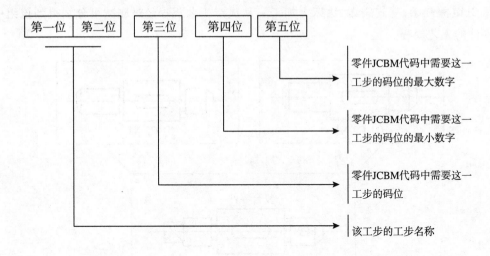

图6-11　工步代码的含义

表6-5　五位代码中前两位代码的含义

01	粗车外圆	07	车外螺纹	13	精车锥面	19	磨平面	25	磨齿
02	粗车端面	08	粗车	14	精镗内孔	20	磨内孔	26	钳工倒角
03	切槽	09	铣平面	15	加工内螺纹	21	滚齿	27	钳工去毛刺
04	钻孔	10	倒角	16	磨外圆	22	插齿	28	检验
05	钻辅助孔	11	精车外圆	17	磨端面	23	拉花键	29	渗碳淬火
06	镗孔	12	精车端面	18	磨锥面	24	拉键槽	30	磁力探伤

例如代码为11202的工步代码,"11"表示精车外圆;其后的"2"代表该零件JCBM代码的第二位需要精车外圆(对于回转类零件而言,JCBM的第二位描述零件的外形及外形要素);最后2位的"0""2",表示该零件JCBM代码的第二位代码范围如果在0~2范围内(0表示该回转类零件外形光滑,1、2表示该零件为单向台阶轴),则该零件需要精车外圆。又如代码09412所示的工步代码,"09"表示铣平面,"4"表示该零件JCBM代码的第"4"位需要这一操作;1、2表示若该零件JCBM代码的第4位代码范围如果是1~2,则此零件需要铣平面。

(2)基于工步代码的工艺规程筛选方法。当计算机检索到标准工艺规程的某一工步时,根据工步代码的第三位数值,查看该零件的JCBM编码中这一码位的数值是否在工步代码的第四位和第五位数值范围内,如果在这一范围内,就在标准工艺规程中保留这一工步,否则就删除这一工步,直至将标准工步的所有工步代码筛选完毕为止。例如:若某个回转类零件的JCBM编码为013124279,假如11202是标准工艺规程中的一个工步代码,根据此工步代码的第三位数值2,在JCBM编码这一码位的数值是1,它是在工步代码的第四位(0)和第五位(2)范围内,所以就在零件标准工艺规程中保留这一工步。经过删减标准工艺规程中剩下的部分就是当前零件的初步的工艺规程,接下来就是对所得到的工艺规程进行必要的修正与编辑等,最后才能形成符合要求的工艺文件。

6.4.4 机床的选择与布置

成组加工所用机床应具有良好的精度和刚度,其加工范围在一定范围内可调。可采用通用机床改装,也可采用可调高效自动化机床,数控机床已在成组加工中获得广泛应用。

机床负荷率可根据工时核算,应保证各台设备特别是关键设备达到较高的负荷率(例如80%)。若机床负荷不足或过大时,可适当调整零件组,使机床负荷率达到规定的指标。

成组加工所用机床,根据生产组织形式有四种不同布置方式:

1.成组单机

可用一个单机设备完成一组零件的加工,该设备可以是独立的成组加工机床或成组加工柔性制造单元,如图6-12(a)所示。

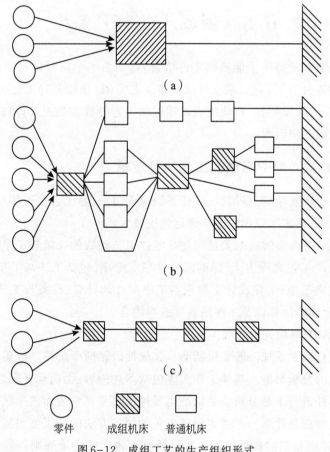

图6-12 成组工艺的生产组织形式

2.成组制造单元

将一个零件族(组)的加工设备封闭在一块面积上,使管理和运输方便,其中有成组单机、也可有普通机床或专用机床,如图6-12(b)所示。为了缩短工序间的运输路线,一般采用块状布置。成组生产单元的优点是:

(1)单元内零件不必按"批"转移工序,原则上可以逐件传送或几件一起传送。但它不同于流水线,因它不要求工序之间保持一定的节拍。

(2)缩短了运输路线及生产周期。

(3)便于计划管理与成本核算。

目前成组生产单元已成为小批生产实现高度自动化的必要前提,并被世界各国企业广泛采用。

3.成组流水线

它是按零件组的成组工艺建立的,各台设备的工序节拍基本一致。

它与传统流水线的主要区别是:生产线上流动的不是单一零件,而是一组相似零件,每种零件不一定经过线上的每一台设备加工,如图6-12(c)所示。

4.成组加工柔性制造系统

这是成组工艺的最高组织形式。

6.5 创成式CAPP系统

创成式CAPP系统是一个能根据零件信息,自动为一个新零件制定出工艺规程的系统。依据输入的零件有关信息,系统可以模仿工艺专家,应用各种工艺决策规则,在没有人工干预的条件下,从无到有,自动生成该零件的工艺规程。创成式CAPP系统的核心是工艺决策的推理机和知识库。

6.5.1 创成式CAPP系统的工艺决策逻辑

工艺设计是一项复杂的、多层次、多任务的决策过程,且工艺决策涉及面较广,影响工艺决策的因素较多,在实际应用中的不确定性也较大。

创成式CAPP系统要解决的关键问题是零件工艺路线的决策与工序设计。工艺路线的决策主要是生产工艺规程主干,即确定零件加工顺序(包括工序与工步的确定)以及各工序的定位与装夹基准;工序设计主要包括工序尺寸的计算、设备与工装的选择、切削用量的确定、工时定额的计算以及工序图的生成等内容。

1.创成式CAPP系统开发过程

开发创成式CAPP系统一般要包括准备和软件研制两个阶段。准备阶段需要大量的调查研究和仔细的分析归纳。具体工作大体包括下述内容:①明确开发系统的设计对象。②按零件族类零件进行工艺分析。确认该类零件由哪些基本表面或形状特征构成。每种基本表面的加工方法是什么。③搜集和整理各种加工方法的加工能力范围和经济加工精度等。④收集、整理和归纳各种工艺规程设计决策逻辑或决策规则。软件研制阶段将准备阶段所收集整理到的数据和决策逻辑用计算机语言实现。

2.工艺决策逻辑的主要方法

工艺决策逻辑最常用的方法是决策表和决策树。

(1)决策表。决策表是将一组用语言表达的决策逻辑关系,用一个表格来表达,从而可以方便地用计算机语言来表达该决策逻辑的方法。

决策表由表头和表元素两部分组成,见表6-6。表头又分成条件和决策两部分,其中条件放在表上部,而决策放在表下部。在决策表中,当某一条件是真实的,条件状态则取值为 T(TRUE)或 Y(YES),当条件是假的,则取值为 F(FALSE)或 N(NO)。条件状态也可用空格表示,它表示这条件是真是假与该规则无关,或无所谓。条件项目也可用具体数值或数值范围表示,决策行动可以是无序的决策行动,用 X 表示,也可以是有序的决策行动,并给予一定序号。

表6-6 决策表

条件项目	条件状态
决策项目	决策动作

例如普通钢材孔加工方法选择的决策规则如下,其决策表见表6-7。

表6-7 普通钢材孔加工方法选择决策表

	编号	1	2	3	4	5	6	7	8	9	10
条件项目	内表面	T	T	T	T	T	T	T	T	T	T
	孔	T	T	T	T	T	T	T	T	T	T
	孔径≤30	T	T	T	T	T	F	F	F	F	F
	11级以下	T	F	F	F	F	T	F	F	F	F
	9~10级	F	T	F	F	F	F	T	F	F	F
	6~8级	F	F	T	T	T	F	F	T	T	T
	表面硬化处理	F	F	F	F	T	F	F	F	T	T
	位置精度高	F	F	F	T		F				
决策项目	钻削	X	X	X	X	X					
	扩孔		X	X	X	X					
	铰削			X	X	X					
	手铰				X						
	粗镗削						X	X	X	X	X
	半精镗							X	X	X	X
	精镗								X		X
	磨削					X				X	X

①当待加工孔的直径小于或等于30mm时:1)如果待加工孔的精度在11级以下,则可选择钻孔的方法加工。2)如果待加工孔的精度为9~10级,但位置精度要求不高,可选择钻→扩加工路线。3)如果待加工孔的精度为6~8级,表面未作硬化处理,但位置精度要求不高,则选择钻→扩→铰加工路线;但位置精度要求高,则选择钻→扩→铰→手铰加工路线;若表面经过硬化处理,则选择钻→扩→铰→磨削加工路线。

②当待加工孔的直径大于30mm时:1)如果待加工孔的精度在11级以下,则可选择粗镗的方法加工。2)如果待加工孔的精度为9~10级,可选择粗镗→半精镗加工路线。

3)如果待加工孔的精度为6~8级,表面未作硬化处理,则选择粗镗→半精镗→精镗加工路线;若表面经过硬化处理,则选择粗镗→半精镗→精镗→磨削加工路线。

(2)决策树。树是一种常用的数据结构。决策树是系统工程中决策支持系统常用的方法,当将它用于工艺决策时,是一种常用的与决策表功能相似的工艺逻辑设计工具。

决策树是一种树状样的图形(见图6-13),它由树根、结点和分支组成。结点表示一次测试或一个动作,拟采取的动作一般放在终结点上。树根和分支间都用数值互相联系,通常用来描述事物状态转换的可能性以及转换过程和转换结果,分支上的数值表示向一种状态转换的可能性或条件。当条件满足时,则继续沿分支向前传递,以实现逻辑"与"(AND)的关系;当条件不满足时则转向出发结点的另一支,以实现逻辑"或"(OR)的关系,在每一分支的终端列出了应采取的动作。从树根到终端的一条路径就可以表示一条类似于决策表中的决策规则。

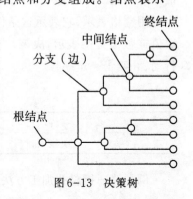

图6-13 决策树

决策树表达决策逻辑简单、直观,容易建立和维护,扩充和修改,且便于用逻辑流程图和程序代码实现,适合工艺过程设计,作为数据结构可用存储决策知识信息。

对应普通钢材孔加工方法选择决策表6-7,普通钢材孔加工方法选择决策树如图6-14所示。

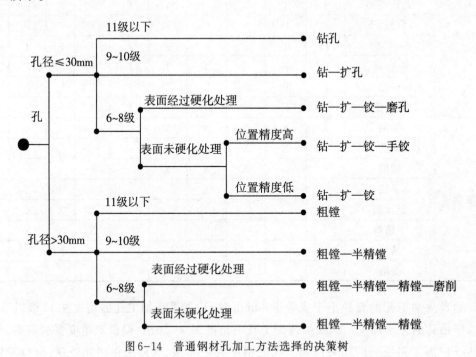

图6-14 普通钢材孔加工方法选择的决策树

思考与练习题

6-1　CAPP基本功能包括哪些模块？

6-2　从工作原理分，CAPP有哪几种类型？

6-3　CAPP系统中包括哪些零件信息输入方式？

6-4　试举例说明JLBM－1零件分类编码系统。

6-5　简述派生式CAPP系统的工作原理及设计过程。

6-6　制定零件组相似性标准的方法有哪几种？

6-7　试简述创成式CAPP系统中工艺决策逻辑的主要方法。

思考与练习题

7-1　CAPP是不是数控加工的一个环节。

7-2　试简述为什么CAPP自动生成数控。

7-3　CAPP

试简述数控编程DNC一现代编程系统化数控。

6-5　简述如果从CAPP提出一个工序的数控设备。

6-6　编程操作中简单数控数控质量数控设计工序。

6-7　试简述数控的CAPP系统，工序数字化编程数控设计。

第7章　计算机辅助质量控制

◇ 7.1　概　述 ◇

在人类历史发展的长河中,人们对质量的追求一直未曾停止。正是由于人们对质量的不懈追求,推动了生产力的发展和生产方式的变革,促进了社会由低级向高级发展。质量工程理论伴随着企业管理的实践而不断地丰富和完善,到现在已成为一门独立的学科。概括起来,现代质量工程的发展经历了质量检验、统计质量控制、全面质量管理、标准化质量管理和数字化质量管理等五个阶段。

1.质量检验阶段

20世纪初,美国工程师泰勒(F.W.Taylor)总结了工业革命以来的经验,根据大工业管理的实践,提出了一套"科学管理"理论。"科学管理"提出了在管理人员和工人之间进行合理的科学分工,建立专职管理队伍,并将计划职能与执行职能分开,中间再加一个检验环节,以便监督、检查对计划、设计、产品标准等的执行情况。这是历史上第一次把质量检验职能从生产操作中分离出来,把检验人员从工人中分离出来。为了保证产品质量,质量检验成了一道专门的工序,并有专门机构负责此项工作。从20世纪初到40年代前,美国的工业企业普遍设置了集中管理的质量检验机构。

这一阶段的专职质量检验对出厂产品的质量起到明显的保证作用,但其弱点也是很明显的。首先,专职检验属于事后把关,只能分离出不合格品,不能起到预防和控制的作用。其次,百分之百的全数检验增加了成本,在生产规模进一步扩大,大批量生产的情况下,经济上也不尽合理,尤其是在需要进行破坏性检验和由于某些产品的质量特性不可能被全数检验的情况下,技术难以实现,更难以保证产品质量。第三,没有发挥操作一线员工在质量保证中的积极性。第四,导致企业质量管理的"三权"分立现象,即质量标准的制定部门、产品制造部门和质量检验部门各管一方,只强调相互制约的部分,忽视了配合、促进协调的一面,缺乏系统的观念,当质量出现问题时,容易造成相互扯皮、推诿和责任不清等现象。

2.统计质量控制阶段

大规模生产的进一步发展,要求用更经济的方法来解决质量检验问题,并要防止成批废品的产生。在质量检验阶段,一些著名的统计学家和质量管理专家就开始注意到纯质量检验的弱点,并设法运用数理统计学的原理去解决质量问题。

美国贝尔实验室的工程师休哈特(W.A.Sheuhnrt)认为:"产品质量不是检验出来的,而是生产制造出来的。"所以质量管理不仅要搞事后检验,而且要在发现有废品生产的先兆时就进行分析改进,从而预防废品的产生。他将数理统计的原理运用到质量管理中来,并发明了表征工序能力的"$\pm3\sigma$法"和"控制图"理论。贝尔实验室的另一位工程师道奇提出了抽样检验的理论。

从第二次世界大战开始到20世纪50年代中叶,战争刺激了科学技术的发展和对军工产品需求的增加。由于军工产品数量猛增而又来不及和不可能实施全数检验,因而无法保证产品质量,大量废品使盟军蒙受重大损失。所以从美国国防部开始,强制推行抽样检验。战后,许多军工企业转入民品生产,由于已经尝到了统计质量控制的甜头,在民品生产中继续采用,以降低生产成本,保证产品质量。由于竞争的需要,其他企业也纷纷效仿。这样,数理统计和其他数学方法所取得的成果便被逐渐地运用到质量管理中来,把质量工程学从检验阶段推进到统计质量控制(Statistical Quality Control,SQC)阶段。这一阶段的特征是数理统计方法应用到质量管理中,解决了传统质量管理事后把关的不足。它的基本特点就是在产品生产过程中广泛采用抽样检验,并利用控制图对产品质量失控的情况报警,以便及时采取措施,预防不合格品的再次发生。SQC是质量管理从单纯事后检验转入检验加控制和预防的标志。

后来,这一先进的质量管理手段也逐渐被其他国家所采用,均产生了很好的经济效益。其中,收效最大的是日本。应当看到,在SQC发展的初期,由于过分强调了数理统计方法,忽视了组织管理和人的积极作用,使人们产生了"质量管理就是数理统计方法""数理统计方法理论深奥""质量管理是数理专家的事情"等错误认识,使广大工人感到高不可攀,因而曾一度影响了它的普及和推广。

3.全面质量管理阶段

全面质量管理(Total Quality Management,TQM)阶段大约从20世纪60年代开始。可以说一直延续到今天。从统计质量控制阶段发展到全面质量管理阶段,是质量工程发展史上的又一里程碑,由于产品质量的形成过程不仅与生产过程密切相关,而且还与其他一些过程、环节等因素密切相关,不是单纯应用统计质量控制方法所能解决的。全面质量管理更能适应现代市场竞争和现代化大生产对质量管理全方位、整体性、综合性的客观要求。从局部性的管理向全面性、系统性的管理发展,是生产、科技以及市场发展的必然结果。

TQM的概念是由美国通用电气公司质量总经理费根堡姆(A.V.Feigenbaum)博士首先提出来的。1961年,费根堡姆正式出版了《全面质量管理》一书,对全面质量管理的概念进行了系统的阐述。当时提出的全面质量管理概念主要包括以下几个方面的含义:①产品质量单纯依靠数理统计方法控制生产过程和事后检验是不够的,强调解决质量问题的方法和手段是多种多样的,应综合运用。除此以外,还需要有一系列的组织工作。②将质量控制向管理领域扩展,要管理好质量形成的全过程,要实现整体性的质量管理。③产品质量是同成本连在一起的,离开成本谈质量是没有任何意义的,应强调质量成本的重要性。④提高产品质量是公司全体成员的责任,应当使全体人员都具有质量意识和承担质量责任的精神。这意味着质量管理并不仅仅是少数专职质量人员的事。因此,全面质量管理的核心思想是在一个企业内各部门中做出质量发展、质量保持、质量改进计划,从而以最经济的方式进行生产与服务,使用户或消费者获得最大的满意。

从费根堡姆提出TQM的概念开始,世界各国对它进行了全面、深入的研究,使全面质量管理的思想、方法、理论在实践中不断得到应用和发展。但是由于国情不同,各国企业在运用时又加进了一些自己的实践成果,在发展过程中逐渐形成了"美国体系""日本体系"和"苏联体系"。

(1)以美国为代表的"美国体系"。在全面质量管理的发展过程中,我们不得不提到无缺陷运动。这次运动来自第二次世界大战期间,当时,为了能够确保军品的生产质量,各个工厂成立了一些最新的质量管理组织机构。同时美国在质量管理过程中第一次展开了质量成本或质量费用的研究,即认为质量管理是需要付出成本的。具体研究内容包括故障费用、评价鉴定费用和预防费用等。

(2)以日本为代表的"日本体系"。1950年,戴明博士在日本开展质量管理讲座,日本人从中学习到了这种全新的质量管理的思想和方法。到1970年,日本已经在全国范围内开始推广全面质量管理的理念,在美国经验的基础上发展出了QC小组这种全员性的质量管理活动形式,QC小组成为全面质量管理活动的核心要素之一。费根堡姆等质量大师都曾到日本极力推动QC小组的活动。到20世纪70年代末期,日本国内已经发展出了70万个QC小组,共有500多万成员参与了QC小组活动,这样就形成了具有日本特色的质量管理系统。日本企业从质量管理中获得了巨大的收益,充分认识到了全面质量管理的好处,开始将质量管理当作一门科学来对待,并广泛采用统计技术和计算机技术进行推广与应用,全面质量管理在日本获得了新的发展。

(3)以苏联为代表的"苏联体系"。为了尽快恢复正常的工业生产,二战结束后,苏联和东欧开始了质量管理方面的研究,代表人物主要有布拉钦斯基和杜布维可夫,他们在苏联从军品向民品转换的生产过程中提出了全面质量管理的思路和模式。为了鼓励质量改进,苏联将杜布维可夫所创造出来的系列方法称为"萨莱托夫制度"。其四个核心为:①对产品或零件制定明确的规格和标准,使零件的使用相当便捷,而且能大幅度降低生产成本;②用合适的机器生产合乎规格要求的产品;③提供适当的信息、测定仪器和操作方法来生产;④充分进行培训。

4.标准化质量管理阶段

进入20世纪80年代,经济全球化趋势增强,世界各国广泛合作,资源自由配置,生产力要素广泛流动。此时全面质量管理在世界范围内以日本的成功经验为借鉴,得到了广泛普及。随着全面质量管理理念的普及,越来越多的企业开始采用这种管理方法。1986年,国际标准化组织ISO在全面质量管理的基础上把质量管理的内容和要求进行了标准化,并于1987年3月正式颁布了ISO9000系列标准。从ISO9000系列质量标准包含的内容看,可以大致认为ISO9000质量标准是全面质量管理理论的规范化和标准化。当然,两者在内涵和表述方式上还是有很大区别的。

在质量管理的标准化阶段,企业进行质量管理主要包括以下工作:标准体系的建立、标准的制定与修改或废除、统计方法的运用、技术的积累、标准的运用等。

5.数字化质量管理阶段

20世纪80年代以来,随着计算机技术的飞速发展及其在企业管理和生产中的广泛应用,人们开始将计算机技术引入到质量管理和质量控制中,先后发展了计算机辅助质量管理 CAQ(Computer Aided Quality)、计算机集成质量信息系统 CIQIS(Computer Integrated Quality Information System)和 CIMS 环境下的质量信息系统 QIS(Quality Information System)等,使质量管理进入了数字化管理阶段。这一阶段还同时出现了6σ质量管理新技术。数字化质量管理意味着采用信息技术管理与控制质量形成的全过程,并能够实现质量管理系统与企业其他信息系统的集成。

计算机进入质量工程领域,主要有以下优点:

(1)加快了质量信息的处理速度和质量;

(2)可以快速处理大量生产现场的质量数据,为提高质量提供了有力手段;

(3)进一步丰富了质量管理理论,促进了质量管理理论的发展。

在实际生产中,影响加工精度的因素错综复杂,加工误差往往是多种因素综合影响的结果,而且其中的不少因素对加工影响是带有随机性的。因此,在很多情况下单靠单因素分析方法来分析加工误差是不够的,还必须运用数理统计的方法对加工误差数据进行处理和分析,从中发现误差形成规律,找出影响加工误差的主要因素,这就是加工误差的统计分析法。在质量管理发展的历史进程中,统计分析法是质量分析和控制的基本方法,也是 CAQ 系统的基础。

7.2 加工误差的性质

根据机械加工工件时误差出现的规律,加工误差可分为系统性误差和随机性误差两大类。

1.系统性误差

系统性误差可分为常值系统性误差和变值系统性误差两种:

(1)常值系统性误差。在顺序加工一批工件中,其加工误差的大小和方向保持不变的误差,称为常值系统性误差。机床、刀具、夹具的制造误差、工艺系统受力变形引起的加工误差,均与时间无关,其大小和方向在一次调整中也基本不变,因此属于常值系统性误差。常值系统性误差可以通过对工艺装备进行相应的维修、调整,或采取针对性的措施来加以消除。

(2)变值系统性误差。在顺序加工一批工件中,其加工误差的大小和方向按一定规律变化的误差,称为变值系统性误差。机床、刀具、夹具等在热平衡前的热变形误差和刀具的磨损等,属于变值系统性误差。变值系统性误差,若能掌握其大小和方向随时间变化的规律,可以通过采取自动连续、周期性补偿等措施来加以控制。

2.随机性误差

在顺序加工一批工件中,其加工误差的大小和方向的变化是随机性的,称为随机性误差。毛坯误差(余量不均、硬度不均等)的复映、夹紧误差、残余应力引起的误差、多次调整的误差等,都属于随机性误差。

随机性误差是不可避免的,只能缩小它们的变动范围,而不可能完全消除。由概率论与数理统计学可知,随机性误差的统计规律可用它的概率分布表示,如果掌握了工艺过程中各种随机误差的概率分布,又知道了变值系统性误差的分布规律,就可以从工艺上采取措施来控制其影响。如提高工艺系统刚度、提高毛坯加工精度(使余量均匀)、对毛坯进行热处理(使硬度均匀)、对毛坯或工件进行时效处理(消除内应力)等。

机械加工中常见的误差分布规律如图7-1所示。

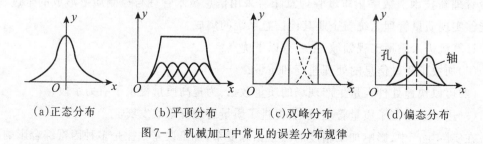

| (a)正态分布 | (b)平顶分布 | (c)双峰分布 | (d)偏态分布 |

图7-1　机械加工中常见的误差分布规律

(1)正态分布。在机械加工中,若同时满足下列三个条件:

①无变值系统性误差(或者有,但不显著);

②各随机性误差是相互独立的;

③在各随机性误差中没有一个是起主导作用的。

则机械加工工件的误差就服从正态分布。在上述三个条件中,若有一个条件不满足,则工件误差就不服从正态分布。

(2)平顶分布。在影响机械加工的诸多误差因素中,如果刀具线性磨损的影响显著,则工件的尺寸误差将呈现平顶分布。平顶误差分布曲线可以看成是随着时间而平移的众多正态误差分布曲线组合的结果。

(3)双峰分布。同一工序的加工内容,由两台机床来同时完成,由于这两台机床的调整尺寸不尽相同,两台机床的精度状态也有差异,若将这两台机床所加工的工件混在一起,则工件的尺寸误差就呈双峰分布。

(4)偏态分布。在用试切法车削轴或孔时,由于操作者为了尽量避免产生不可修复的废品,主观地(而不是随机地)使轴径加工得宁大勿小,使孔径加工得宁小勿大,则它们的尺寸误差就呈偏态分布。

7.3　工艺过程的分布图分析法

1.正态分布

(1)正态分布的数学模型、特征参数和特殊点。在机械加工中,工件的尺寸误差是由很多相互独立的随机误差综合作用的结果,如果其中没有一个随机误差是起主导作用的,则加工后工件的尺寸将呈正态分布,如图7-2所示,其概率密度方程为:

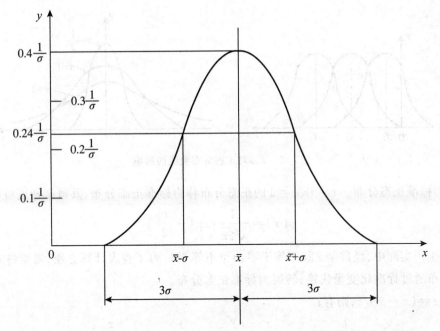

图 7-2　正态分布曲线

$$y(x) = \frac{1}{\sigma\sqrt{2\pi}}\exp\left[-\frac{(x-\bar{x})^2}{2\sigma^2}\right] \qquad (-\infty < x < +\infty, \sigma > 0) \qquad (7-1)$$

该方程有两个特征参数,一是算术平均值 $\bar{x}$,二是均方根偏差(标准差)σ:

$$\bar{x} = \frac{1}{n}\sum_{i=1}^{n} x_i \qquad (7-2)$$

$$\sigma = \sqrt{\frac{1}{n}\sum_{i=1}^{n}(x_i - \bar{x})^2} \qquad (7-3)$$

式中: x_i——工件尺寸;

　　n——工件总数。

$\bar{x}$ 只影响曲线的位置,而不影响曲线的形状;σ 只影响曲线的形状,而不影响曲线的位置。σ 越大,曲线越平坦,尺寸就越分散,精度就越差,如图 7-3 所示。因此,σ 的大小反映了机床加工精度的高低,$\bar{x}$ 的大小反映了机床调整位置的不同。

概率密度函数在 $\bar{x}$ 处有最大值:

$$y_{\max} = \frac{1}{\sigma\sqrt{2\pi}} = 0.4\frac{1}{\sigma} \qquad (7-4)$$

令式(7-1)的二次导数为零,即可求得正态分布曲线 $x = \bar{x} \pm \sigma$ 处的拐点的纵坐标值为:

$$y_\sigma = \frac{1}{\sigma\sqrt{2\pi}}\exp\left[-\frac{1}{2}\right] = 0.24\frac{1}{\sigma} \qquad (7-5)$$

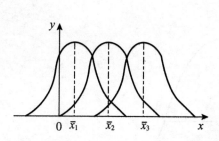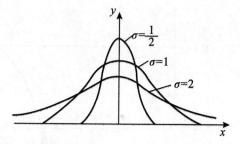

图7-3 $\bar{x}$、σ 对正态分布曲线的影响

（2）标准正态分布。$\bar{x}=0$、$\sigma=1$ 的正态分布称为标准正态分布，其概率密度可写为：

$$y(x)=\frac{1}{\sqrt{2\pi}}\exp\left[-\frac{x^2}{2}\right] \tag{7-6}$$

在生产实际中，经常是 $\bar{x}$ 既不等于零，σ 也不等于1，为了查表计算方便，需要将非标准正态分布通过标准化变量代换，转换为标准正态分布。

令 $z=(x-\bar{x})/\sigma$，则有：

$$y(x)=\frac{1}{\sigma\sqrt{2\pi}}\exp\left[-\frac{(x-\bar{x})^2}{2\sigma^2}\right]=\frac{1}{\sigma\sqrt{2\pi}}\exp\left[\frac{-z^2}{2}\right]=\frac{1}{\sigma}y(z) \tag{7-7}$$

上式就是非标准正态分布概率密度函数 $y(x)$ 与标准正态分布概率密度函数 $y(z)$ 的转换关系式。在实际生产中，感兴趣的问题不是工件为某一尺寸的概率是多大，而是加工工件尺寸落在某一区间（$x_1\leqslant x\leqslant x_2$）的概率是多大。

$$F(x)=\int_{x_1}^{x_2}y(x)\mathrm{d}x=\int_{x_1}^{x_2}\frac{1}{\sigma\sqrt{2\pi}}\exp\left[-\frac{(x-\bar{x})^2}{2\sigma^2}\right]\mathrm{d}x$$

令：$\qquad z=(x-\bar{x})/\sigma,\ \mathrm{d}x=\sigma\mathrm{d}z$

则：$\quad F(x)=\varphi(z)=\int_0^z\frac{1}{\sigma\sqrt{2\pi}}\exp\left[\frac{-z^2}{2}\right]\sigma\mathrm{d}z=\frac{1}{\sqrt{2\pi}}\int_0^z\exp\left[-\frac{z^2}{z}\right]\mathrm{d}z \tag{7-8}$

从上面分析可知，非标准正态分布概率密度函数的积分，经标准化变化后，可用标准正态分布概率密度函数的积分表示。为了计算方便，可制作一个标准正态分布概率密度函数的积分表（见表7-1）。

当 $z=(x-\bar{x})/\sigma=\pm1$ 时，$2\varphi(1)=2\times0.3413=68.26\%$；

当 $z=(x-\bar{x})/\sigma=\pm2$ 时，$2\varphi(2)=2\times0.4772=95.44\%$；

当 $z=(x-\bar{x})/\sigma=\pm3$ 时，$2\varphi(3)=2\times0.49865=99.73\%$。

计算结果表明，工件尺寸落在（$\bar{x}\pm3\sigma$）范围内的概率为99.73%，而落在该范围以外的概率，只占0.27%，可忽略不计。因此可以认为，正态分布的分散范围为（$\bar{x}\pm3\sigma$），这就是工程上常用的 $\pm3\sigma$ 原则，也称为 6σ 原则。

表 7-1　标准正态分布概率密度函数积分表

Z	$\varphi(Z)$	Z	$\varphi(Z)$	Z	$\varphi(Z)$	Z	$\varphi(Z)$
0.01	0.0040	0.29	0.1141	0.64	0.2389	1.50	0.4332
0.02	0.0080	0.30	0.1179	0.66	0.2454	1.55	0.4394
0.03	0.0120	0.31	0.1217	0.68	0.2517	1.60	0.4452
0.04	0.0160	0.32	0.1255	0.70	0.2580	1.65	0.4502
0.05	0.0199	0.33	0.1293	0.72	0.2642	1.70	0.4554
0.06	0.0239	0.34	0.1331	0.74	0.2703	1.75	0.4599
0.07	0.0279	0.35	0.1368	0.76	0.2764	1.80	0.4641
0.08	0.0319	0.36	0.1406	0.78	0.2823	1.85	0.4678
0.09	0.0359	0.37	0.1443	0.80	0.2881	1.90	0.4713
0.10	0.0398	0.38	0.1480	0.82	0.2939	1.95	0.4744
0.11	0.0438	0.39	0.1517	0.84	0.2995	2.00	0.4772
0.12	0.0478	0.40	0.1554	0.86	0.3051	2.10	0.4821
0.13	0.0517	0.41	0.1591	0.88	0.3106	2.20	0.4861
0.14	0.0557	0.42	0.1628	0.90	0.3159	2.30	0.4893
0.15	0.0596	0.43	0.1641	0.92	0.3212	2.40	0.4918
0.16	0.0636	0.44	0.1700	0.94	0.3264	2.50	0.4938
0.17	0.0675	0.45	0.1736	0.96	0.3315	2.60	0.4953
0.18	0.0714	0.46	0.1772	0.98	0.3365	2.70	0.4965
0.19	0.0753	0.47	0.1808	1.00	0.3413	2.80	0.4974
0.20	0.0793	0.48	0.1844	1.05	0.3531	2.90	0.4981
0.21	0.0832	0.49	0.1879	1.10	0.3634	3.00	0.49865
0.22	0.0871	0.50	0.1915	1.15	0.3749	3.20	0.49931
0.23	0.0910	0.52	0.1985	1.20	0.3849	3.40	0.49966
0.24	0.0948	0.54	0.2054	1.25	0.3944	3.60	0.499841
0.25	0.0987	0.56	0.2123	1.30	0.4032	3.80	0.499928
0.26	0.1023	0.58	0.2190	1.35	0.4115	4.00	0.499968
0.27	0.1064	0.60	0.2257	1.40	0.4192	4.50	0.499997
0.28	0.1103	0.62	0.2324	1.45	0.4265	5.00	0.49999997

【例 7-1】在车床上车削一批小轴,图纸要求直径为 $\phi10^{0.08}_{-0.07}$。已知轴径尺寸误差按正态分布,$\bar{x}=9.99\text{mm}$,$\sigma=0.03\text{mm}$,问这批加工工件的合格品率是多少? 不合格品率是多少? 废品率是多少?

解:作图进行标准化变换,如图 7-4 所示。

正态分布曲线右边:$z=(x-\bar{x})/\sigma=(10.08-9.99)/0.03=3$

查表 7-1 得:$\varphi(z)=\varphi(3)=0.49865$

偏大不合格品率为:$0.5-\varphi(3)=0.5-0.49865=0.00135=0.135\%$,这些不合格品可修复。

正态分布曲线左边:$z=(x-\bar{x})/\sigma=(9.99-9.93)/0.03=2$

查表 7-1 得:$\varphi(z)=\varphi(2)=0.4772$

偏小不合格品率为：$0.5-\varphi(2)=2.28\%$，这些不合格品不可修复，属于废品。

不合格品率为：$2.28\%+0.135\%=2.415\%$

合格品率为：$1-2.415\%=97.585\%$

废品率为：2.28%

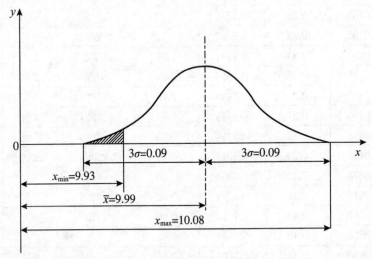

图 7-4　小轴正态分布曲线图

2.分布图分析

工艺过程的稳定性是指工艺过程在时间历程上保持工件均值和标准差稳定不变的性能。一般情况下，在不是非常长的加工时间内，分布特征参数标准差的变化是非常小的，因此，工艺过程的稳定性主要取决于变值系统性误差是否显著。在正常加工条件下，变值系统性误差并不显著，可以认为工艺过程是稳定的，也就是说工艺过程处于控制状态下。

采用调整法加工一批零件的时候，随机抽取足够数量的工件，其件数 n 称为样本容量。进行加工尺寸的测量，由于加工误差的存在，所测量零件的加工尺寸或偏差总是在一定范围内变动，用 x 表示。按尺寸大小把零件分成若干组，同一尺寸间隔内的零件数量称为频数，用 m_i 表示；频数与样本总数之比称为频率，用 f_i 表示；频率与组距（尺寸间隔用 d 表示）之比称为频率密度。以零件尺寸为横坐标，以频率或频率密度为纵坐标，可绘出直方图。连接各直方块的顶部中点得到一条折线，即实际分布曲线，这就是实际分布图的绘制过程。

此处，以在无心磨床上磨削加工一批外径为 $\phi9.65_{-0.04}^{0}$ 的销子为例，具体介绍工艺过程分布图分析的内容及步骤。

(1)样本容量的确定。在从总体中抽取样本时，样本容量的确定是很重要的。如果样本容量太小，样本不能准确地反映总体的实际分布，失去了取样的本来目的；如果样本容量太大，虽能代表总体，但又增加了分析计算的工作量。在一般生产条件下，样本容量取 $n=50\sim200$，就能有足够的估计精度，本例取 $n=100$。

(2)样本数据的测量。测量使用的仪器精度，应将被测尺寸的公差乘以 $(0.1\sim0.15)$ 的测量精度系数，作为选用量具量仪的依据。测量尺寸时，应按加工顺序逐个测量并记录于测量数据表中,见表7-2。

(3)异常数据的剔除。在所实测的数据中,有时会混入异常测量数据和异常加工数据,从而歪曲了数据的统计性质,使分析结果不可信,因此,异常数据应予剔除。异常数据通常具有偶然性和与数学期望的差值的绝对值很大的特点。

当工件测量数据服从正态分布时,测量数据落在$(\bar{x} \pm 3\sigma)$范围内的概率为99.73%,而落在$(\bar{x} \pm 3\sigma)$范围之外的概率为0.27%。由于出现落在范围以外的事件的概率很小,可视为不可能事件,一旦发生,则可被认为是异常数据而予以剔除。即若:

$$|x_k - \bar{x}| > 3\sigma \tag{7-9}$$

则x_k为异常数据。式中,σ为总体标准差,可用它的无偏估计量$\hat{\sigma} = S$来代替。

$$\hat{\sigma} = S = \sqrt{\frac{1}{n-1} \sum_{i=1}^{1}(x_i - \bar{x})^2} \tag{7-10}$$

经计算,本例$\bar{x} \approx 9.632\text{mm}$,$S \approx 0.007\text{mm}$。按式(7-9)分别计算可知,$x_7 = 9.658\text{mm}$、$x_8 = 9.657\text{mm}$,$x_9 = 9.658\text{mm}$分别为异常数据,应予以剔除,此时$n = 100 - 3 = 97$。

表7-2　测量数据表　　　　　　　　　　　　　　　　　（单位/mm）

序号	尺寸	序号	尺寸	序号	尺寸	序号	尺寸	序号	尺寸
1	9.616	21	9.631	41	9.635	61	9.635	81	9.627
2	9.629	22	9.636	42	9.638	62	9.630	82	9.630
3	9.621	23	9.643	43	9.626	63	9.630	83	9.628
4	9.636	24	9.644	44	9.624	64	9.620	84	9.630
5	9.640	25	9.636	45	9.634	65	9.627	85	9.644
6	9.644	26	9.632	46	9.632	66	9.632	86	9.632
7	9.658	25	9.638	47	9.633	65	9.628	87	9.620
8	9.657	28	9.631	48	9.622	68	9.633	88	9.630
9	9.658	29	9.628	49	9.637	69	9.624	89	9.627
10	9.647	30	9.643	50	9.625	70	9.633	90	9.621
11	9.628	31	9.636	51	9.635	71	9.624	91	9.630
12	9.644	32	9.632	52	9.626	72	9.626	92	9.634
13	9.639	33	9.639	53	9.623	73	9.636	93	9.626
14	9.646	34	9.623	54	9.627	74	9.637	94	9.630
15	9.647	35	9.633	55	9.638	75	9.632	95	9.620
16	9.631	36	9.634	56	9.637	76	9.617	96	9.634
17	9.636	35	9.641	57	9.624	77	9.634	97	9.623
18	9.641	38	9.628	58	9.634	78	9.628	98	9.626
19	9.624	39	9.637	59	9.636	79	9.626	99	9.628
20	9.634	40	9.624	60	9.618	80	9.634	100	9.639

(4)实际分布图的绘制

①确定尺寸间隔。尺寸间隔数j不能随意确定。若尺寸分组数太多,组距太小,在狭窄的区域内频数太少,实际分布图就会出现许多锯齿形,实际分布图就会被频数的随机波动所歪曲;若分组数太少,组距太大,分布图就会被展平,掩盖了尺寸分布图的固有形状。

通常情况,尺寸间隔选取可参考表7-3。

表7-3　尺寸间隔数 j 与样本容量 n 的关系

n	24~40	40~60	60~100	100	100~160	160~250	250~400	400~630	630~1000
j	6	7	8	10	11	12	13	14	15

本例中 $n=97$,可取8或者10,此处初选 $j=10$。

②确定尺寸间隔大小(区间宽度) Δx。只要找到样本中个体的最大值和最小值,即可算得 Δx 的大小:

$$\Delta x = \frac{x_{\max} - x_{\min}}{j} = \frac{9.647 - 9.616}{10} = 0.0031\text{mm}$$

将 Δx 圆整为 $\Delta x=0.003$。有了 Δx 值后,就可以对样本的尺寸分散范围进行分段了。分段时应注意使样本中 $x_{\max}$ 和 $x_{\min}$ 皆落在尺寸间隔内。因此,本例的实际尺寸间隔数 $j=10+1=11$。

③画实际分布图。列出测量数据的计算表格,见表7-4,根据表格中的数据即可画出实际分布折线图。画图时,频数值应画在尺寸区间中点的纵坐标上。

表7-4　计算表

组号	尺寸间隔 Δx/mm	尺寸间隔中值 x_j/mm	实际频数 f_j
1	9.615~<9.618	9.6165	2
2	9.618~<9.621	9.6195	4
3	9.621~<9.624	9.6225	6
4	9.624~<9.627	9.6255	13
5	9.627~<9.630	9.6285	12
6	9.630~<9.633	9.6315	16
7	9.633~<9.636	9.6345	15
8	9.636~<9.639	9.6375	14
9	9.639~<9.642	9.6405	7
10	9.642~<9.645	9.6435	5
11	9.645~<9.648	0.6495	3
			$\Sigma=97$

(5)理论分布图的绘制。工艺过程质量指标的理论分布规律可根据理论公式和工艺过程的实际工作条件分析推断。但是因为实际分布图是以频数为纵坐标的,因此,尚需将以概率密度为纵坐标的理论分布图,转换成以频数为纵坐标的理论分布图。

$$\text{频率密度}: y \approx \frac{\text{概率}}{\text{尺寸间隔大小}\Delta x} \approx \frac{\text{频率}}{\Delta x} = \frac{1}{\Delta x}\left(\frac{\text{理论频数}f'}{\text{工件总数}n}\right) = \frac{f'}{n\Delta x}$$

因而有最大概率密度:

$$y_{\max} = \frac{f'_{\max}}{n\Delta x} \tag{7-11}$$

拐点处概率密度值：
$$y_\sigma = \frac{f'_\sigma}{n\Delta x} \qquad (7\text{-}12)$$

本例中正态分布曲线的理论频数曲线最大值和拐点处的理论频数值分别为：

$$f'_{\max} = y_{\max}\Delta xn = 0.4\frac{1}{\sigma}\Delta xn = 0.4 \times \frac{1}{0.007} \times 0.003 \times 97 \approx 17$$

$$f'_\sigma = y_\sigma\Delta xn = 0.24\frac{1}{\sigma}\Delta xn = 0.24 \times \frac{1}{0.007} \times 0.003 \times 97 \approx 10$$

理论频数曲线最大值的横坐标为：$\bar{x} = 9.632\text{mm}$

两个拐点的横坐标为：$(\bar{x}+\sigma) = (9.632 + 0.007)\text{mm} = 9.639\text{mm}$

$$(\bar{x}-\sigma) = (9.632 - 0.007)\text{mm} = 9.625\text{mm}$$

分散范围为：$(\bar{x}-3\sigma) = (9.632 - 3 \times 0.007)\text{mm} = 9.611\text{mm}$

$$(\bar{x}+3\sigma) = (9.632 + 3 \times 0.007)\text{mm} = 9.653\text{mm}$$

有了以上数据，就可做出以频数为纵坐标的理论分布曲线，如图7-5所示。

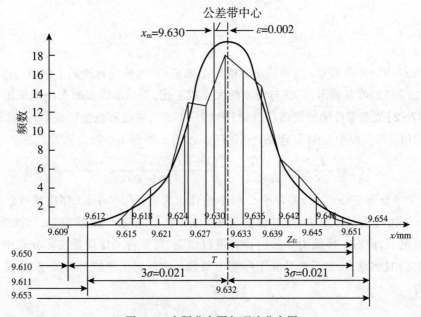

图7-5　实际分布图与理论分布图

（6）工艺过程的分布图分析。如果通过评定，确认样本是服从正态分布的，就可以认为工艺过程中变值系统性误差很小（或不显著），引起被加工工件质量指标分散的原因主要由随机性误差引起，工艺过程处于可控制状态中。如果评定结果表明样本不服从正态分布，就要进一步分析，是哪种变值系统性误差在显著地影响着工艺过程，或者工件质量指标不服从正态分布，可能服从其他分布。本例评定结果表明，样本服从正态分布，工艺过程处于可控制状态中。

如果工件尺寸误差的实际分布中心 $\bar{x}$ 与公差带中心 M 有偏移 ε，这表明工艺过程中有常值系统性误差存在。只有在确认实际分布曲线与理论正态分布曲线相符的条件下，才能应用正态分布规律进行以下各项分析。

3.工序能力系数及其计算

确定工序能力及其等级。所谓工序能力,就是工序处于稳定状态时,加工误差正常波动的范围,通常用6σ表示。所谓工序能力系数,是指加工质量标准(通常是公差)与工序能力的比值,它反映的是工序能力满足加工精度要求的程度,通常用符号C_p表示,即:

$$C_p = \frac{\text{质量标准}}{\text{工序能力}} \qquad (7-13)$$

当工序处于稳定状态时,工序能力系数按下式计算:

$$C_p = \frac{T}{6\sigma} \approx \frac{T}{6S} \qquad (7-14)$$

若工件公差T为定值,S越小,C_p就越大,就有可能允许工件尺寸误差的分散范围在公差带内适当窜动或波动。

工序能力系数的计算方法与质量标准的规定方式有关。

(1)工序质量分布中心$\bar{x}$与公差带中心M重合。如图7-4所示,此时的工序能力指数为:

$$C_p = \frac{T}{6\sigma} = \frac{T_U - T_L}{6\sigma} \approx \frac{T_U - T_L}{6S} \qquad (7-15)$$

式中,S为样本的标准偏差;T_U为质量标准的上限值;T_L为质量标准的下限值。

从式(7-15)可以看出,C_p值与公差的大小成正比,与标准偏差的大小成反比。

【例7-2】某批零件轴径键槽的设计尺寸为$10^{+0.025}_{-0.015}$,通过随机抽样检验,经计算得知样本的平均值$\bar{x}$与公差中心M重合,$S=0.0067$。求该工序得工序能力系数C_p。

解 $\quad C_p = \frac{T}{6S} = \frac{T_U - T_L}{6S} = \frac{(10 + 0.025) - (10 - 0.015)}{6 \times 0.0067} \approx 1$

(2)工序分布中心$\bar{x}$与公差带中心M不重合。在实际生产中,工序质量数据的实际分布中心$\bar{x}$往往与质量标准中心M(公差带中心)不重合,会有一定的偏差,如图7-5所示。在这种情况下,应对工序能力系数的计算进行修正,首先将工序质量实际分布中心$\bar{x}$与质量标准中心M相重合,然后再计算工序能力系数。这时的工序能力系数用C_{pk}表示。其计算公式为:

$$C_{pk} = (1-k)C_p = \frac{T - 2\varepsilon}{6S} \qquad (7-16)$$

式中,k为相对偏移量,$k = \varepsilon/(T/2)$;ε为绝对偏移量,$\varepsilon = |M - \bar{x}|$;$M$为公差带中心,$M = (T_U + T_L)/2$。

【例7-3】某批零件孔径设计尺寸的上、下限分别为$T_U = \phi30.000$mm,$T_L = \phi29.991$mm,通过随机抽样检验,并经过计算得知$\bar{x} = \phi29.995$mm,$S = 0.00132$mm,求工序能力系数。

解:$M = \frac{T_U + T_L}{2} = \frac{30 + 29.991\text{mm}}{2} = 29.9955$mm

由于$\bar{x} = 29.995$mm$\neq M$,故公差中心与实际分布中心不重合。

$$\varepsilon = |M - \bar{x}| = 29.9955\text{mm} - 29.995\text{mm} = 0.0005\text{mm}$$

$$T = T_U - T_L = 30 - 29.991 = 0.009$$

$$C_{pk} = \frac{T - 2\varepsilon}{6S} = \frac{0.009 - 2 \times 0.0005}{6 \times 0.00132} \approx 1.01$$

（3）单侧标准，只有上限要求。有些产品，如轴类零件的圆度、平行度等公差只给出上限要求，而对下限没有要求，只希望上限越小越好。这时工序能力系数计算公式为：

$$C_{pU} = \frac{T_U - \bar{x}}{3\sigma} \approx \frac{T_U - \bar{x}}{3S} \qquad (7-17)$$

【例7-4】某机械厂要求零件滚柱的同轴度公差为1mm，现随机抽样取滚柱50件，测得其同轴度误差均值为$\bar{x} = 0.7823$mm，$S = 0.0635$mm，求工序能力系数。

解 $$C_{pU} = \frac{T - \bar{x}}{3\sigma} \approx \frac{T - \bar{x}}{3S} = \frac{1.0 - 0.7823}{3 \times 0.0635} \approx 1.14$$

（4）单侧标准，只有下限要求。对于机械产品的强度、寿命、可靠性等指标常常要求不应低于某个下限，且希望越大越好。这时，工序能力系数计算公式为：

$$C_{pU} = \frac{\bar{x} - T_L}{3\sigma} \approx \frac{\bar{x} - T_L}{3S} \qquad (7-18)$$

【例7-5】某种零件材料得抗拉强度要求 $\geqslant 650$N/cm²，经随机抽样100件，测得零件材料的抗拉强度均值为$\bar{x} = 680$N/cm²，$S = 8$N/cm²，求工序能力系数。

解 $$C_{pL} = \frac{\bar{x} - T_L}{3\sigma} \approx \frac{\bar{x} - T_L}{3S} = \frac{680 - 650}{3 \times 8} = 1.25$$

根据工序能力系数的大小，可将工序能力的等级分为五级，见表7-5。一般情况下，工序能力等级不应低于二级，即C_p值应大于1。

表7-5 工序能力等级

工序能力系数	工序能力等级	说明	处理
$C_p > 1.67$	特级	工艺能力过高，可以允许有异常波动	为提高产品质量，对关键的质量特性或者主要目标应再次缩小公差范围；或为提高工作效率、降低成本而放宽检查，降低设备精度等
$1.67 \geqslant C_p > 1.33$	一级	工艺能力足够，可以有一定的异常波动	对不重要的工序可简化质量检验，进行抽样检验或减少检验的频次
$1.33 \geqslant C_p > 1.00$	二级	工艺能力勉强，必须密切注意	工序需要严格控制，对产品按正常规定进行检验
$1.00 \geqslant C_p > 0.67$	三级	工艺能力不足，可能出少量不合格品	采取措施提高工序能力，加强质量检验，必要时进行全数检验或增加检验的频次
$0.67 \geqslant C_p$	四级	工艺能力差，必须加以改进	原则上应停产整顿，找出原因，采取措施，提高工序能力，否则应全数检验，挑出不合格品

本例的工序能力系数为：

$$C_{pk} = (1 - k)C_p = \frac{T - 2\varepsilon}{6S} = \frac{0.04 - 2 \times 0.002}{6 \times 0.007} = 0.88$$

该工艺过程的工序能力为三级，加工过程要出少量的不合格品。

确定不合格品率。不合格品率包括废品率和可修复的不合格品率，本例的不合格品率由图7-5计算如下

$$z_右 = \frac{x_i - \bar{x}}{\sigma} = \frac{9.650 - 9.632}{0.007} = 2.57$$

合格品率 $= 0.5 + \varphi(z_右) = 0.5 + \varphi(2.57) = 0.5 + 0.4948 = 99.48\%$

不合格品率 $= 0.5 - 0.4948 = 0.52\%$，这些不合格品都是尺寸过大的不合格品，属可修复的不合格品。

由公式(7-16)可知，有3个变量影响工序能力系数，分别是公差 T、偏移量 ε 和样本标准偏差 S。所以，要提高工序能力系数，减少废品，可以从以下三个方面考虑：

(1)调整工序尺寸分布中心，减少偏移量 ε。首先找出造成工序尺寸分布中心偏移的原因，再采取措施减少之。减少偏移量的主要措施如下：①如果偏移量是由于刀具磨损和加工条件随时间变化引起的，则可采取设备自动补偿或自动调整等措施。②如果偏移量是由于设备、刀具、夹具等定位误差和调整误差引起的，则可通过首件检验，重新调整。③改变操作者孔加工时偏向下差，轴加工时偏向上差的习惯性倾向，以公差中心值作为加工依据。④采用更为精确的量规，由量规检验改为量值检验，采用更为精密的量具。

(2)提高工序能力，减少分散程度。工序的分散程度，即标准偏差 S。材料不均匀、设备精度低、可靠性差、工装及模具精度低、工艺方法不正确等因素对质量特性值的分散程度影响极大。一般可以采取以下措施减少：①修订工序，改进工艺方法；修订操作规程，优化工艺参数，增加中间工序。②推广采用新材料、新工艺、新技术。③检修、更新或改造设备。④改变材料的进货周期，尽量采用同一批次材料。⑤提高工装、夹具的精度。⑥改变生产现场环境条件。⑦对关键工序操作进行培训，提高技术水平。⑧加强现场质量控制，增加检验频率和数量。

(3)在保证产品质量的前提下，适当放宽公差。在实际工作中，为提高保险系数，产品设计人员有紧缩公差倾向。因此，如果 C_p 的值过小，无法采取其他措施时，可以考虑与设计人员充分协商，在保证质量的前提下，适当放宽公差值，以降低生产成本。

以上即为工艺过程的分布图分析法的整个流程，从上述分析可以看出，工艺过程的分布图分析法具有以下特点：

①分布图分析法采用的是大样本，因而能比较接近实际地反映工艺过程总体情况；

②能把工艺过程中存在的常值系统性误差从误差中区分开来，但不能把变值系统性误差从误差中区分开来；

③只有等到一批工件加工完成后才能绘制分布图，因此不能在工艺过程进行中及时提供控制工艺过程精度的信息；

④计算较为复杂；

⑤只适用于工艺过程稳定的场合。

◇ 7.4 工艺过程的点图分析法 ◇

应用分布图分析工艺过程的前提是工艺过程必须是稳定的，如果工艺过程不稳定，继续用分布图分析讨论工艺过程就失去意义。由于点图分析法能够反映质量指标随时间变化的情况，因此，它是进行统计质量控制的有效方法。这种方法既能用于稳定的工艺过程,也可用于不稳定的工艺过程。

对于一个不稳定的工艺过程来说,要解决的问题是如何在工艺过程的进行中,不断地进行质量指标的主动控制,工艺过程一旦出现被加工工件的质量指标有超过所规定的不合格品率的趋势时,能够及时调整工艺系统或者采取其他相应的工艺措施,使工艺过程得以继续进行。对于一个稳定的工艺过程,也应该进行质量指标的主动控制,使稳定的工艺过程一旦出现不稳定的趋势时,能够及时发现并采取措施,使工艺过程继续稳定地进行下去。下面介绍工艺过程的点图分析方法。

1. 点图的基本形式

点图分析法所采用的样本是顺序小样本,即每隔一定时间抽取样本容量 $n = 5 \sim 10$ 的一个小样本,计算出各小样本的算术平均值 $\bar{x}$ 和极差 R,它们由下式计算

$$\bar{x} = \frac{1}{n} \sum_{i=1}^{n} x_i$$

$$R = x_{max} - x_{min} \tag{7-19}$$

x_{max} 和 x_{min} 分别为某样本中个体的最大值与最小值。

点图的基本形式是由小样本均值 $\bar{x}$ 的点图和小样本极差 R 的点图联合组成的 $\bar{x} - R$ 图,如图7-6所示。$\bar{x} - R$ 点图的横坐标是按时间先后采集的小样本的组序号,纵坐标分别为小样本的均值 $\bar{x}$ 和极差 R;在 $\bar{x}$ 点图上有五根控制线,$\bar{x}$ 是样本平均值的均值线;ES、EI 是加工工件公差带的上、下限;UCL、LCL 是样本均值 $\bar{x}$ 的上、下控制线。在 $\bar{R}$ 点图上有三根控制线,$\bar{R}$ 是样本极差 R 的均值线;UCL、LCL 是样本极差的上、下控制线。

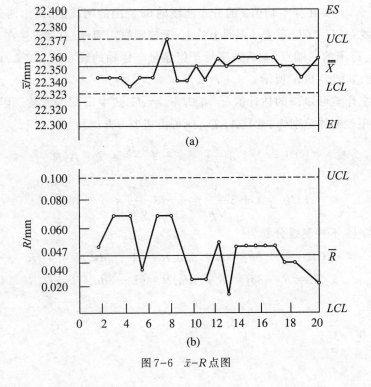

图7-6 $\bar{x}$-R 点图

一个稳定的工艺过程,必须同时具有均值变化不显著和极差变化不显著两个方面的

特征。而 $\bar{x}$ 点图是控制工艺过程质量指标分布中心的变化，R 点图是控制工艺过程质量指标分散范围的变化，因此，这两个点图必须联合使用，才能控制整个工艺过程。

使用 $\bar{x}-R$ 点图的目的就是力图使一个满足工件加工质量指标的稳定工艺过程不要向不稳定工艺过程方面转化，一旦发现了稳定工艺过程有向不稳定方面转化的趋势，应及时采取措施，防患于未然。为了能及时地发现工艺过程的转化趋势，对 $\bar{x}-R$ 点图而言，就必须确定出 $\bar{x}-R$ 点图的上、下控制线。

2. $\bar{x}-R$ 点图上、下控制线的确定

要确定 $\bar{x}-R$ 点图的上、下控制线，首先就需要知道样本均值 $\bar{x}$ 和样本极差 R 的分布。

由数理统计学的中心极限定理可以推论，即使总体不是正态分布，若总体均值为 μ，方差为 σ^2，则样本平均值 $\bar{x}$ 也是近似服从于均值为 μ、方差为 σ^2/n 的正态分布的。n 为样本的个体数。根据上述的推论，不管机械加工中总体是否是正态分布，只要从总体中抽取数量比较多的小样本，则有：

$$\bar{x} \approx N(\mu, \sigma^2/n) \tag{7-20}$$

也就是说，样本均值 $\bar{x}$ 的分散范围为 $(\mu \pm 3\sigma/\sqrt{n})$。

数理统计学已经证明，样本极差 R，近似服从正态分布，即有：

$$R \approx N(\bar{R}, \sigma_R^2) \tag{7-21}$$

这就是说，样本极差 R 的分散范围为 $(\bar{R} \pm 3\sigma_R)$。到此，$\bar{x}-R$ 点图上的上、下控制线的位置就可以确定了。

图 7-6(a) 表示的是一个稳定的工艺过程，总体分布若为 $N(\mu, \sigma^2)$，样本的分布就为 $N(\bar{x}, \hat{\sigma}^2)$，那么，只要在样本均值 $\bar{x}$ 的分布曲线的 6σ 范围的两端点，画出两条平行于组序号坐标轴的线 UCL、LCL，就是 $\bar{x}$ 点图上的上、下控制线。同理，也可直接在 R 图的正态分布曲线的 $6\sigma_R$ 范围的两端点，画两条平行于组序号坐标轴的线 UCL、LCL，就是 R 图上的上、下控制线，如图 7-6(b) 所示。

由数理统计学可知，σ 的估计值 $\hat{\sigma} = a_n\bar{R}$，$\sigma_R = d\hat{\sigma}$，式中 a_n、d 为常数。因此，可以得出 $\bar{x}$ 点图的上、下控制线分别为（常数 A_2、D_1、D_2 可由表 7-6 查得）：

$$UCL = \bar{\bar{X}} + 3\frac{\hat{\sigma}}{\sqrt{n}} = \bar{\bar{x}} + 3\frac{a_n\bar{R}}{\sqrt{n}} = \bar{\bar{x}} + A_2\bar{R} \tag{7-22}$$

$$LCL = \bar{\bar{X}} - 3\frac{\hat{\sigma}}{\sqrt{n}} = \bar{\bar{x}} - 3\frac{a_n\bar{R}}{\sqrt{n}} = \bar{\bar{x}} - A_2\bar{R} \tag{7-23}$$

R 点图的上、下控制线分别为：

$$UCL = \bar{R} + 3\sigma_R = \bar{R} + 3da_n\bar{R} = (1 + 3da_n)\bar{R} = D_1\bar{R} \tag{7-24}$$

$$LCL = \bar{R} - 3\sigma_R = \bar{R} - 3da_n\bar{R} = (1 - 3da_n)\bar{R} = D_2\bar{R} \tag{7-25}$$

表7-6　常数 d、a_n、A_2、D_1、D_2 值

n	d	a_n	A_2	D_1	D_2
4	0.880	0.486	0.729	2.282	0
5	0.864	0.430	0.577	2.115	0
6	0.848	0.395	0.483	2.004	0
7	0.833	0.37	0.419	1.924	0.076
8	0.820	0.351	0.373	1.864	1.136

【例7-6】某小轴的直径尺寸为 $\phi 22.4^{~0}_{-0.1}$ mm，加工时每隔一定时间取 $n=5$ 的一个小样本，共抽取 $k=20$ 个样本，每个样本的 $\bar{x}$、R 值见表7-7。试制定小轴加工的 $\bar{x}-R$。

表7-7　样本的 $\bar{x}$ 和 R 值数据表

序号	$\bar{x}$	R	序号	$\bar{x}$	R	序号	$\bar{x}$	R	序号	$\bar{x}$	R
1	22.36	0.05	6	22.34	0.07	11	22.34	0.02	16	22.36	0.05
2	22.34	0.07	7	22.38	0.05	12	22.36	0.05	17	22.33	0.04
3	22.34	0.07	8	22.34	0.03	13	22.35	0.05	18	22.35	0.04
4	22.35	0.04	9	22.34	0.07	14	22.35	0.05	19	22.34	0.03
5	22.34	0.07	10	22.35	0.06	15	22.33	0.05	20	22.36	0.02

解：样本均值的均值 $\bar{\bar{x}}$ 为：

$$\bar{\bar{x}} = \frac{1}{k}\sum_{i=1}^{k}\bar{x}_i = \frac{446.97}{20}\text{mm} = 22.35\text{mm}$$

样本极差的均值 $\bar{R}$ 为：

$$\bar{R} = \frac{1}{k}\sum_{i=1}^{k}R_i = \frac{0.94}{20}\text{mm} = 0.047\text{mm}$$

$\bar{x}$ 图上的上下控制线分别为：

$$UCL = \bar{\bar{x}} + A_2\bar{R} = (22.35 + 0.58 \times 0.047)\text{mm} = 22.377\text{mm}$$
$$LCL = \bar{\bar{x}} - A_2\bar{R} = (22.35 - 0.58 \times 0.047)\text{mm} = 22.323\text{mm}$$

R 图上的上下控制线分别为：

$$UCL = D_1\bar{R} = (2.11 \times 0.047)\text{mm} = 0.099\text{mm}$$
$$LCL = D_2\bar{R} = 0$$

按上述计算结果做出 $\bar{x}-R$ 点图，并将本例表7-7中的 $\bar{x}$、R 值逐点标在 $\bar{x}-R$ 点图上，如图7-6所示。

3.点图的正常变动与异常波动

任何一批产品的质量指标数据都是参差不齐的，也就是说，点图上的点子总是有波动的。但是要区别两种不同的情况：第一种情况是只有随机的波动，属正常波动，这表明工艺过程是稳定的；第二种情况为异常波动，这表明工艺过程是不稳定的。一旦出现异常波动，就要及时查找原因，使这种不稳定的趋势得到消除。表7-8是根据数理统计学原理确定的正常波动与异常波动的标志。

表7-8 正常波动与异常波动的标志

正常波动	异常波动
1.没有点子超出控制线 2.大部分点子在中线上下波动,小部分在控制线附近 3.点子没有明显的规律性	1.有点子超出控制线 2.点子密集在中线上下附近 3.点子密集在控制线附近 4.连续5点以上出现在中线一侧 5.连续11点中有10点以上出现在中线一侧 6.连续14点中有12点以上出现在中线一侧 7.连续17点中有14点以上出现在中线一侧 8.连续20点中有16点以上出现在中线一侧 9.点子有上升或下降倾向 10.点子有周期性波动

思考与练习题

7-1　现代质量工程一般分为哪些发展阶段?

7-2　什么是常值系统性误差、变值系统性误差、随机误差? 机械制造中常见的误差分布规律有哪些? 什么性质的误差服从偏态分布规律? 什么性质的误差服从正态分布?

7-3　什么是工序能力和工序能力系数? 如何提高工序能力系数,减少废品?

7-4　某批零件孔径设计尺寸的上、下限分别为 $T_U = \phi 30.000$ mm,$T_L = \phi 29.991$ mm,通过随机抽样检验,并经过计算得知 $\bar{x} = \phi 29.995$ mm,$\sigma = 0.0015$ mm,求工序能力系数。

7-5　在均方根偏差 $\sigma = 0.02$ mm 的某自动车床上加工一批 $\phi 10$ mm ± 0.1 mm 的小轴外圆,问:①这批工件的尺寸分散范围多大? ②这台机床的工序能力系数多大? ③如果这批工件数 $n = 100$,分组间隙 $\Delta x = 0.02$ mm,试画出这批工件以频数为纵坐标的理论分布曲线。

7-6　车削一批轴的外圆,其尺寸要求为 $\phi 25 \pm 0.05$ mm,已知此工序的加工误差分布曲线是正态分布,其标准差 $\sigma = 0.025$ mm,曲线的峰值偏于公差带的左侧 0.03 mm。求零件的合格品率和废品率? 如何调整工艺系统可使废品率降低?

7-7　某工序加工零件的公差要求为 $\phi 8^{+0.10}_{-0.05}$ mm,经随机抽样,测得样本水平均值 $\bar{x} = 35$ mm,标准差 $\sigma = 0.00519$ mm,试计算该工序的工序能力系数,并估计不合格品率。

7-8　对于样本容量 $n = 6$,取得25组数据后,计算得到 $\bar{x} = 16.28$,$\bar{R} = 3.48$。试计算 $\bar{x} - R$ 控制图的控制界限。

7-9　某厂生产得直柄麻花钻尺寸规格为 $\phi 8^{-0.005}_{-0.034}$ mm。今测得100个麻花钻直径数据如下表所示,试绘制 $\bar{x} - R$ 控制图和直方图。

样本号	X1	X2	X3	X4	X5	样本号	X1	X2	X3	X4	X5
1	5.982	5.979	5.987	5.978	5.985	11	5.980	5.987	5.978	5.982	5.986
2	5.985	5.979	5.987	5.981	5.978	12	5.982	5.988	5.977	5.985	5.979
3	5.981	5.977	5.984	5.980	5.989	13	5.985	5.977	5.976	5.980	5.977
4	5.985	5.982	5.988	5.980	5.982	14	5.987	5.977	5.979	5.985	5.982
5	5.981	5.979	5.983	5.977	5.986	15	5.983	5.987	5.982	5.980	5.989
6	5.987	5.983	5.982	5.979	5.990	16	5.975	5.977	5.985	5.983	5.981
7	5.981	5.979	5.982	5.977	5.987	17	5.981	5.977	5.986	5.982	5.985
8	5.976	5.975	5.984	5.982	5.980	18	5.977	5.978	5.981	5.985	5.977
9	5.981	5.979	5.976	5.974	5.984	19	5.986	5.982	5.984	5.988	5.987
10	5.982	5.983	5.985	5.979	5.977	20	5.980	5.985	5.982	5.986	5.977

第8章 数控加工与编程

8.1 数控加工概述

8.1.1 数控技术的产生与发展

1948年,美国帕森斯(Parsons)公司接受美国空军委托,研制飞机螺旋桨叶片轮廓样板的加工设备。由于样板形状复杂多样,精度要求高,一般加工设备难以适应,于是提出计算机控制机床的设想。1949年,该公司在美国麻省理工学院伺服机构研究室(Servo Mechanism Laboratory of the Massachusetts Institute of Technology)的协助下,开始数控机床研究,并于1952年试制成功第一台由大型立式仿形铣床改装而成的三坐标数控铣床,经过三年的试用和改进,于1955年进入实用化阶段。此时的数控装置采用电子管元件,体积庞大,价格昂贵,只在航空工业等少数有特殊需要的部门用来加工复杂型面零件。

1959年,制成了晶体管元件和印刷电路板,使数控装置进入了第二代,体积缩小,成本有所下降;1960年以后,较为简单和经济的点位控制数控钻床和直线控制数控铣床得到较快发展,使数控机床在机械制造业各部门逐步获得推广。1965年,出现了第三代的集成电路数控装置,不仅体积小,功率消耗少,且可靠性提高,价格进一步下降,促进了数控机床品种的发展和产量的扩大。1970年,随着微电子技术的发展,小型计算机逐渐取代数控系统中的专用计算机,使许多控制功能可以依靠编制专用程序来完成,而不必依靠硬件电路,实现软件控制,大大提高了数控系统控制的灵活性和数控设备的可靠性。1970年,美国芝加哥国际机床展览会上第一次展出了采用小型计算机控制的计算机数控(CNC)装置和由计算机直接控制多台机床的直接数控(Direct Numerical Control—DNC)系统,使数控装置进入了以小型计算机化为特征的第四代。1974年,中大规模集成电路技术所取得的成就,促使价格低廉、体积更小、集成度更高、工作更可靠的微处理芯片问世,并逐步应用于数控系统,进一步简化了CNC系统的硬件结构,降低了CNC机床的成本,由此产生了以微处理器为CNC系统核心的第五代数控系统,即采用微型电子计算机控制的数控系统(Microcomputer Numerical Control—MNC)。第五代与第三代相比,数控装置的功能扩大了一倍,而体积则缩小为原来的1/20,价格降低了3/4,可靠性也得到了极大的提高。20世纪80年代初,随着计算机软、硬件技术的发展,出现了能进行人机对话式自动编制程序的数控装置;数控装置愈趋小型化,可以直接安装在机床上;数控机床的自动化程度进一步提高,具有自动监控刀具破损和自动检测工件等功能。

进入20世纪90年代,大规模和超大规模集成电路的进一步发展,使微处理器的性能不断提高,软件功能日益增强,CNC系统随着外围电路和接口配置的不断完善,以及软件技术在交互式人机对话和图形显示技术方面所取得的成就而得到发展。基于PC-NC的新一代数控充分利用了现有PC机的软硬件资源,使得数控系统集成度高、可靠性好,升级换代容易,易于实现开放性。

因此,所谓的数控系统和数控机床的相关定义如下:

数控,即数字控制(Numerical Control,简称NC),是用数字化的信息实现机床控制的一种方法。

数控系统(Numerical Control System),是采用数字控制技术的自动控制系统。

数控机床(Numerical Control Machine Tools),是采用数字控制技术对机床的加工过程进行自动控制的一类机床。它把机械加工过程中的各种操作(如主轴变速、进刀与退刀、开车与停车、选择刀具等)和步骤,以及刀具与工件之间的相对位移量都用数字代码形式的信息(程序指令)表示,通过信息载体输入数控装置,经运算处理后由数控装置发出各种控制信号,来控制机床的伺服系统或其他执行元件,按图纸要求的形状和尺寸,自动地将零件加工出来。数控机床较好地解决了复杂、精密、小批量、多品种的零件加工问题,是一种柔性的、高效能的自动化机床,代表了现代机床控制技术的发展方向。数控机床是一种典型的机电一体化产品,是集现代机械制造技术、自动控制技术、检测技术、计算机信息技术于一体的高效率、高精度、高柔性和高自动化的现代机械加工设备。

计算机数控(Computer Numerical Control,简称CNC),是借助于小型通用计算机或微型计算机通过执行其存储器内的程序来完成数控要求的部分或全部功能,若改变相应的控制程序,即可改变其控制功能,而无需改变硬件电路,因此CNC系统具有更大的通用性和灵活性,即具有很好的"柔性",是数控技术的发展方向。

8.1.2 数控机床的组成和工作过程

与传统的车、铣、钻、磨、齿轮加工相对应的数控机床有数控车床、数控铣床、数控钻床、数控磨床、数控齿轮加工机床等。在普通数控机床加装一个刀库和换刀装置就成为数控加工中心机床。

数控机床主要由以下几部分组成:

随着计算机技术的发展,数控机床广泛采用了计算机数控(CNC)系统,如图8-1所示。其组成包括:加工程序、输入装置、数控系统、伺服驱动系统、反馈系统、辅助控制装置和机床本体。

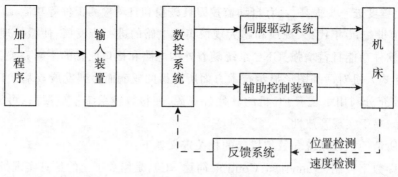

图 8-1　数控机床的组成

1.加工程序

数控机床工作时,不需要工人直接去操作,要对数控机床进行控制,必须编制加工程序。加工程序是数控机床自动加工零件的工作指令。在对加工零件进行工艺分析的基础上确定:零件坐标系在机床坐标系上的相对位置,即零件在机床上的安装位置;刀具与零件相对运动的尺寸参数;零件加工的工艺路线或加工顺序;主运动的启、停、换向、变速;进给运动的速度、位移大小等工艺参数,以及辅助装置的动作。这样得到零件的所有运动、尺寸、工艺参数等加工信息,然后用标准的由文字、数字和符号组成的数控代码,按规定的方法和格式,编制零件加工的数控程序单。编制程序的工作可由人工进行,或者在数控机床以外用自动编程计算机系统来完成,比较先进的数控机床,可以在它的数控装置上直接编程。编好的数控程序,存放在便于输入数控装置的一种存储载体上,它可以是穿孔纸带、盒式磁带、软磁盘、U盘、存储卡等,采用哪一种存储载体,取决于数控装置的设计类型。

2.输入装置

输入装置的作用是将控制介质(信息载体)上的数控代码变成相应的电脉冲信号,传送并存入数控系统内。根据程序存储介质的不同,输入装置可以是光电阅读机、录音机或软盘驱动器。有些数控机床,不用任何程序存储载体,而是将数控程序单的内容通过数控系统上的键盘,用手工方式(MDI方式)输入或者将数控程序由编程计算机用通信方式传送到数控系统中。

3.数控系统

数控系统是一种位置控制系统,是机床自动化加工的核心。主要由主控制系统、运算器、存储器、输入\输出接口五大部分组成。进行零件加工时,总是先将编写好的零件程序输入到系统的内存中,而后系统根据输入的程序段插补出理想的轨迹,并控制执行部件加工出合格的零件。

数控系统接受输入装置送来的脉冲信息,经过数控装置的逻辑电路或系统软件进行编译、运算和逻辑处理后,输出各种信号和指令来控制机床的各个部分,进行规定的、有序的动作。这些控制信号中最基本的信号是:经插补运算确定的各坐标轴(即作进给运动的各执行部件)的进给速度、进给方向和位移量指令,送伺服驱动系统驱动执行部件作进给运动。其他还有主运动部件的变速、换向和启停信号;选择要交换刀具的刀具指令信号;控制冷却、润滑的启停、工件和机床部件松开、夹紧、分度工作台转位等辅助指令信号等。

另外,数控系统除具有较为完备的自诊断功能外,还可配置对设备关键单元的故障监测装置,例如主轴温升、系统功率监测、刀具破损磨损监控,扩展系统的功能。各种接触和非接触式传感器和检测方法(例如热敏电阻、红外测温、激光测距、CCD图像处理)和专家系统的运用,使得控制系统能够对接收到的更多的外部信息进行处理,为误差的自动补偿和加工过程自动化提供了保证。

4.伺服驱动系统

伺服系统是数控系统和机床本体之间的电传动联系环节,主要有伺服控制系统、伺服电机和位置检测与反馈装置组成。伺服电机是系统的执行元件,伺服控制系统是伺服电机的动力源。

伺服驱动系统根据数控装置发来的速度和位移指令控制执行部件的进给速度、方向和位移。每个作进给运动的执行部件,都配有一套伺服驱动系统。伺服驱动系统有开环、半闭环和闭环之分。在半闭环和闭环伺服驱动系统中,还得使用位置检测装置,间接或直接测量执行部件的实际进给位移,与指令位移进行比较,按闭环原理,将其误差转换、放大后转化为伺服电机(步进电机或交、直流伺服电机)的转动,从而带动机床工作台移动。

5.机床本体

数控机床的本体机械部件包括:主运动部件、进给运动执行部件、工作台、拖板及其传动部件和床身立柱等支承部件,此外,还有冷却、润滑、转位和工件夹紧等辅助装置。对于加工中心类的数控机床,还有存放刀具的刀库,刀具交换的机械手等部件。

数控机床机械部件的组成与普通机床相似,但传动结构要求更为简单,在精度、刚度、抗振性等方面要求更高,而且其传动和变速系统要便于实现自动化控制。为了适应这种要求,数控机床在以下几个方面发生了很大的变化:

(1)进给运动采用高效传动件。具有传动链短、结构简单、传动精度高的特点,一般采用滚珠丝杠、直线导轨等。

(2)采用高性能主传动件及主轴部件。具有传递功率大、刚度高、抗振性好、热变形小的优点。

(3)具有完善的刀具自动交换和管理系统。

(4)在加工中心上一般有工件自动交换、工件夹紧和放松机构。

(5)采用全封闭罩。对机床的加工部件进行全封闭。

6.辅助控制装置

辅助控制装置介于数控装置与机床机械、液压部件之间的控制系统。其主要作用是接收数控装置输出的主运动变速、刀具选择交换、辅助装置动作等指令信号,经必要的编译、逻辑判断、功率放大后直接驱动相应的电器、液压、气动和机械部件,以完成指令所规定的动作。此外还有开关信号经它送数控装置进行处理。

在数控机床上加工零件时,则是将被加工零件的加工顺序、工艺参数和机床运动要求等用数控语言编制出加工程序,然后输入到CNC装置。CNC装置对加工程序进行一系列运算处理后,向伺服系统发出执行指令,由伺服系统驱动机床移动部件运动,从而自动完成零件的加工。图8-2为数控机床的工作过程。

```
┌──────┐      ┌──────┐      ┌──────┐      ┌──────┐      ┌──────┐      ┌──────┐
│ 零件 │ 编制 │ 加工 │ 送入 │ CNC  │ 命令 │ 伺服 │ 驱动 │ 机床 │ 加工 │ 制成 │
│ 图纸 │─────▶│ 程序 │─────▶│ 装置 │─────▶│ 系统 │─────▶│ 部件 │─────▶│ 零件 │
└──────┘      └──────┘      └──────┘      └──────┘      └──────┘      └──────┘
```

图8-2 数控机床的工作过程

◆ 8.2 插补原理 ◆

8.2.1 插补基础知识

插补技术是数控系统的核心技术。在数控加工过程中,数控系统要解决控制刀具或工件运动轨迹的问题。在数控机床中,刀具或工件能够移动的最小位移量叫机床的脉冲当量或最小分辨率。刀具或工件是一步一步移动的,移动轨迹是由一个个小线段构成的折线,而不是光滑的曲线。也就是说,刀具不能严格地按照所加工的零件廓形(如:直线、圆弧或椭圆、抛物线等其他类型曲线)运动,而只能用折线逼近所需加工的零件轮廓线型。

根据零件轮廓线型上的已知点,如:直线的起点、终点,圆弧的起点、终点和圆心等。数控系统按进给速度、刀具参数和进给方向的要求等,计算出轮廓线上中间点位置坐标值的过程称为"插补(Interpolation)"。插补的实质就是根据有限的信息完成"数据密化"的工作,插入中间点的算法被称为插补算法。根据插补算法,可由数控系统中的插补器实时计算得到中间点(插补计算)并以中间点协调控制各坐标轴的运动(插补控制),从而获得所需要的运动轨迹。插补器是数控系统中专门用于插补(插补计算和插补控制)的装置或软件模块,分别被称为硬件插补器和软件插补器。以下主要介绍软件插补算法。

在数控加工程序中,一般会提供直线起点和终点坐标,圆弧起点和终点坐标、圆弧走向(顺圆/逆圆)、圆心相对于起点的偏移量和圆弧半径等数据。还会根据机床参数和工艺要求设定刀具长度、刀具半径和主轴转速、进给速度等。数控系统的插补任务就是根据进给速度轮廓插补要求,计算出每一段零件轮廓起点与终点之间所应插入的中间点的坐标值。而为了避免插补计算过程中遇到三角函数、乘法、除法及开方等复杂运算,保证插补过程满足实时控制的要求,插补计算一般都采用迭代算法。例如,如图8-3所示,数控机床加工廓形是直线OE的零件时,已知的信息仅为直线的终点坐标(x_e, y_e),经插补运算后,刀具或工件的进给运动轨迹,即该直线段的插补轨迹。插补运算后的中间坐标点可以是$O{\to}A'{\to}A{\to}B'{\to}B{\to}C'$ ${\to}C{\to}D'{\to}D{\to}E'{\to}E$,也可以是$O{\to}A''{\to}A{\to}B''$ ${\to}B{\to}C''{\to}C{\to}D''{\to}D{\to}E''{\to}E$,或$O{\to}A{\to}B{\to}C{\to}D{\to}E$等。

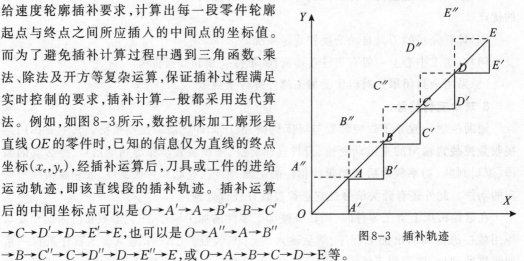

图8-3 插补轨迹

目前在数控系统中推出了许多种插补算法,这些算法分别归属脉冲增量插补算法和数据采样插补算法两大类。

1.脉冲增量插补算法

脉冲增量插补又称基准脉冲插补或行程标量插补。该插补算法是通过向各个运动轴分配脉冲,控制机床坐标轴相互协调运动,从而加工出所要求轮廓的算法。这类插补算法的特点是每次插补的结果仅产生一个单位的行程增量,以"单位脉冲"的形式输出给步进电动机。每个单位脉冲对应的坐标轴位移量称为脉冲当量,一般用δ或BLU表示。脉冲当量δ是脉冲分配的基本单位,按机床设计的加工精度选定。普通精度的机床取$\delta=0.01mm$,较精密的机床取$\delta=0.001mm$或$0.005mm$。

2.数据采样插补算法

数据采样插补又称时间标量插补或数字增量插补。这类插补算法分两步完成。第一步为粗插补,根据数据加工程序编写的进给速度,先将零件轮廓曲线按插补周期分割为一系列首尾相连的微小直线段,每一微小直线段的长度ΔL都相等,且与给定进给速度有关。第二步为精插补,计算对输出这些微小直线段对应的位置增量数据,用以控制伺服系统实现坐标轴进给。与脉冲增量插补算法相比,数据采样插补算法的结果不再是单个脉冲,而是位置增量的数字量。

下面主要介绍脉冲增量插补算法中的逐点比较法、数字积分法。

8.2.2　逐点比较插补

逐点比较法又称代数运算法或醉步法,可实现直线插补、圆弧插补,也可用于其他非圆二次曲线(如椭圆、抛物线和双曲线等)的插补。

逐点比较法的基本原理是每次仅向一个坐标轴输出一个进给脉冲,每走一步都要将加工点的瞬时坐标与理论的加工轨迹相比较,判断实际加工点与理论加工轨迹的偏移位置,通过偏差函数计算二者之间的偏差,从而决定下一步的进给方向。每进给一步都要完成偏差判别、坐标进给、新偏差计算和终点判别四个工作节拍。

第一节拍:偏差判别。判别刀具当前位置相对于给定轮廓的偏离情况,以此决定刀具移动方向;

第二节拍:坐标进给。根据偏差判别结果,控制刀具相对于工件轮廓进给一步,即向给定的轮廓靠拢,减少偏差;

第三节拍:新偏差计算。由于刀具进给已改变了位置,因此应计算出刀具当前位置的新偏差,为下一次判别做准备;

第四节拍:终点判别。判别刀具是否已到达被加工轮廓线段的终点。若已到达终点,则停止插补;若未到达终点,则继续插补。如此不断重复上述四个节拍,就可以加工出所要求的轮廓。

下面分别介绍逐点比较法直线插补和圆弧插补的原理。

1.逐点比较法直线插补

设在$X-Y$平面的第一象限有一加工直线$\overline{OR}$,如图8-4所示,起点为坐标原点O,终点坐标为$R(x_r,y_r)$。

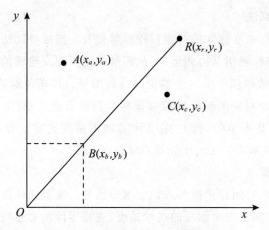

图8-4 逐点比较法第一象限直线插补

若加工时存在动点 $P(x_i, y_i)$,位于直线 $\overline{OR}$ 上,则其方程可表示为:

$$\frac{x_i}{y_i} - \frac{x_r}{y_r} = 0,$$

即: $x_i y_r - y_i x_r = 0$

直线插补时,所在位置可能有以下三种情况:

位于直线 $\overline{OR}$ 上的加工点 B,有 $x_r y_b - y_r x_b = 0$;

位于直线 $\overline{OR}$ 上的加工点 A,有 $x_r y_a - y_r x_a > 0$;

位于直线 $\overline{OR}$ 上的加工点 C,有 $x_r y_c - y_r x_c < 0$。

令 $F_i = x_r y_i - y_r x_i$ 为偏差判别函数,则有:

当 $F_i = 0$ 时,加工点在直线上;

当 $F_i > 0$ 时,加工点在直线上方;

当 $F_i < 0$ 时,加工点在直线下方。

从图8-4可以看出,当点在直线上方时,应该向 $+X$ 方向进给一个脉冲当量,以趋向该直线;当点在直线下方时,应该向 $+Y$ 方向进给一个脉冲当量,以趋向该直线;当点在直线上时,即可向 $+X$ 方向也可向 $+Y$ 方向进给一个脉冲当量,通常,将点 P 在直线上的情况同点 P 在直线上方归于一类。则有:

当 $F_i \geqslant 0$ 时,加工点向 $+X$ 方向进给一个脉冲当量,到达新的加工点 P_{i+1},此时, $x_{i+1} = x_i + 1$,则新加工点 P_{i+1} 的偏差判别函数 F_{i+1} 为:

$$\begin{aligned}
F_{i+1} &= x_r y_i - y_r x_{i+1} \\
&= x_r y_i - y_r (x_i + 1) \\
&= F_i - y_r
\end{aligned} \tag{8-1}$$

当 $F_i < 0$ 时,加工点向 $+Y$ 方向进给一个脉冲当量,到达新的加工点 P_i,此时 $y_i = y_i + 1$,则新加工点 P_{i+1} 的偏差判别函数 F_{i+1} 为:

$$\begin{aligned}
F_{i+1} &= x_r y_{i+1} - y_r x_i \\
&= x_r (y_i + 1) - y_r x_i \\
&= F_i + x_r
\end{aligned} \tag{8-2}$$

由此可见,新加工点的偏差 F_{i+1} 是由前一个加工点的偏差 F_i 和终点的坐标值递推出来的,如果按式(8-1)、式(8-2)计算偏差,则计算大为简化。

用逐点比较法插补直线时,每一步进给后,都要判别当前加工点是否到达终点,一般可采用如下三种方法判别:

(1)设置一个终点减法计数器,存入各坐标轴插补或进给的总步数,在插补过程中每进给一步,就从总步数中减去1,直至计数器中的存数被减为零,表示到达终点;

(2)各坐标轴分别设置一个进给步数的减法计数器,当某一坐标方向有进给时,就从其相应的计数器中减去1,直至各计数器中的存数均被减为零,表示到达终点;

(3)设置一个终点减法计数器,存入进给步数最多的坐标轴的进给步数,在插补过程中每当该坐标轴方向有进给时,就从计数器中减去1,直至计数器中的存数被减为零,表示到达终点。

逐点比较法插补第一象限直线的软件流程图,如图8-5所示。

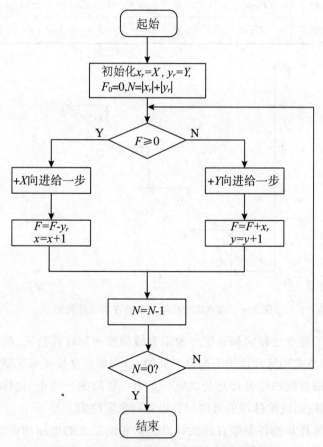

图8-5 逐点比较法第一象限直线插补流程

【例8-1】设加工第一象限直线 $\overline{OE}$,起点为坐标原点 $O(0,0)$,终点为 $E(5,4)$,试用逐点比较法对其进行插补,并画出插补轨迹。

插补从直线的起点开始,故 $F_0=0$;终点判别寄存器 N 存入 X 和 Y 两个坐标方向的总步数,即 $N=5+4=9$,每进给一步 N 减1, $N=0$ 时停止插补。插补运算过程如表8-1所示,插补轨迹如图8-6所示。

表 8-1　逐点比较法第一象限直线插补运算举例

步数	起点	终点	偏差判别	坐标进给	偏差计算 $F_0=0$	终点判断 $N=9$
1	O	A	$F_1=0$	$+X$	$F_1=F_0-y_r=0-4=-4$	$N=9-1=8$
2	A	A'	$F_2<0$	$+Y$	$F_2=F_1+x_r=-4+5=1$	$N=8-1=7$
3	A'	B	$F_3>0$	$+X$	$F_3=F_2-y_r=1-4=-3$	$N=7-1=6$
4	B	B'	$F_4<0$	$+Y$	$F_4=F_3+x_r=-3+5=2$	$N=6-1=5$
5	B'	C	$F_5>0$	$+X$	$F_5=F_4-y_r=2-4=-2$	$N=5-1=4$
6	C	C'	$F_6<0$	$+Y$	$F_6=F_5+x_r=-2+5=3$	$N=4-1=3$
7	C'	D	$F_7>0$	$+X$	$F_7=F_6-y_r=3-4=-1$	$N=3-1=2$
8	D	D'	$F_8<0$	$+Y$	$F_8=F_9+x_r=-1+5=4$	$N=2-1=1$
9	D'	E	$F_9>0$	$+X$	$F_9=F_8-y_r=4-4=0$	$N=1-1=0$

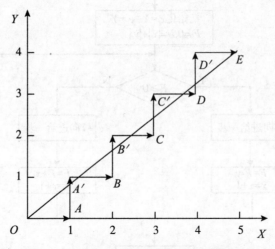

图 8-6　逐点比较法第一象限直线插补轨迹

　　以上仅讨论了逐点比较法插补第一象限直线的原理和计算公式,插补其他象限的直线时,其插补计算公式和脉冲进给方向是不同的,通常通过变换坐标来解决。通过坐标变换将其他三个象限直线的插补计算公式统一于第一象限的公式中,这样都可按第一象限直线进行插补计算;而进给脉冲的方向则仍由实际象限决定。

　　坐标变换就是将其他各象限直线的终点坐标和加工点的坐标均取绝对值,这样它们的插补计算公式和插补流程图与插补第一象限直线时一样,偏差符号和进给方向可用图 8-7 表示,图中 $L1$、$L2$、$L3$、$L4$ 分别表示第一、二、三、四象限的直线。

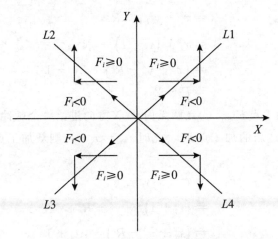

图 8-7　逐点比较法插补不同象限直线的偏差符号和进给方向

2.逐点比较法圆弧插补

逐点比较法圆弧插补过程与直线插补过程类似,每进给一步也都要完成四个工作节拍:偏差判别、坐标进给、偏差计算、终点判别。但是,逐点比较法圆弧插补以加工点距圆心的距离大于还是小于圆弧半径来作为偏差判别的依据。如图 8-8 所示的圆弧 AB,其圆心位于原点 $O(0,0)$,半径为 R,令加工点的坐标为 $E(x_i,y_i)$,则逐点比较法圆弧插补的偏差判别函数为:

$$F_i = x_i^2 + y_i^2 - R^2 \tag{8-3}$$

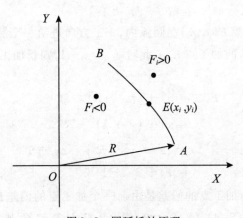

图 8-8　圆弧插补原理

当 $F_i=0$ 时,加工点在圆弧上;当 $F_i>0$ 时,加工点在圆弧外;当 $F_i<0$ 时,加工点在圆弧内。同插补直线时一样,将 $F_i=0$ 同 $F_i>0$ 归于一类。下面以第一象限圆弧为例,分别介绍顺时针圆弧和逆时针圆弧插补时的偏差计算和坐标进给情况。

(1)插补第一象限顺时针圆弧

①当 $F_i \geqslant 0$ 时,加工点 $E(x_i,y_i)$ 在圆弧上或圆弧外,$-Y$ 方向进给一个脉冲当量,即向趋近圆弧的圆内方向进给,到达新的加工点 E_{i+1},此时 $y_{i+1}=y_i-1$,则新加工点 E_{i+1} 的偏差判别函数 F_{i+1} 为:

$$F_{i+1} = x_i^2 + y_{i+1}^2 - R^2$$
$$= x_i^2 + (y_i - 1)^2 - R^2$$
$$= (x_i^2 + y_i^2 - R^2) - 2y_i + 1$$
$$= F_i - 2y_i + 1$$

(8-4)

②当 $F_i < 0$ 时，加工点 $E(x_i, y_i)$ 在圆弧内，$+X$ 方向进给一个脉冲当量，即向趋近圆弧的圆外方向进给，到达新的加工点 P_{i+1}，此时 $x_{i+1} = x_i + 1$，则新加工点 E_{i+1} 的偏差判别函数 F_{i+1} 为：

$$F_{i+1} = x_{i+1}^2 + y_i^2 - R^2$$
$$= (x_i + 1)^2 + y_i^2 - R^2$$
$$= (x_i^2 + y_i^2 - R^2) + 2x_i + 1$$
$$= F_i + 2x_i + 1$$

(8-5)

（2）插补第一象限逆时针圆弧

①当 $F_i \geqslant 0$ 时，加工点 $E(x_i, y_i)$ 在圆弧上或圆弧外，$-X$ 方向进给一个脉冲当量，即向趋近圆弧的圆内方向进给，到达新的加工点 E_{i+1}，此时 $x_{i+1} = x_i - 1$，则新加工点 E_{i+1} 的偏差判别函数 F_{i+1} 为：

$$F_{i+1} = x_{i+1}^2 + y_i^2 - R^2$$
$$= (x_i - 1)^2 + y_i^2 - R^2$$
$$= (x_i^2 + y_i^2 - R^2) - 2x_i + 1$$
$$= F_i - 2x_i + 1$$

(8-6)

②当 $F_i < 0$ 时，加工点 $E(x_i, y_i)$ 在圆弧内，$+Y$ 方向进给一个脉冲当量，即向趋近圆弧的圆外方向进给，到达新的加工点 E_{i+1}，此时 $y_{i+1} = y_i + 1$，则新加工点 E_{i+1} 的偏差判别函数 F_{i+1} 为：

$$F_{i+1} = x_i^2 + y_{i+1}^2 - R^2$$
$$= x_i^2 + (y_i + 1)^2 - R^2$$
$$= (x_i^2 + y_i^2 - R^2) + 2y_i + 1$$
$$= F_i + 2y_i + 1$$

(8-7)

由以上分析可知，新加工点的偏差是由前一个加工点的偏差 F_i 及前一点的坐标值 x_i、y_i 递推出来的，如果按式(8-4)、(8-5)、(8-6)、(8-7)计算偏差，则计算大为简化。需要注意的是 x_i、y_i 的值在插补过程中是变化的，这一点与直线插补不同。

与直线插补一样，除偏差计算外，还要进行终点判别。圆弧插补的终点判别可采用与直线插补相同的方法，通常通过判别插补或进给的总步数及分别判别各坐标轴的进给步数来实现。

插补第一象限顺时针圆弧的插补流程图，如图8-9所示。

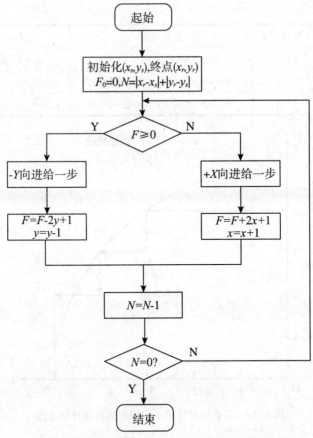

图8-9　逐点比较法第一象限顺圆弧插补流程

【例8-2】设加工第一象限顺圆弧 AB，起点 $A(5,0)$，终点 $B(0,5)$。试用逐点比较法对其进行插补并画出插补轨迹图。

插补从圆弧的起点开始，故 $F_0=0$；终点判别寄存器 N 存入 X 和 Y 两个坐标方向的总步数，即 $N=|5-0|+|0-5|=10$，每进给一步减1，$N=0$ 时停止插补。应用公式(8-4)、(8-5)，插补运算过程如表8-2所示，插补轨迹如图8-10所示。

表8-2　逐点比较法第一象限顺圆弧插补运算举例

步数	偏差判别	坐标进给	偏差计算	坐标计算	终点判断
起点			$F_0=0$	$x_0=0$ $y_0=5$	$N=10$
1	$F_0=0$	$-Y$	$F_1=F_0-2y_0+1=0-10+1=-9$	$x_1=0$ $y_1=5-1=4$	$N=9$
2	$F_1<0$	$+X$	$F_2=F_1+2x_1+1=-9+0+1=-8$	$x_2=0+1=1$ $y_2=4$	$N=8$
3	$F_2<0$	$+X$	$F_3=F_2+2x_2+1=-8+2+1=-5$	$x_3=1+1=2$ $y_3=4$	$N=7$
4	$F_3<0$	$+X$	$F_4=F_3+2x_3+1=-5+4+1=0$	$x_4=2+1=3$ $y_4=4$	$N=6$
5	$F_4=0$	$-Y$	$F_5=F_4-2y_4+1=0-8+1=-7$	$x_5=3$ $y_5=4-1=3$	$N=5$
6	$F_5<0$	$+X$	$F_6=F_5+2x_5+1=-7+6+1=0$	$x_6=3+1=4$ $y_6=3$	$N=4$
7	$F_6=0$	$-Y$	$F_7=F_6-2y_6+1=0-6+1=-5$	$x_7=4$ $y_7=3-1=2$	$N=3$
8	$F_7<0$	$+X$	$F_8=F_7+2x_7+1=-5+8+1=4$	$x_8=4+1=5$ $y_8=2$	$N=2$

续表

步数	偏差判别	坐标进给	偏差计算	坐标计算	终点判断
起点			$F_0=0$	$x_0=0$ $y_0=5$	$N=10$
9	$F_8>0$	$-Y$	$F_9=F_8-2y_8+1=4-4+1=1$	$x_9=5$ $y_9=2-1=1$	$N=1$
10	$F_9>0$	$-Y$	$F_{10}=F_9-2y_9+1=1-2+1=0$	$x_{10}=5$ $y_{10}=1-1=0$	$N=0$

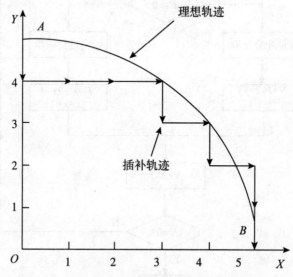

图 8-10　逐点比较法第一象限顺圆弧插补轨迹图

【例 8-3】设加工第一象限逆圆弧 AB,起点 $B(5,0)$,终点 $A(0,5)$。试用逐点比较法对其进行插补并画出插补轨迹图。

插补从圆弧的起点开始,故 $F_0=0$;终点判别寄存器 N 存入 X 和 Y 两个坐标方向的总步数,即 $N=|5-0|+|0-5|=10$,每进给一步减 1,$N=0$ 时停止插补。应用公式(8-6)、(8-7),插补运算过程如表 8-3 所示,插补轨迹如图 8-11 所示。

表 8-3　逐点比较法第一象限逆圆弧插补运算举例

步数	偏差判别	坐标进给	偏差计算	坐标计算	终点判断
起点			$F_0=0$	$x_0=5$ $y_0=0$	$N=10$
1	$F_0=0$	$-X$	$F_1=F_0-2x_0+1=0-10+1=-9$	$x_1=5-1=4$ $y_1=0$	$N=10-1=9$
2	$F_1<0$	$+Y$	$F_2=F_1+2y_1+1=-9+0+1=-8$	$x_2=4$ $y_2=0+1=1$	$N=9-1=8$
3	$F_2<0$	$+Y$	$F_3=F_2+2y_2+1=-8+2+1=-5$	$x_3=4$ $y_3=1+1=2$	$N=8-1=7$
4	$F_3<0$	$+Y$	$F_4=F_3+2y_3+1=-5+4+1=0$	$x_4=4$ $y_4=2+1=3$	$N=7-1=6$
5	$F_4=0$	$-X$	$F_5=F_4-2x_4+1=0-8+1=-7$	$x_5=4-1=3$ $y_5=3$	$N=6-1=5$
6	$F_5<0$	$+Y$	$F_6=F_5+2y_5+1=-7+6+1=0$	$x_6=3$ $y_6=3+1=4$	$N=5-1=4$
7	$F_6=0$	$-X$	$F_7=F_6-2x_6+1=0-6+1=-5$	$x_7=3-1=2$ $y_7=4$	$N=4-1=3$
8	$F_7<0$	$+Y$	$F_8=F_7+2y_7+1=-5+8+1=4$	$x_8=2$ $y_8=4+1=5$	$N=3-1=2$
9	$F_8>0$	$-X$	$F_9=F_8-2x_8+1=4-4+1=1$	$x_9=2-1=1$ $y_9=5$	$N=2-1=1$
10	$F_9>0$	$-X$	$F_{10}=F_9-2x_9+1=1-2+1=0$	$x_{10}=1-1=0$ $y_{11}=5$	$N=1-1=0$

以上仅讨论了逐点比较法插补第一象限顺、逆圆弧的原理和计算公式,插补其他象限圆弧的方法同直线插补类似。通过坐标变换将其他各象限顺、逆圆弧插补计算公式都统一于第一象限的逆圆弧插补公式,不管哪个象限的圆弧都按第一象限逆圆弧进行插补计算,而进给脉冲的方向则仍由实际象限决定。坐标变换就是将其他各象限圆弧的加工点的坐标均取绝对值,这样,按第一象限逆圆弧插补运算时,如果将X轴的进给反向,即可插补出第二象限顺圆弧;将Y轴的进给反向,即可插补出第四象限顺圆弧;将X、Y轴两者的进给都反向,即可插补出第三象限逆圆弧。也就是说,第二象限顺圆弧、第三象限逆圆弧及第四象限顺圆弧的插补计算公式和插补流程图与插补第一象限逆圆弧时一样。同理,第二象限逆圆弧、第三象限顺圆弧及第四象限逆圆弧的插补计算公式和插补流程图与插补第一象限顺圆弧时一样。

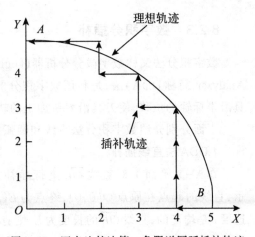

图8-11　逐点比较法第一象限逆圆弧插补轨迹

从插补计算公式及例8-2、例8-3中还可以看出,按第一象限逆圆弧插补时,把插补运算公式的X坐标和Y坐标对调,即以X作Y、以Y作X,那么就得到第一象限顺圆弧。

插补四个象限的顺、逆圆弧时偏差符号和进给方向可用图8-12表示。

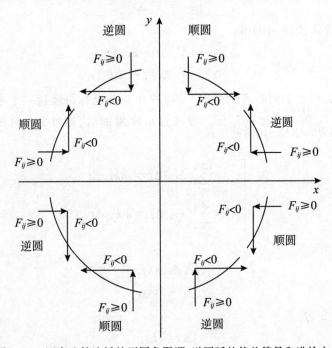

图8-12　逐点比较法插补不同象限顺、逆圆弧的偏差符号和进给方向

逐点比较法插补圆弧时,相邻象限的圆弧插补计算方法不同,进给方向也不同,过了象限如果不改变插补运算方式和进给方向,就会发生错误。圆弧过象限的标志是$x_i=0$或$y_i=0$。每走一步,除进行终点判别外,还要进行过象限判别,到达过象限点时要进行插补运算的变换。

智能制造技术基础

8.2.3 数字积分插补

数字积分法又称数字微分分析器(Digital Differential Analyzer,简称DDA)法,是利用数字积分的原理,计算刀具沿坐标轴的位移,使刀具沿着所加工的轨迹运动。

下面分别介绍数字积分法直线和圆弧插补原理。

1.DDA法直线插补

在 X-Y 平面上对直线 $\overline{OE}$ 进行插补,如图8-13所示,直线的起点在原点 $O(0,0)$,终点为 $E(x_r,y_r)$,设进给速度 v 是均匀的,直线 $\overline{OE}$ 的长度为 L,则有:

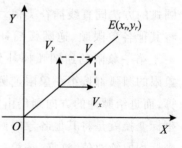

图8-13 DDA法直线插补原理

$$\frac{V}{L}=\frac{V_x}{x_r}=\frac{V_y}{y_r}=k \tag{8-8}$$

式中:V_x、V_y 分别表示动点在 X 和 Y 方向的移动速度,k 为比例系数。

由式(8-8)可得:

$$\begin{cases} V_x=kx_r \\ V_y=ky_r \end{cases} \tag{8-9}$$

在 $\triangle t$ 时间内,X 和 Y 方向上的移动距离微小增量 Δx、Δy 应为:

$$\begin{cases} \Delta x=V_x\Delta t \\ \Delta y=V_y\Delta t \end{cases} \tag{8-10}$$

将式(8-9)代入式(8-10)得:

$$\begin{cases} \Delta x=V_x\Delta t=kx_r\Delta t \\ \Delta y=V_y\Delta t=ky_r\Delta t \end{cases} \tag{8-11}$$

因此,动点从原点走向终点的过程,可以看作是各坐标每经过一个单位时间间隔 Δt 分别以增量 kx_r、ky_r 同时累加的结果。设经过 m 次累加后,X 和 Y 方向分别都到达终点 $A(x_r,y_r)$,则:

$$\begin{cases} x_r=\sum_{i=1}^{m}(kx_r)\Delta t=mkx_r\Delta t \\ y_r=\sum_{i=1}^{m}(ky_r)\Delta t=mky_r\Delta t \end{cases} \tag{8-12}$$

取 $\Delta t=1$,则有:

$$\begin{cases} x_r=mkx_r \\ y_r=mky_r \end{cases} \tag{8-13}$$

式(8-11)也变为:

$$\begin{cases} \Delta x=kx_r \\ \Delta y=ky_r \end{cases} \tag{8-14}$$

由式(8-12)可知 $mk=1$,即:

$$m=\frac{1}{k} \tag{8-15}$$

因为累加次数 m 必须是整数，所以比例系数 k 一定为小数。选取 k 时主要考虑 Δx、Δy 应不大于 1，以保证坐标轴上每次分配的进给脉冲不超过一个单位步距，即式(8-14)得：

$$\begin{cases} \Delta x = kx_r < 1 \\ \Delta y = ky_r < 1 \end{cases} \tag{8-16}$$

另外，x_r、y_r 的最大容许值受寄存器的位数 n 的限制，最大值为 2^n-1，所以由式(8-16)得：

$$k(2^n-1)<1, \text{即} k < \frac{1}{2^n-1}$$

一般取：

$$k = \frac{1}{2^n} \tag{8-17}$$

则有：

$$m = 2^n \tag{8-18}$$

上式说明 DDA 直线插补的整个过程要经过 2^n 次累加才能到达直线的终点。

当 $k=1/2^n$ 时，对二进制数来说，kx_r 与 x_r 的差别只在于小数点的位置不同，将 x_r 的小数点左移 n 位即为 kx_r。因此在 n 位的内存中存放 x_r (x_r 为整数)和存放 kx_r 的数字是相同的，只是认为后者的小数点出现在最高位数 n 的前面。这样，对 kx_r 与 ky_r 的累加就分别可转变为对 x_r 与 y_r 的累加。数字积分法插补器的关键部件是累加器和被积函数寄存器，每一个坐标方向都需要一个累加器和一个被积函数寄存器。以插补 X-Y 平面上的直线为例：一般情况下插补开始前，累加器清零，被积函数寄存器分别寄存 x_r 和 y_r；插补开始后，每来一个累加脉冲 Δt，被积函数寄存器里的坐标值在相应的累加器中累加一次，累加后的溢出作为驱动相应坐标轴的进给脉冲 Δx 或 Δy，而余数仍寄存在累加器中。当脉冲源发出的累加脉冲数 m 恰好等于被积函数寄存器的容量 2^n 时，溢出的脉冲数等于以脉冲当量为最小单位的终点坐标，表明刀具运行到终点。X-Y 平面的 DDA 直线插补器的示意图，如图 8-14 所示。

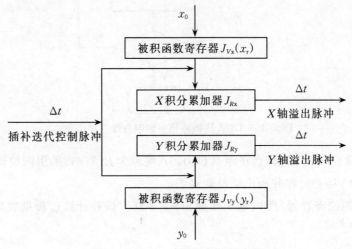

图8-14　DDA直线插补器示意图

数字积分法直线插补的终点判别比较简单。由以上的分析可知,插补一直线段时只需完成 $m=2^n$ 次累加运算,即可到达终点位置。因此,可以将累加次数 m 是否等于 2^n 作为终点判别的依据,只要设置一个位数亦为 n 位的终点计数寄存器,用来记录累加次数,当计数器记满 2^n 个数时,停止插补运算。

用软件实现数字积分法直线插补时,在内存中设立几个存储单元,分别存放 x_e 及其累加值 $\sum x_e$ 和 y_e 及其累加值 $\sum y_e$,在每次插补运算循环过程中进行以下求和运算:

$$\sum x + x_r \rightarrow \sum x$$
$$\sum y + y_r \rightarrow \sum y$$

用运算结果溢出的脉冲 Δx 和 Δy 来控制机床进给,就可走出所需的直线轨迹。数字积分法插补第一象限直线的程序流程图,如图8-15所示。

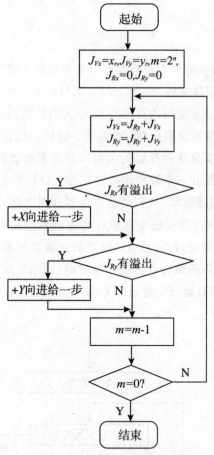

图8-15　DDA法插补第一象限直线程序流程

【例8-4】设直线 $\overline{OA}$ 的起点在原点 $O(0,0)$,终点为 $R(7,8)$,采用四位寄存器,试写出直线 $\overline{OA}$ 的DDA插补过程并画出插补轨迹图。

由于采用四位寄存器,所以累加次数 $m=2^4=16$。插补计算过程见表8-4,插补轨迹如图8-16所示。

表8-4　DDA直线插补运算过程

累加次数 m	X积分器			Y积分器		
	$J_{Vx}(存 x_r)$	$J_{Rx}(\sum X)$	Δx	$J_{Vy}(存 y_r)$	$J_{Ry}(\sum Y)$	Δy
0	0111	0	0	1000	0	0
1		0111	0		1000	0
2		1110	0		0000	1
3		0101	1		1000	0
4		1100	0		0000	1
5		0011	1		1000	0
6		1010	0		0000	1
7		0001	1		1000	0
8		1000	0		0000	1
9		1111	0		1000	0
10		0110	1		0000	1
11		1101	0		1000	0
12		0100	1		0000	1
13		1011	0		1000	0
14		0010	1		0000	1
15		1001	0		1000	0
16		0000	1		0000	1

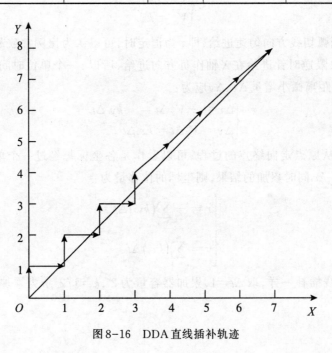

图8-16　DDA直线插补轨迹

以上仅讨论了数字积分法插补第一象限直线的原理和计算公式,插补其他象限的直线时,一般将其他各象限直线的终点坐标均取绝对值,这样,它们的插补计算公式和插补流程图与插补第一象限直线时一样,而脉冲进给方向总是直线终点坐标绝对值增加的方向。

2. DDA法圆弧插补

下面以第一象限逆圆弧为例,说明DDA圆弧插补原理。如图8-17所示,设刀具沿半径为R的圆弧AB移动,刀具沿圆弧切线方向的进给速度为V,$E(x_i,y_i)$为动点,则有如下关系式:

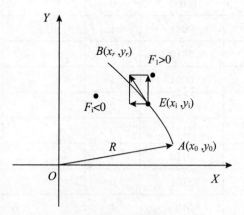

图8-17　DDA法圆弧插补原理

$$\frac{V}{R}=\frac{V_x}{x_i}=\frac{V_y}{y_i}=k \tag{8-19}$$

由上式可得:

$$\begin{cases} V_x=ky_i \\ V_y=kx_i \end{cases} \tag{8-20}$$

当刀具沿圆弧切线方向匀速进给,即v为恒定时,可以认为比例常数k为常数。

由于第一象限逆时针进给在X轴作负方向进给,所以,一个单位时间间隔Δt内,X和Y方向上的移动距离微小增量Δx、Δy应为:

$$\begin{cases} \Delta x=-V_x\Delta t=-ky_i\Delta t \\ \Delta y=V_y\Delta t=kx_i\Delta t \end{cases} \tag{8-21}$$

因此,动点从原点走向终点的过程,可以看作是各坐标每经过一个单位时间间隔Δt分别以增量$-ky_i$、kx_i同时累加的结果,则坐标的位移量为:

$$\begin{cases} x=-\sum_{i=1}^{m}(ky_i)\Delta t \\ y=\sum_{i=1}^{m}(kx_i)\Delta t \end{cases} \tag{8-22}$$

与DDA直线插补一样,取$\Delta t=1$,累加器容量为2^n,$k=1/2^n$,n为累加器、寄存器的位数,则:

$$\begin{cases} x = -\dfrac{1}{2^n} \displaystyle\sum_{i=1}^{m} y_i \\ y = \dfrac{1}{2^n} \displaystyle\sum_{i=1}^{m} x_i \end{cases} \tag{8-23}$$

式(8-21)也变为：

$$\begin{cases} \Delta x = -\dfrac{1}{2^n} y_i \\ \Delta y = \dfrac{1}{2^n} x_i \end{cases} \tag{8-24}$$

根据式(8-24),仿照直线插补的方法也用两个积分器来实现圆弧插补,如图8-18所示。公式中系数$\dfrac{1}{2^n}k$的省略原因和直线插补时类同。但必须注意DDA圆弧插补与直线插补的区别：

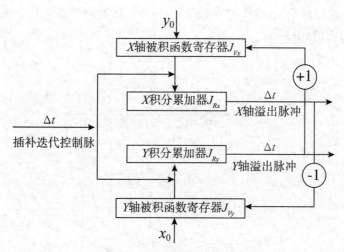

图8-18 DDA圆弧插补器示意

(1)坐标值x_i,y_i存入被积函数寄存器J_{Vx}、J_{Vy}的对应关系与直线不同,恰好位置互调,即y_i存入J_{Vx},而x_i存入J_{Vy}中；

(2)被积函数寄存器J_{Vx}、J_{Vy}寄存的数值与直线插补时还有一个本质的区别:直线插补时J_{Vx}、J_{Vy}寄存的是终点坐标x_e或y_e,是常数;而在圆弧插补时寄存的是动点坐标x_i或y_i,是变量。因此在刀具移动过程中必须根据刀具位置的变化来更改寄存器J_{Vx}、J_{Vy}中的内容。在起点时,J_{Vx}、J_{Vy}分别寄存起点坐标值y_0、x_0;在插补过程中,J_{Ry}每溢出一个Δy脉冲,J_{Vx}寄存器应该加"1"反之,当J_{Rx}溢出一个Δx脉冲时,J_{Vy}应该减"1"。减"1"的原因是刀具在作逆圆运动时x坐标作负方向进给,动点坐标不断减少。

对于其他象限的顺圆、逆圆插补运算过程和积分器结构基本上与第一象限逆圆弧是一致的,但区别在于,控制各坐标轴的Δx、Δy的进给方向不同,以及修改J_{Vx}、J_{VY}内容时是加"1"还是减"1",要由x_i和y_i坐标值的增减而定,见表8-5。表中SR1、SR2、SR3、SR4分别表示第一、第二、第三、第四象限的顺圆弧,NR1、NR2、NR3、NR4分别表示第一、第二、第三、第四象限的逆圆弧。

表 8-5　DDA 圆弧插补时坐标值的修改

	SR1	SR2	SR3	SR4	NR1	NR2	NR3	NR4
$J_{Vx}(y_i)$	−1	+1	−1	+1	+1	−1	+1	−1
$J_{Vy}(x_i)$	+1	−1	+1	−1	−1	+1	−1	+1
Δx	+	+	−	−	−	−	+	+
Δy	−	+	+	−	+	+	−	+

DDA 圆弧插补时,由于 x、y 方向到达终点的时间不同,需对 x、y 两个坐标分别进行终点判断。实现这一点可利用两个终点计数器 J_{Ex} 和 J_{Ey},把 x、y 坐标所需输出的脉冲数 $|x_0-x_i|$、$|y_0-y_i|$ 分别存入这两个计数器中,x 或 y 积分累加器每输出一个脉冲,相应的减法计数器减 1,当某一个坐标的计数器为零时,说明该坐标已到达终点,停止该坐标的累加运算。当两个计数器均为零时,圆弧插补结束。另外也可根据 J_{Vx}、J_{Vy} 中的存数来判断是否到达终点,如果 J_{Vx} 中的存数是 y_r、J_{Vy} 中的存数是 x_r,则圆弧插补到终点。数字积分法插补第一象限逆圆弧流程图,如图 8-19 所示。

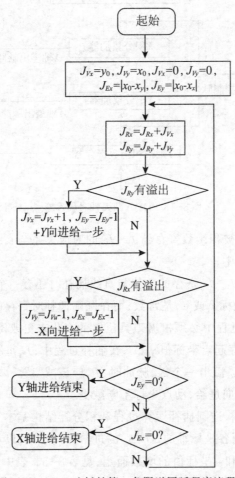

图 8-19　DDA 法插补第一象限逆圆弧程序流程图

【例 8-5】设第一象限逆圆弧 AB 的起点为 $A(8,0)$,终点 B 为 $(0,8)$,采用四位寄存器,

试写出 DDA 插补过程并画出插补轨迹图。

在 X 和 Y 方向分别设一个终点判别计数器 J_{Ex}、J_{Ey}，$J_{Ex}=8$，$J_{Ey}=8$，X 积分器和 Y 积分器有溢出时，就在相应的终点判别计数器中减"1"，当两个计数器均为0时，插补结束。插补计算过程见表8-6，插补轨迹如图8-20所示。

表8-6 DDA圆弧插补运算过程

累加次数 m	X积分器			J_{Ex}	Y积分器			J_{Ey}
	J_{Vx}(存 y_i)	J_{Rx}	Δx		J_{Vy}(存 x_i)	J_{Ry}	Δy	
0	0000	0000	0	1000	1000	0000	0	1000
1	0000	0000	0	1000	1000	1000	0	1000
2	0000	0000	0	1000	1000	0000	1	0111
	0001							
3	0001	0001	0	1000	1000	1000	0	0111
4	0001	0010	0	1000	1000	0000	1	0110
	0010							
5	0010	0100	0	1000	1000	1000	0	0110
6	0010	0110	0	1000	1000	0000	1	0101
	0011							
7	0011	1001	0	1000	1000	1000	0	0101
8	0011	1110	0	1000	1000	0000	1	0100
	0100							
9	0100	0010	1	0111	1000	1000	0	0100
					0111			
10	0100	0110	0	0111	0111	1111	0	0100
11	0100	1010	0	0111	0111	0110	1	0011
	0101							
12	0101	1111	0	0111	0111	1101	0	0011
13	0101	0100	1	0110	0111	0100	1	0010
	0110				0110			
14	0110	1010	0	0110	0110	1010	0	0010
15	0110	0000	1	0101	0110	0000	1	0001
	0111				0101			
16	0111	0111	0	0101	0101	0101	0	0001
17	0111	1110	0	0101	0101	1010	0	0001
18	0111	0101	1	0100	0101	1111	0	0001
					0100			
19	0111	1100	0	0100	0100	0011	1	0000
	1000							
20	1000	0100	1	0011	0100			
					0011			
21	1000	1100	0	0011	0011			
22	1000	0100	1	0010	0011			

续表

累加次数 m	X积分器			J_{Ex}	Y积分器			J_{Ey}
	$J_{Vx}(存 y_i)$	J_{Rx}	Δx		$J_{Vy}(存 x_i)$	J_{Ry}	Δy	
					0010			
23	1000	1100	0	0010	0010			
24	1000	0100	1	0001	0010			
					0001			
25	1000	1100	0	0001	0001			
26	1000	0100	1	0000	0001			
					0000			

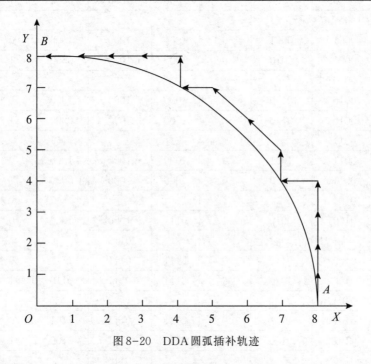

图8-20　DDA圆弧插补轨迹

8.3　数控编程基础

8.3.1　数控编程的基本概念及内容

数控编程就是把零件的工艺过程、工艺参数、机床的运动、刀具位移量及各种辅助动作(如主轴变速、主轴起动和停止、松夹工件、进刀退刀、冷却液开或关等)信息用规定的代码和程序格式编成数控加工程序,并经校核的全过程。数控加工程序编制包括:零件图纸分析、工艺处理、数学处理、程序编制、控制介质制备、程序校验和试切削。

1.零件图纸分析

根据待加工零件的材料、尺寸、精度、表面质量、毛坯形状和热处理要求等确定加工方案,与普通机床加工时,零件图纸分析的内容一致。

2．工艺处理

工艺处理除了确定加工方案等一般工艺规程设计内容外，还要正确选择工件坐标原点与机床换刀点，选择合理的走刀路线等具体工作内容。

(1)确定加工方案。与普通机床的零件加工工艺设计的内容一致。

(2)正确选择工件坐标原点。也就是建立工件坐标系，便于刀具轨迹和有关几何尺寸的计算，同时也要考虑零件形位公差的要求，避免产生累积误差等。

(3)确定机床的对刀点。机床的对刀点是数控加工程序中刀具的起始点，要便于对刀观察、检测与刀具轨迹的计算，要考虑换刀时避免刀具与工件及有关部件产生干涉、碰撞，同时又要尽量减少起始或换刀时的空行程距离。对刀点可以设置在被加工工件上，也可以设置在夹具或机床上。为了提高零件的加工精度，对刀点应尽量设置在零件的设计基准或工艺基准上。

(4)加工路线的确定。在数控加工中，刀具刀位点相对于工件运动的轨迹称为加工路线。加工路线的确定是程序编制前的重要步骤。

3．数学处理

数学处理就是根据零件的几何尺寸、加工误差和确定的加工路线，在规定的坐标系中计算出粗、精加工各刀具运动轨迹，得到刀位数据。一般的数控系统均具有直线插补与圆弧插补功能。对于加工由圆弧与直线组成的较简单的二维零件轮廓，需要计算出零件轮廓线上各几何元素的起点、终点、圆弧的圆心坐标、两几何元素的交点或切点(称为基点)的坐标值。对于较复杂的零件或零件的几何形状与数控系统的插补功能不一致时，就需要进行较复杂的数值计算。例如渐开线、双曲线等的加工，需要用小直线段或圆弧段逼近，按精度要求计算出相邻逼近线段或圆弧的交点或切点(称为节点)坐标值。对于自由曲线、自由曲面和组合曲面的程序编制，其数学处理更为复杂，一般需通过自动编程软件进行拟合和逼近处理，最终获得直线或圆弧坐标值。对于无刀具补偿功能的数控系统，还要计算廓型加工时的刀具中心轨迹。

4．程序编制

在完成工艺处理和数学处理工作后，根据加工路线、切削用量、刀具号码、刀具补偿量、机床辅助动作及刀具运动轨迹，按照数控机床的数控系统所使用的指令代码和程序段的格式，逐段编写零件加工的程序单。

5．控制介质制备

数控加工程序是数控机床加工过程的文字记录，要控制机床加工，还需将数控程序内容记录在控制介质上，作为数控系统输入信息的载体。数控加工程序还可直接通过数控系统的操作键盘手动输入到存储器。另外，也可通过通过 RS232C 接口，或者分布式数控系统 DNC(Distributed Numerical Control)接口直接由计算机通过网络与机床数控系统进行通讯。

6．程序校验和试切削

数控加工程序输入数控系统后，必须经过校验和试切削才能用于正式加工。通过程序校验，检验程序语法是否有错，加工轨迹是否正确；通过试切削可以检验其加工工艺及有关切削参数指定是否合理，加工精度能否满足零件图纸要求，加工效率如何。

校验的方法是让机床空走刀、空运转,以检查机床的运动轨迹与动作的正确性。在具有图形显示功能和动态模拟功能的数控机床上或CAD/CAM软件中,还可以在数控机床的显示器上用图形模拟刀具切削工件的方法进行检验。试切削一般采用逐段运行加工的方法进行,通过一段一段的运行来检查机床的每次动作。但是需要注意的是,当执行某些程序段,比如螺纹切削时,如果每一段螺纹切削程序中不带退刀功能时,螺纹刀尖在该段程序结束时会停在工件中,因此,应避免由此损坏刀具等。对于较复杂的零件,也先可采用石蜡、塑料或铝等易切削材料进行试切。当发现有加工误差时,应分析误差产生的原因,及时采取措施加以纠正。

8.3.2　数控机床的坐标系

在数控机床上进行零件加工时,要通过机床各个运动部件的相对运动来完成零件加工。因此,为了计算坐标值、描述机床的运动和刀具与工件之间的相对运动,通常要设定机床坐标系。

为了数控加工程序的互换性,国际标准化组织对数控机床的坐标系作了规定,并制定了 ISO841 标准,我国机械工业部也颁布了《数字控制机床坐标和运动方向的命名》JB/T 3051—1999 的标准,对数控机床的坐标和运动方向作了明文规定。

1.机床坐标系的规定

机床坐标系是机床上固有的坐标系,用于确定被加工零件在机床中的坐标、机床运动部件的位置(如换刀点、参考点)以及运动范围(如行程范围、保护区)等。机床坐标系中 X、Y、Z 坐标轴的相互关系用右手笛卡尔直角坐标系决定。

(1)伸出右手的大拇指、食指和中指,并互为90°。则大拇指、食指、中指分别代表 X,Y,Z 坐标。

(2)大拇指的指向为 X 坐标的正方向,食指的指向为 Y 坐标的正方向,中指的指向为 Z 坐标的正方向。

(3)围绕 X、Y、Z 坐标旋转的旋转坐标分别用 A、B、C 表示,根据右手螺旋定则,大拇指的指向为 X、Y、Z 坐标中任意轴的正向,其余四指的旋转方向即为旋转坐标 A、B、C 的正向,见图8-21所示。

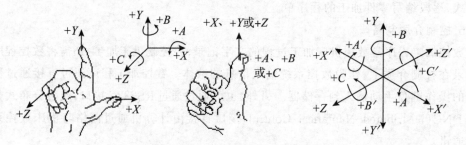

图8-21　右手直角笛卡尔坐标系

2.机床运动及坐标轴方向的规定

数控机床的进给运动是相对的,有的机床是刀具做实际的进给运动,如车床;有的是工作台带着工件做实际的进给运动,如铣床。为了使编程人员在不考虑机床上工件与刀具具体运动的情况下,能根据零件图纸确定加工过程,所以,始终假定机床的运动是:工件静止,刀具相对于静止的工件作进给运动。

规定刀具远离工件的方向,即增大刀具与工件距离的方向为各坐标轴的正方向。如要表示刀具固定,工件运动的坐标,则用 $X'Y'Z'A'B'C'$ 来表示。按相对运动关系,由于工件运动方向与刀具运动方向相反,所以有:

$$+X=-X'+Y=-Y'+Z=-Z'+A=-A'+B=-B'+C=-C'$$

3.数控机床坐标轴的确定原则

在确定数控机床坐标轴时,一般先确定 Z 轴,后确定其他轴。

(1)Z 轴的确定。Z 轴的运动方向是由传递切削动力的主轴所决定的。对于铣床、镗床、钻床等主轴是带动刀具旋转的轴;对于车床、磨床等主轴是带动工件旋转的轴。

①对于有且只有一个主轴的机床,则规定平行于机床主轴的坐标轴为 Z 坐标轴,见图 8-22、图 8-23。

②若机床上没有主轴,则规定垂直于工件装夹面的坐标轴为 Z 轴,见图 8-24。

③若机床上有几根主轴:则规定选垂直于工件装夹面的一根主轴作为主要主轴,Z 轴即为平行于主要主轴的坐标轴。

主轴能够摆动,则选垂直于工件装夹平面的方向为 Z 坐标方向。

Z 轴正方向是假定工件不动,刀具远离工件的方向。

(2)X 轴的确定。X 轴平行于工件装夹面且与 Z 轴垂直,通常呈水平方向。确定 X 轴的方向时,要考虑两种情况:

①如果工件做旋转运动,X 轴方向是在工件的径向上,且平行于横滑座。刀具离开工件的方向为 X 轴的正方向,图 8-22 所示为数控车床的 X 坐标。

②如果刀具做旋转运动,则分为两种情况:如果 Z 轴是水平的,当从刀具主轴后端向工件方向看时,X 轴的正方向为向右方向,如图 8-25 所示;如果 Z 轴是垂直的,当面对刀具主轴向立柱方向看时,X 轴的正方向指向右,如图 8-24 所示。

(3)Y 轴的确定。X、Z 轴的正方向确定后,Y 轴可按图 8-21 所示的右手直角笛卡尔直角坐标系来判定。

(4)旋转轴 A、B、C 的确定。如图 8-20 所示,A、B、C 相应地表示其轴线平行于 X、Y、Z 的旋转运动。A、B、C 正方向,相应地表示在 X、Y 和 Z 坐标正方向上,右旋螺纹前进的方向。

(5)附加坐标轴的确定。如果在 X、Y、Z 主要坐标以外,还有平行于它们的坐标,可分别指定为 U、V、W。如还有第三组运动,则分别指定为 P、Q、R。

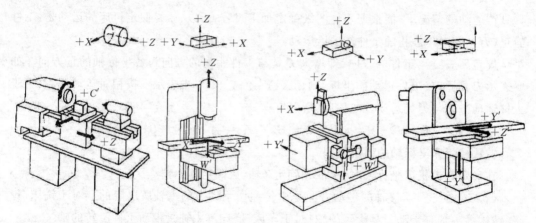

图8-22 卧式车床　图8-23 立式升降台铣床　图8-24 牛头刨床　图8-25 卧式升降台铣床

4.机床原点与机床参考点

（1）机床原点。现代数控机床都有一个基准位置，称为机床原点，是机床制造商设置在机床上的一个物理位置，是机床上的一个固定点。机床原点是工件坐标系和机床参考点的基准点。它在机床装配、调试时就已确定下来，由厂家设定，用于机床制造与调试，通常不允许随意改变。

①数控车床的原点。在数控车床上，机床原点（也称机床零点）一般取在卡盘端面与主轴中心线的交点处，见图8-26所示。

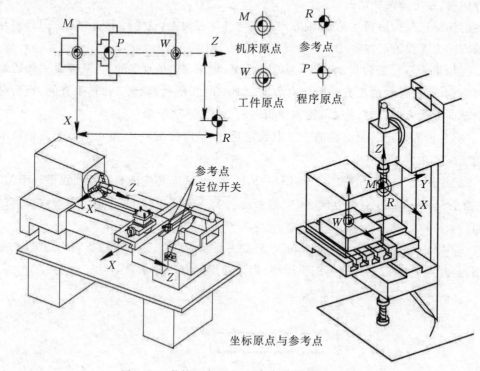

图8-26　数控机床原点、机床参考点与工件原点

②数控铣床的原点。在数控铣床上，机床原点一般取在 X、Y、Z 坐标轴的正方向极限位置上，见图8-26。

③机床参考点。机床参考点是用于对机床运动进行检测和控制的固定位置点。机床参考点的位置是由机床制造厂家在每个进给轴上用机械挡块或限位开关调整和确定,但必须位于各坐标轴的移动范围内。为了在机床工作时建立机床坐标系,要通过参数来指定参考点到机床原点的距离,此参数通过精确测量来确定,并输入数控系统中,因此参考点对机床原点的坐标是一个已知数。一般机床工作前,必须先进行返回参考点动作,各坐标轴回零,才可建立机床坐标系;即根据机床参考点在机床坐标系中的坐标值可以间接确定机床坐标系原点的位置。参考点的位置可以通过调整机械挡块的位置来改变,改变后必须重新精确测量并修改机床参数。通常在数控铣床上机床原点和机床参考点是重合的;而在数控车床上机床参考点是离机床原点最远的极限点,见图8-26所示。

5.工件坐标系及工件原点

工件坐标系是为了确定工件几何图形上各几何要素(点、直线、圆弧)的位置而建立的坐标系。工件原点(工件坐标系原点)是编程人员根据零件图纸选定的编制零件数控加工程序的原点,也称编程原点。

一般情况下,编程原点应选在尺寸标注的基准或定位基准上。在数控车床上加工工件时,工件原点一般设在主轴中心线与工件右端面(或左端面)的交点处。在数控铣床上加工工件时,工件原点一般设在进刀方向一侧工件外轮廓表面的某个角上或对称中心上。

工件坐标系的各坐标轴与机床坐标系相应的坐标轴平行,方向也相同,只是原点不同。工件原点可用程序指令来设置和改变。根据编程需要,在一个零件的加工程序中可一次或多次设定或改变工件原点。

对刀点是零件程序加工的起始点,对刀的目的是确定工件原点(编程原点)在机床坐标系中的位置,对刀点既可以与工件原点重合,也可在任何便于对刀之处,但该点与工件原点之间必须有确定的坐标联系。

8.3.3　数控加工程序结构与格式

不同的数控系统,其加工程序的结构及程序段格式也不同。因此,编程人员必须严格按照机床说明书的规定格式进行编程。

1.程序的结构

一个完整的数控加工程序由程序名、程序主体和程序结束三部分组成,程序样本如下,其中N10~N70程序段为程序主体:

```
O0001                           程序名
N10 G92  X130  Y80;
N20 G90  G00  X110  Y60  T01  S800  M03;
N30 G01  X18  Y28  F200;
N40 X0  Y0;                               程序主体
N50 X36  Y60;
N60 X110  Y60;
N70 G00  X130;
N80 M02;                        程序结束
```

(1)程序名。在程序的开头要有程序名(或程序号),每一个零件加工程序都有一个程序名,以便进行程序检索和调用,并说明该零件加工程序开始。程序名的格式为:

$$O\ 800$$

程序编号
程序名地址码

不同的数控系统,程序名地址码也不相同,如日本FANUC数控系统中,一般采用英文字母"O",西门子系统和国产华中 I 型系统采用"％",美国AB8400系统用"P"。后面所带的数字一般为4～8位,如:％2000。

同一台数控机床的数控系统内储存的程序名不能重复。程序名写在程序的最前面,必须单独占用一行。

(2)程序主体。程序主体部分是整个程序的核心,它有许多程序段组成,每个程序段由一个或多个指令构成,它表示数控机床要完成的全部动作。

(3)程序结束。程序结束是以程序结束指令M02、M30或M99(子程序结束),作为程序结束的符号,用来结束零件加工。

2.程序段格式

程序段格式是指一个程序段中数据字的排列顺序和书写方式,以及每个数据字和整个程序段的长度及规定。程序段格式主要有三种:地址符可变程序段格式、使用分隔符的程序段格式和固定程序段格式。现在数控系统普遍采用的是地址符可变程序段格式,又称字地址程序段格式,本书仅介绍该类型的程序段格式。

地址符可变程序段格式如下:

N— G— X— Y— Z— F— S— T— M— LF

程序	准备	坐标字	进给	主轴	刀具	辅助	结束
段号	功能		功能	功能	功能	功能	标记

地址符可变程序段格式规定:每个程序段由程序段号、若干个功能字和程序段结束标记组成;每一个功能字都以地址符开始用于识别地址,后跟符号和数字,如G90、X55、F30、M06等;程序段中数据字的先后排列顺序没有严格要求;程序段中与前面程序段相同的模态代码可以不写。所以字地址可变程序段格式,就是在一个程序段内功能字的数目以及字的长度(位数)都是可以变化的格式。这种格式的优点是程序简单、直观、可读性强、易于检查。

每个程序段有程序段号、程序段内容和程序段结束三部分组成。

(1)程序段号。位于程序段之首,由地址符N和后面若干位数字组成,如N30。程序不是按语句号的次序执行,而是按照程序段编写时的排列顺序逐段执行。程序段号的作用是对"程序的校对和检索修改"或者作为"条件转向"的目标。有些数控系统可以不使用程序段号。

(2)程序段内容。程序段是数控加工程序的基本组成部分。表示机床为了完成一个完整的加工工步或加工动作所需要定义的各种"功能字"。"功能字"是由一个英文字母(又称为地址符)与其后的若干个十进制数字组成,如"G90"就是一个功能字,常见字地址符的英文字母的含义见表8-7。

（3）程序段结束。写在每个程序段之后，表示程序结束。当用EIA标准代码时，结束符为"CR"；用ISO标准代码时为"NL"或"LF"；有的标准代码用符号"；"或"*"表示。

地址符可变程序段示例如下：

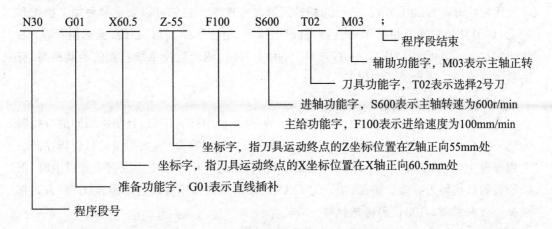

表 8-7　常见字地址符的英文字母的含义

地址符	功　能	含　义
O、P	程序号	指定程序编号,子程序号的指定
N	程序段号	指定程序段编号
G	准备功能	指定机床运动状态(使机床建立起某种加工方式)
X、Y、Z	坐标字	指定刀具沿坐标轴移动的终点坐标
A、B、C;		指定刀具沿坐标轴旋转的坐标
U、V、W		指定刀具沿附加轴移动的终点坐标
I、J、K		指定刀具沿圆弧轮廓移动的圆心坐标
F	进给功能	指定进给速度的指令
S	主轴功能	指定主轴转速指令($r \cdot min^{-1}$)
T	刀具功能	指定刀具编号指令
M、B	辅助功能	指定主轴、冷却液的开关,工作台分度等
H、D	补偿功能	指定补偿号指令
P、X	暂停功能	指定暂停时间指定
L	循环次数	指定子程序及固定循环的重复次数
R	圆弧半径	实际是一种坐标字

8.3.4　数控编程中常用的功能指令

零件加工程序中的功能字又称为功能指令或功能代码，是组成程序段的基本单位，用于描述程序段的各种运动和操作特征。常用的功能指令有准备功能G指令、辅助功能M指令、进给功能F指令、主轴转速功能S指令和刀具功能T指令等。不同厂家的数控系统其指令代码和格式是不完全相同的，就是同一厂家，在不同时期开发的数控系统也有差别。尽管如此，准备功能G代码和辅助功能M代码对于绝大多数数控系统来说，有相当一部分符合ISO标准,程序段中F、S、T等其他指令代码内容明确简单。所以,编程时还应按照具体机床数控系统的编程规定来进行。

1.准备功能G代码及用法

准备功能G指令,常称为G代码,是数控系统的核心指令。准备功能G代码的作用是使机床建立起某种加工方式,从而为插补运算做好准备。它们可以表示多种加工操作和运动,如刀具与工件的相对运动轨迹,机床坐标系,坐标平面,刀具补偿,坐标偏置等。G代码用G00~G99表示,从G00~G99共100种。目前,随着数控系统功能的不断提高,有的系统已采用三位数的功能代码。

(1)G代码使用说明

①G代码按功能可分成若干组。表8-8的第(3)栏中标有字母,且字母相同的G代码为同一组G代码;不同组的G代码在同一个程序段中可以有多个,而同组的G代码在同一个程序段中,只能出现一个。若同一组的G代码,在同一程序段中出现两个或以上时,则以最后的G代码为有效。例如G00 G01 X50 Y60;则此程序将以直线插补(G01)方式移至X50 Y60位置,G00代码将被忽略。

②G代码分为模态代码和非模态代码两大类。

1)G代码执行后,其定义的功能或状态保持有效,直到被同组的其他G代码改变,这种G代码称为模态G代码。模态G代码执行后,其定义的功能或状态被改变以前,后续的程序段执行该G指令字时,可不需要再次输入该G指令。

2)G代码执行后,其定义的功能或状态一次性有效,每次执行该G代码时,必须重新输入该G指令字,这种G代码称为非模态G代码。

表8-8的第(3)栏中标有字母的对应的G代码为模态代码,或称续效指令,第(3)栏中没有标有字母的为非模态代码或称非续效指令。

③G代码中的"不指定"代码和"永不指定"代码。虽然从G00到G99共有100种G代码,但并不是每种代码都有实际意义,实际上有些代码在国际标准(1SO)或我国原机械工业部标准中并没有指定其功能,这些代码主要用于将来修改标准时指定新功能,如表8-8的第(2)栏"功能"栏中的"不指定"代码。还有一些代码,即使在修改标准时也永不指定其功能,这些代码可由机床设计者根据需要定义其功能,但必须在机床的出厂说明书中予以说明,如第(2)栏"功能"栏中的"永不指定"代码。

表8-8　准备功能G代码

代码	功能	指令		代码	功能	指令	
		模态	非模态			模态	非模态
G00	点定位	a		G54	沿X轴直线偏移	f	
G01	直线插补	a		G55	沿Y轴直线偏移	f	
G02	顺时针方向圆弧插补	a		G56	沿Z轴直线偏移	f	
G03	逆时针方向圆弧插补	a		G57	XY平面直线偏移	f	
G04	暂停		*	G58	XZ平面直线偏移	f	
G05	不指定	#	#	G59	YZ平面直线偏移	f	
G06	抛物线插补	a		G60	准确定位1(精)	h	

代码	功能	指令		代码	功能	指令	
		模态	非模态			模态	非模态
G07	不指定	#	#	G61	准确定位2(中)	h	
G08	自动加速		*	G62	快速定位(粗)	h	
G09	自动减速		*	G63	攻螺纹		*
G10~16	不指定	#	#	G64~67	不指定	#	#
G17	XY面选择	c		G68	内角刀具偏值	#(d)	#
G18	ZX面选择	c		G69	外角刀具偏值	#(d)	#
G19	YZ面选择	c		G70~79	不指定	#	#
G20~32	不指定	#	#	G80	取消固定循环	e	
G33	切削等螺距螺纹	a		G81	钻孔循环	e	
G34	切削增螺距螺纹	a		G82	钻或扩孔循环	e	
G35	切削减螺距螺纹	a		G83	钻深孔循环	e	
G36~39	永不指定	#	#	G84	攻螺纹循环	e	
G40	刀具补偿/偏置取消	d		G85	镗孔循环1	e	
G41	刀具补偿—左	d		G86	镗孔循环2	e	
G42	刀具补偿—右	d		G87	镗孔循环3	e	
G43	刀具偏置—正	#(d)	#	G88	镗孔循环4	e	
G44	刀具偏置—负	#(d)	#	G89	镗孔循环5	e	
G45	刀具偏置+/+	#(d)	#	G90	绝对值输入方式	j	
G46	刀具偏值+/-	#(d)	#	G91	增量值输入方式	j	
G47	刀具偏值-/-	#(d)	#	G92	预值寄存		*
G48	刀具偏值-/+	#(d)	#	G93	时间倒数进给率	k	
G49	刀具偏值0/+	#(d)	#	G94	每分钟进给	k	
G50	刀具偏值0/-	#(d)	#	G95	主轴每转进给	k	
G51	刀具偏值+/0	#(d)	#	G96	主轴恒线速度	i	
G52	刀具偏值-/0	#(d)	#	G97	主轴每分钟转数	i	
G53	取消直线偏移功能	f		G98~99	不指定	#	#

注:1.*号表示功能仅在所出现的程序段内有用;

2.#号表示如选作特殊用途,必须在程序格式说明中说明。

(2)与坐标系相关的G代码

①绝对坐标与相对坐标指令G90、G91。绝对坐标指令G90,表示程序段中的编程尺寸按绝对坐标(工件坐标系)给定,即程序中,刀具运动过程中所有的位置坐标均以固定的工件原点为基准来给出。相对坐标指令G91,又叫增量坐标编程指令。编程时,刀具运动的位置坐标是以刀具前一点的位置坐标与当前位置坐标之间的增量给出的,终点相对于起点的方向与坐标轴相同取正、相反取负。

例如,图8-27所示,要求刀具从A点开始沿直线AB和BC运动。则加工程序段分别为:

绝对坐标编程：

G90 G01 X40　　Y30；

　　　　　　 X60　　Y30；

相对坐标编程：

G91 G01 X20　　Y20；

　　　　　　 X20　　Y0；

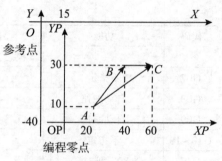

图 8-27　绝对坐标与相对坐标

②工件坐标系设定指令 G92。编制数控加工程序时使用的是工件坐标系，当编程时，必须先将刀具的起刀点坐标及工件坐标系原点(也称编程原点)的位置告诉数控系统。

G92 指令是以工件原点为基准，设定刀具起刀点在工件坐标系中的坐标值。加工时，通过 G92 指令将工件原点与刀位点的距离告诉数控系统，并把这个设定值记忆在数控系统的存储器内。

格式：G92　X__　Y__　Z__；

式中：X、Y、Z 为当前刀位点(刀具起刀点)在工件坐标系中的绝对坐标。G92 指令只是设定工件原点，并不产生运动，且坐标不能用增量坐标表示。G92 为模态指令。

例如，图 8-28 所示，为加工开始前刀具初始位置(起刀点)。则坐标系设定指令为：

G92 X20　Y10 Z10；

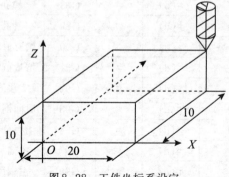

图 8-28　工件坐标系设定

应当注意，用这种方式设定的工件原点是随着刀具起刀点位置的改变而变化的。如同样是 G92　X20　Y10 Z10，但若刀具起刀点位置改变，则所建立的工件坐标系将会改变。加工时通过对刀，保证刀位点与程序起点相符。

③坐标平面选择指令。在加工时，如进行圆弧插补，要规定加工所在的平面。G 代码的作用是选择某一平面作为当前工作平面，明确在所选平面上进行圆弧插补或刀具补偿，如图 8-29 所示。

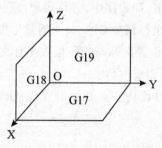

图 8-29　坐标平面设定示意图

G17:XOY平面选择指令；

G18:ZOX平面选择指令；

G19:YOZ平面选择指令；

对于三坐标控制,任意两坐标可联动的铣床和加工中心,常用上述指令指定机床在所选定的平面上进行运动;默认是XOY平面选择,此时G17可省略。

对于两坐标控制的机床,如车床,因只有X轴、Z轴构成的ZX平面,无须使用上述指令。

(3)与运动方式相关的G代码

①快速点定位指令G00。G00指令是使刀具按点定位控制方式从当前点以系统设定的速度快速移动到指定位置。

编程格式:G00　X__　Y__　Z__;

式中:X、Y、Z分别为G00目标点的坐标。

注意:1)G00指令只实现定位作用,对实际所走的路径不作严格要求。在编程中G00指令常用来作刀具快速接近工件切削起点或快速返回换刀点等空行程运动。2)执行G00指令时,刀具沿着各个坐标方向同时快速移动,最后到达终点,所以刀具的实际运动路线可能是开始段为斜线的折线。如图8-30所示。3)进给速度F指令对G00指令无效,运动速度由机床系统原始设置来确定,可用数控机床上的"倍率"调整。当刀具快速运动到将近定位点时,通过1~3级降速以实现精确定位。4)使用G00指令时要注意刀具是否和工件及夹具发生干涉,忽略这一点,就容易发生碰撞。对于不适合联动的场合,应用G00指令时,在进退刀时尽量采用单轴移动。

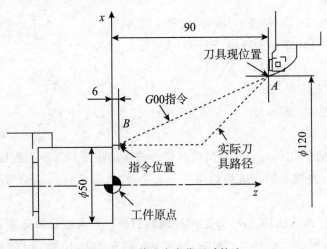

图8-30　快速点定位运动轨迹

②直线插补指令G01。G01指令是使机床数个坐标轴以联动方式运动,这时刀具按指定的F进给速度沿起点(刀具当前所在位置)到终点的连线作直线切削运动。

指令格式:G01　X(U)____Z(W)____F;

其中F是切削进给率或进给速度,单位为mm/r或mm/min。当采用绝对坐编程时,数控系统在接受G01指令后,刀具将移至坐标值为X、Z的点上;当采用相对坐编程时,刀具将移至距当前点的距离为 U、W 值的点上。

【例 8-6】车削加工如图 8-31 所示的轴类零件轮廓(取主轴转速为 500r/min,进给速度为 100mm/min)设 P_0 点为起刀点,刀具从 P_0 点快速进给至 P_1 点,然后沿 $P_1 \rightarrow P_2 \rightarrow P_3$ 方向切削,再快退至 P_0 点。

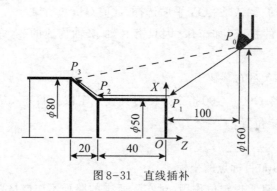

图 8-31　直线插补

程序编制如下:

采用绝对坐标编程时,程序段为:

N10 G92　X160.0 Z100.0;设定工件原点

N20 G00 X50.0 Z2.0 S500.0 M03;刀具快速移动至 P_1 点,主轴正转、转速 S=500r/min

N30 G01 Z-40.0 F100.0;以 F=100mm/min 的进给速度从 $P_1 \rightarrow P_2$

N40　　X80.0 Z-60.0;　　　$P_2 \rightarrow P_3$

N50 G00 X160.0 Z100.0;　　$P_3 \rightarrow P_0$ 快速移动

N60 M02;

采用相对坐标(用 U、W 表示)编程时,程序段为:

N20 G00 U-110.0 W-98.0　S500.0 M03;　　　$P_0 \rightarrow P_1$

N30 G01　　　　W-42.0 F100.0;　　　　　$P_1 \rightarrow P_2$

N40　　U30.0 W-20.0;　　　　　　　　　$P_2 \rightarrow P_3$

N50 G00 U80.0 W160.0;　　　　　　　　　$P_3 \rightarrow P_0$

N60 M02;

③圆弧插补指令 G02、G03。圆弧插补指令的作用是使刀具从当前位置开始,以各坐标轴联动的方式,按规定的合成进给速度,顺(逆)时针圆弧插补移动到程序段所指定的终点。

G02 为顺时针圆弧插补,G03 为逆时针圆弧插补。刀具进行圆弧插补时必须规定所在的平面,然后再确定运动方向。判断顺、逆方向的方法为:沿垂直于圆弧所在平面的坐标轴的正向往负方向看,刀具相对于工件的运动方向是顺时针方向为 G02,逆时针方向为 G03,如图 8-32、8-33 所示。

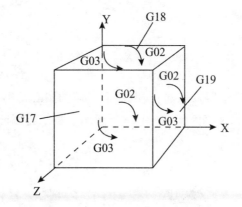

图 8-32 圆弧插补的顺逆判断

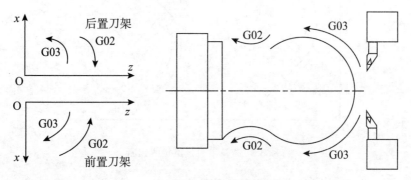

图 8-33 车削加工圆弧顺逆的判断

圆弧插补时,根据圆心位置的指定方式不同,圆弧插补程序段的格式有两种。

1)用 I、J、K 指定圆心位置,编程格式:

$$\begin{rcases}\mathrm{G17}\\\mathrm{G18}\\\mathrm{G19}\end{rcases}\begin{rcases}\mathrm{G02}\\\mathrm{G03}\end{rcases}\mathrm{X\_Y\_Z\_I\_J\_K\_F\_;}$$

采用绝对坐标编程时,X、Y、Z 坐标字为圆弧终点在工件坐标系中的坐标值;采用相对坐标编程时,X、Y、Z 为圆弧终点相对于圆弧起点的坐标增量值。

无论是用绝对坐标还是相对坐标编程,I、J、K 坐标字均为圆弧圆心相对圆弧起点在 X、Y、Z 轴方向上的增量值,也可以理解为从圆弧起点指向圆心的矢量(矢量方向指向圆心)在 X、Y、Z 轴上的投影,如图 8-34 所示。I、J、K 为零时可以省略。

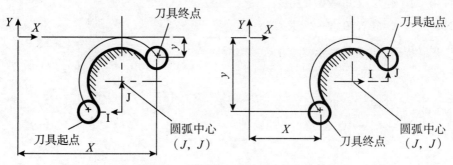

图 8-34 圆弧圆心坐标的表示方法

2)圆弧半径R指定圆心位置,编程格式:

$$\left.\begin{matrix}G17\\G18\\G19\end{matrix}\right\}\left.\begin{matrix}G02\\G03\end{matrix}\right\}X\_Y\_Z\_R\_F\_;$$

R为圆弧半径,R带"±"号,取法:当圆弧所对应的圆心角小于或等于180°时,R取正值;当圆心角大于180°时,R取负值,如图8-35所示。加工整圆时,不能用R,只能用圆心坐标I、J、K编程。

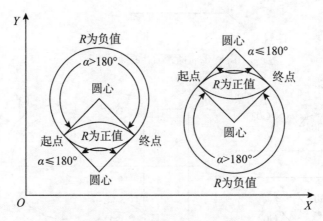

8-35　圆弧半径R正负的判断

【例8-7】铣削加工如图8-36所示零件轮廓。设A为起刀点,加工圆弧AB、BC、CD,进给速度为100mm/min。试用两种格式、两种坐标编写加工程序。

1)绝对坐标、圆心坐标法编程:

O1002

N10 G92 X0 Y-15;

N20 G90 G03 X15 Y0 I0 J 15 F100 S300 M03;

N30　　G02 X55 Y0 I20 J0;

N40　　G03 X80 Y-25 I0 J-25;

N50 M02;

2)绝对坐标、半径R法编程:

N10 G92 X0 Y-15;

N20 G90 G03 X15 Y0 R15　F100 S300 M03;

N30　　G02 X55 Y0 R20;

N40　　G03 X80 Y-25 R-25;

N50 M02;

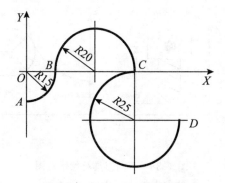

图8-36　G02、G03编程举例

④暂停指令(延时指令)G04。暂停指令的作用是使刀具作短时间的无进给的光整运动。暂停指令常用于下述情况:1)在钻、锪盲孔时,在刀具进给到规定深度后,用暂停指令停止进刀,待主轴转一圈以上后退刀,以使孔底平整;2)在镗孔时,镗孔完毕后要退刀时,为避免留下螺纹划痕而影响表面粗糙度,应使主轴停止转动,并暂停1～3秒,待主轴完全停止后再退刀;3)在横向车削(如车削环槽)时,在刀具进给到规定槽深后,用暂停指令停止进刀,在主轴转过一圈以后再退刀;4)在车床上倒角或打顶尖孔时,为使倒角表面和顶尖孔锥面平整,可用暂停指令。

格式:车削系统G04　X___　(秒);

　　　铣削系统G04　P___　(毫秒);

【例8-8】如图8-37所示,为锪孔加工,孔底有粗糙度要求,依图示条件,编制加工程序。

O1002

N10　G91　G01　Z-7　F60;

N20　G04　P5000;

N30　G00　Z7　M02;

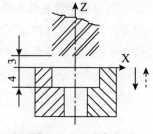

图8-37　锪孔加工

(4)与刀具补偿相关的G代码。在数控机床的刀架(车床)或主轴端(铣床、加工中心等)上都设置了一个参考点,称为刀架参考点,该点在机床完成返回参考点运行后应与机床参考点重合。在数控加工中,数控系统是通过对刀架参考点的控制来实现对刀具的位置控制,进而生成加工轨迹。但实际切削时是使用刀尖或刀刃边缘完成切削的,这样就需要在刀架参考点与刀具切削点之间进行位置偏置从而使数控系统的控制对象由刀架参考点变换到刀尖或刀刃边缘,这种变换过程称之为刀具补偿(又称刀具偏置)。

在全功能数控机床中,数控系统有刀具补偿功能。在编制加工程序时,可以按零件实际轮廓编程,加工前测量实际的刀具半径、长度等,作为刀具补偿参数输入数控系统,数控系统就可自动地对刀具尺寸变化进行补偿,进而自动生成刀架参考点的运动轨迹,加工出合乎尺寸要求的零件轮廓。

刀具补偿可分为刀具半径补偿和长度补偿两大类。对于圆周切削的铣刀需要半径补偿值;对于同时进行圆周和端面切削的铣刀则需要半径补偿值和长度补偿值;对于车刀需要两个方向长度补偿值(刀具偏置);对于精密加工还应考虑刀尖圆弧半径补偿,如图8-38所示。

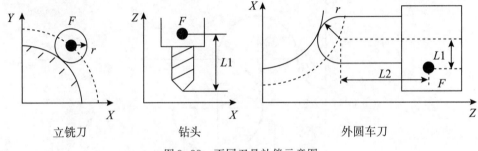

立铣刀　　　　钻头　　　　　　外圆车刀

图8-38　不同刀具补偿示意图

①刀具半径补偿。使用刀具半径补偿功能的目的是由数控系统根据数控加工程序中工件轮廓坐标参数和刀具半径自动计算刀具中心轨迹。适应于圆头刀具(铣刀、圆头车刀)加工时的需要,以简化编程。

1)刀具半径补偿概念。在轮廓加工时,由于刀具有半径R,因此刀具中心运动轨迹与被加工零件的实际轮廓要偏移一定距离,这种偏移称为刀具半径补偿,又称刀具中心偏移,如图8-39所示。在加工内轮廓时,刀具中心向工件轮廓的内部偏移一个距离;而加工外轮廓时,刀具中心向工件的外侧偏移一个距离,这个偏移就是所谓的刀具半径补偿。

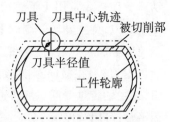

图8-39　刀具半径补偿示意图

2)刀具半径补偿指令G41、G42、G40。G41是刀具半径左补偿指令,指顺着刀具前进的方向观察,刀具位于工件轮廓左侧的半径补偿,如图8-40所示。G42是刀具半径右补偿指令,指顺着刀具前进的方向观察刀具位于工件轮廓右侧的半径补偿。G41和G42均为模态指令。

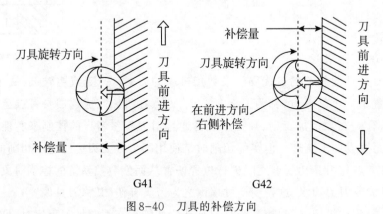

G41　　　　　　　　　G42

图8-40　刀具的补偿方向

3)G40是取消刀具半径补偿的指令,使刀具中心与编程轨迹重合。G40必须和G41、G42指令配合使用,使用该指令后,G41、G42指令无效。

②刀具半径补偿的执行过程。根据刀具半径补偿过程的运动轨迹,刀具半径补偿程序段可分为三部分:建立刀具半径补偿程序段、执行刀具半径补偿程序段和撤销刀具半径补偿程序段,如图8-41所示。

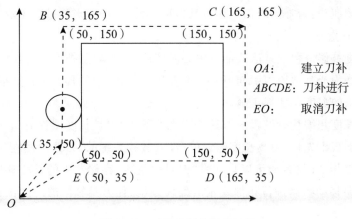

图 8-41　刀具半径补偿的过程

1)建立刀具半径补偿程序段

其格式为:

NXX　G00(或 G01)　G41(或 G42)　X__　Y__　H(或 D)__

其中:X__Y__为编程轨迹起点坐标,H(或 D)__为刀补号,表示刀具半径补偿值存储地址。

该程序段规定刀具中心从起始位置起以快速定位速度(G00时)或以由 F__(G01时)规定的进给速度移动刀具,使刀具圆周与编程轨迹切于坐标点 X__　Y__处,刀具中心位于该点编程轨迹的法线上,并根据左右补偿要求偏离一个刀具半径值。也有的 CNC 系统规定不写刀补号,系统通过换刀时使用的刀具编号,即 T 功能字提取刀补数据。

例:G90 G41 G01 X50 Y40 F100 D01;

或　G90 G41 G00 X50 Y40 D01;

刀具偏置量(刀具半径)预先寄存在 D01 指令的存储器中。

2)执行刀具半径补偿程序段。刀具中心按照偏离编程轨迹一个刀具半径状态,即沿编程轨迹的等距线做切削运动。在编程中注意不要使用非运动功能程度段,因为系统在执行刀具半径补偿时必须同时处理两个以上程序段,因为要按第一个程序段运动,同时要根据第二个程序段进行拐角处理。若某一程序段中无轨迹运动功能,则会引起运行错误。

3)取消刀具半径补偿程序段。编程轨迹加工完后应立即取消刀具补偿,以免造成错误。其格式为:

NXX　G0l(或 C00)　G40 X__　Y__

其中:X__Y__为刀具运动的终点坐标。执行完该程序段后,刀具半径补偿功能被撤销,刀具中心停止在坐标点 X__Y__处。

在使用 G41、G42 进行刀具半径补偿时应采取以下步骤:第一步:设置刀具半径补偿值。程序启动前,在刀具补偿参数区内设置补偿值。第二步:刀补的建立。刀具从起刀点接近工件,刀具中心轨迹的终点不在下一个程序段指定的轮廓起点,而是在法线方向上偏移一个刀具补偿的距离。在该段程序中,动作指令只能用于直线插补 G00 或 G01 指令,不能用于圆弧插补 G02、G03 指令。第三步:刀补的进行。在刀具补偿进行期间,刀具中心轨迹始终偏离编程轨迹一个刀具半径的偏移值。在此状态下,G00、G01、G02、G03 指令都可以使用。第四步:刀补的取消。在刀具撤离工件、返回原点的过程中取消刀补。此时只能用 G00、G01 指令。

③刀具长度补偿。数控铣床或加工中心所使用的刀具,每把刀具的长度都不相同,同时由于刀具的磨损或其他原因引起刀具长度发生变化,使用刀具长度补偿指令,可使每一把刀具加工出来的深度尺寸都正确。

实际刀具长度和编程时设置的刀具长度之差称为"刀具长度偏置值"。机床操作人员可以通过操作面板事先将"刀具长度偏置值"输入数控系统的"刀具偏置值"存储器中。执行刀具长度补偿指令时,系统可以自动将"刀具偏置值"存储器中的长度补偿值与程序中给定的刀具轴向移动距离进行相加或相减处理,以保证刀具轴向的刀尖位置和编程位置相一致。

刀具长度补偿指令有:刀具长度正补偿指令 G43、刀具长度负补偿指令 G44、长度补偿取消指令 G49 或 G40,均为模态指令,如图 8-42 所示。

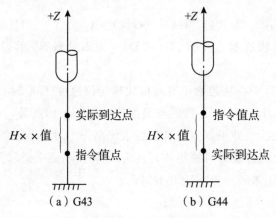

图 8-42   刀具长度补偿示意图

刀具长度正补偿 G43 指令表示刀具实际移动值为程序给定值与补偿值的和;刀具长度负补偿指令 G44 表示刀具实际移动值为程序给定值与补偿值的差。

采用刀具长度补偿指令后,当刀具长度变化或更换刀具时,不必重新修改程序,只要改变相应补偿号中的补偿值即可。

刀具长度补偿指令格式:

$$\begin{Bmatrix} G17 \\ G18 \\ G19 \end{Bmatrix} \begin{Bmatrix} G43 \\ \\ G44 \end{Bmatrix} \begin{Bmatrix} Z\_ \\ Y\_ \\ X\_ \end{Bmatrix} H(D)\_\_ ;$$

式中:X、Y、Z 为补偿轴的编程坐标。G17、G18、G19 是与补偿轴垂直的相应坐标平面 XY、ZX、YZ 的代码。H(或 D)为刀具长度补偿号代码,可取为 H00~H99,其中 H00 为取消长度偏置。补偿值的输入方法与刀具半径补偿相同。

【例 8-9】如图 8-43 所示,刀具对刀点在编程原点(0,0,0),要加工两个孔。加工时,实际刀具长度比编程时长 3mm,刀具长度补偿 H01=3.0,则加工程序如下:

O 0101

N05 G92 X0 Y0 Z0;

N10 S500 M03;

N15 G91 G00 X70 Y45;

N20 G43 Z-22 H01;

N25 G01 Z-18 F100;

N30 G04 P5000;

N35 G00 Z18;

N40 X30 Y-20;

N45 G01 Z-31 F100;

N50 G00 G40 Z53 M05;

N55 G90 X0 Y0;

N60 M02;

加工时,实际使用的刀具长度比编程时的长度长3mm(见图8-43),则在刀具长度补偿号地址H01中输入补偿值e=3.0。如果刀具的实际长度比编程长度短2.0mm,只需在刀具长度补偿号H01中输入补偿值e=-2,仍可用上述程序加工。

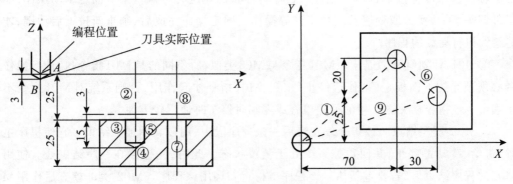

图8-43 刀具长度补偿示例

用刀具长度补偿后,在N20 G43 Z-22 H01这一程序段中,刀具在Z方向的实际位移量将不是-22,而是Z+e=-22+3=-19或Z+e=-22+(-2)=-24,以达到补偿实际刀具长度大于或小于编程长度的目的。

2.辅助功能M指令及用法

辅助功能指令主要是控制机床开/关功能的指令,如主轴的启动与停止、主轴正转与反转、冷却液的开启与关闭、运动部件的夹紧与松开,换刀,计划停止,程序结束等辅助动作。

辅助功能也叫M功能或M代码。它由字地址M和后面的两位数字组成,从M00~M99共100种。M功能常因生产厂及机床的结构和规格不同而各异,这里介绍常用的M代码。表8-9是我国JB3208-83标准中规定的M代码。

(1)M代码的使用说明。不同的数控系统,其M代码的功能也不尽相同,甚至有些M代码与ISO标准代码的含义也不相同,如:表8-9中M00、M02、M30、M98、M99用于控制零件数控加工程序的走向,不由机床制造设计商设计决定。其余代码由机床制造单位自行指定。使用者要参考机床编程说明书。

M功能有非模态M功能和模态M功能两种形式：

非模态M功能(当段有效代码)，只在该程序段中有效。同一组的模态M功能(续效代码)可相互注销，这些功能在被同一组的另一个功能注销前一直有效；

每个模态M功能组中均包含一个缺省功能，系统上电时将被初始化为该功能(如M05、M09)。

由于辅助功能指令与插补运算无直接关系，所以可写在程序段的后面。

M功能还可分为前作用M功能和后作用M功能两类：

前作用M功能，在程序段编制的轴运动之前执行；

后作用M功能，在程序段编制的轴运动之后执行。

在同一程序段中，既有M代码又有其他指令代码时，M代码与其他代码执行的先后次序由机床系统参数设定。因此，为保证程序以正确的次序执行，有很多M代码，如M30、M02、M98等最好以单独的程序段进行编程。

(2)常用的辅助功能M指令

①M00：程序停止。在M00所在程序段其他指令执行完成后，执行M00指令时，机床的主轴、进给、冷却液都自动停止进入程序暂停状态。这时可执行某一固定手动操作，如工件调头、手动换刀或变速及测量工件等操作。固定操作完成后，须重新按下启动键，才能继续执行后续的程序段。

②M01：计划(任选)停止。M01指令与M00类似，所不同的是M01指令执行时，操作者必须预先按下面板上的"任选停止"按钮，M01指令才起作用，否则系统对M01指令不予理会。该指令在关键尺寸的抽祥检查或需临时停车时使用较方便。

③M02：程序结束。该指令编在最后一条程序段中，用以表示加工结束。它使机床主轴、进给、冷却都停止，并使数控系统处于复位状态。此时，光标停在程序结束处。使用M02的程序结束后，若要重新执行该程序就得重新调用该程序。M02为非模态后作用M功能。

④M03、M04、M05：主轴控制指令。M03启动主轴以程序中编制的主轴速度逆时针方向(从Z轴正向朝Z轴负向看)旋转；M04启动主轴以程序中编制的主轴速度顺时针方向旋转。M05停止运转使主轴停止旋转。

M03、M04为模态前作用M功能；M05为模态后作用M功能，M05为缺省功能。M03、M04、M05可相互注销。

⑤M06：换刀指令。该指令用于数控机床的自动换刀。对于具有刀库的数控机床，自动换刀过程分为选刀和换刀两类动作。选刀是选取刀库中的刀具，以便为换刀作准备，用T功能指定；换刀是把刀具从主轴上取下，换上所需刀具，用M06功能指定。例如：N035 T13　M06，表示换上第13号刀具。

对于手动换刀的数控机床，M06可用于显示待换的刀号。在程序中应安排"计划停止"指令，待手动换刀结束后，再手动启动机床动作。

⑥M07：2号冷却液开，用于雾状冷却液开。

⑦M08：1号冷却液开，用于液状冷却液开。

⑧M09：冷却液关。

⑨M10、M11：运动部件的夹紧、松开，用于工作台、工件、夹具、主轴等的夹紧或松开。

表8-9　辅助功能M代码

代码	功能开始时间		模态指令	非模态指令	功能	代码	功能开始时间		模态指令	非模态指令	功能
	与程序段指令运动同时开始	在程序段指令运动完成后开始					与程序段指令运动同时开始	在程序段指令运动完成后开始			
(1)	(2)	(3)	(4)	(5)	(6)	(1)	(2)	(3)	(4)	(5)	(6)
M00		*		*	程序停止	M36	*		#		进给范围1
M01		*		*	计划停止	M37	*		#		进给范围2
M02		*		*	程序结束	M38	*		#		主轴速度范围1
M03	*		*		主轴顺时针方向	M39	*		#		主轴速度范围2
M04	*		*		主轴逆时针方向	M40～M45	#	#	#	#	如有需要作为齿轮换挡,此外不指定
M05		*	*		主轴停止	M46～M47	#	#	#	#	不指定
M06	#	#		*	换刀	M48		*	*		注销M49
M07	*		*		2号冷却液开	M49	*		#		进给率修正旁路
M08	*		*		1号冷却液开	M50	*		#		3号冷却液开
M09		*	*		冷却液关	M51	*		#		4号冷却液开
M10	#	#	*		夹紧	M52～M54	#	#	#	#	不指定
M11	#	#	*		松开	M55	*		#		刀具直线位移,位置1
M12	#	#	#	#	不指定	M56	*		#		刀具直线位移,位置2
M13	*		*		主轴顺时针方向,冷却液开	M57～M59	#	#	#	#	不指定

续表

代码	功能开始时间	模态指令	非模态指令	功能	代码	功能开始时间	模态指令	非模态指令	功能
M14	*		*	主轴逆时针方向,冷却液开	M60		*	*	更换工件
M15	*		*	正运动	M61	*			工件直线位移,位置1
M16	*		*	负运动	M62	*		*	工件直线位移,位置2
M17～M18	#	#	#	#	不指定	M63～M70	#	#	#	#	不指定
M19		*	*	主轴定向停止	M71	*		*	工件角度位移,位置1
M20～M29	#	#	#	#	永不指定	M72	*		*	工件角度位移,位置2
M30		*	*	程序结束	M73～M89	#	#	#	#	不指定
M31	#	#		*	互锁旁路	M90～M99	#	#	#	#	永不指定
M32～M35	#	#	#	#	不指定					

注:1.#号表示:如选作特殊用途,必须在程序说明中说明;

2.*号表示:属本栏所指;

3.M90-M99可指定为特殊用途。

⑩M30:程序结束。该指令与M02类似,但M30可使程序返回到开始状态,使光标自动返回到程序开头处,一按启动键就可以再一次运行程序。

⑪子程序调用指令M98和子程序结束指令M99。现代CNC系统一般都有调用子程序功能,但子程序调用功能不是标准功能,不同的数控系统所用的指令格式均不相同。FANUC系统调用子程序指令如下:

M98:用来调用子程序。

M99:用来结束子程序调用,返回到主程序。

1)子程序的编程格式

O××××

…

M99;

在子程序的开头编制子程序号,在子程序的结尾用M99指令。

2)子程序的调用格式

M98P×××　　××××

P后面的前3位为重复调用次数,省略时为调用一次,后4位为子程序号。

3)子程序嵌套。子程序执行过程中也可以调用其他子程序,这就是子程序嵌套。子程序嵌套的次数由具体数控系统规定。编程中使用较多的是二重嵌套,其程序执行过程如图8-44所示。

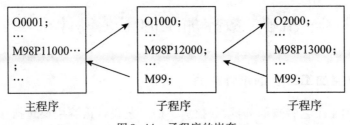

图8-44　子程序的嵌套

　　一次装夹加工多个相同零件或一个零件中有几处形状相同、加工轨迹相同时,可使用子程序编程。

　　子程序和主程序并无本质差别,但在使用上,子程序有以下特点:1)子程序可以被主程序和其他子程序调用,并且可以多次循环执行;2)被主程序调用的子程序还可以调用其他子程序,即子程序的嵌套;3)子程序执行结束,能自动返回到调用的程序中,并向下继续执行主程序;4)在大多数数控系统中,子程序的程序号和主程序号格式相同,即用O后缀数字组成;5)子程序结束的辅助功能不是M30而是M99,只有用M99才能实现子程序的自动返回功能。

3.其他功能指令及用法

　　(1)进给功能指令F。进给功能F指令用来指定刀具相对于工件的进给速度,指令格式:F__。该指令是续效代码,有两种表示方法:

　　①代码法:即F后跟两位数字,这些数字不直接表示进给速度的大小,而是机床进给速度数列的序号,进给速度数列可以是算术级数,也可以是几何级数。在低档数控系统中多数还采用代码法来指定进给速度,用F00~F99表示100种进给速度等级。

　　②直接指定法:即F后面跟的数字就是进给速度的大小。现代的CNC机床在进给速度范围内一般都实现了无级变速,故采用直接指定方式。

　　(2)主轴转速功能指令S。主轴转速功能用来指定主轴的转速,指令格式:S__,由地址码S和在其后的若干位数字组成。有代码法指定方式和直接指定方式两种表示方法。在经济型数控系统中,仍主要用代码法指定方式,中档以上数控机床的主轴转速采用直接指定方式。在实际加工中,主轴的实际转速通常可用数控机床操作面板上的主轴速度倍率开关来调整。倍率开关通常在50%至200%之间设有许多挡位,编程时总是假定倍率开关在100%的位置。

　　(3)刀具功能指令T。刀具功能T指令主要用来选择刀具,也可用来选择刀具偏置和补偿,由地址码T和若干位数字组成。例如,T02用作选刀时表示选择02号刀具;用作刀具补偿时,表示按照02号刀具事先设定的偏置值进行刀具补偿。若用四位数字时,如

T0102:前两位01表示刀具号,后两位02表示刀具补偿号。

车削数控系统与铣削数控系统之间的一个主要区别就是:数控车床的T指令将进行实际换刀,而铣削加工只进行选刀。铣削加工要用M06功能换刀,而车削加工不用M06功能换刀。

由于不同的数控系统有不同的指定方法和含义,具体应用时应参照所用数控机床说明书中的有关规定进行。

◇ 8.4 数控加工的工艺设计 ◇

8.4.1 数控加工工艺的设计内容

根据数控加工工艺特点的分析,数控加工的工艺设计内容主要包括:①选择数控机床,确定零件的数控加工内容及技术要求。②数控加工的工艺性分析。③数控加工工艺路线设计。包括确定零件的加工方案,制定数控加工工艺路线,如划分工序、安排加工顺序、与传统加工工序的衔接等。④数控加工工序设计。包括零件的装卡与定位方案确定,工步的划分与设计、选取刀辅具,确定对刀点、走刀路线和切削用量等。⑤数控加工专用技术文件的编写等。其中数控加工专用技术文件是编制数控加工程序的工艺依据。数控加工实践表明:工艺考虑不周是影响数控机床加工质量、生产效率及加工成本的重要因素。

8.4.2 数控加工工艺路线设计

数控加工工艺路线设计与通用机床加工工艺路线设计的主要区别是:它往往不是指从毛坯到成品的整个工艺过程,而仅是几道数控加工工序工艺过程的具体描述。因此,在工艺路线设计中一定要注意到,由于数控加工工序一般都穿插于零件加工的整个工艺过程中,因而要与其他加工工艺衔接好。常见的工艺流程是:毛坯→热处理→通用机床加工→数控机床加工→通用机床加工→成品。而设计数控加工工序包括以下几方面内容:

1.工件的定位与夹紧方案的确定

由于数控机床是通过数字指令控制刀具的运动轨迹,所以数控机床上使用的夹具不需要导向和对刀功能,只需要具备定位和夹紧两种功能,就能满足零件的加工要求。

2.对刀点与换刀点的确定

在编程时,应正确地选择"对刀点"和"换刀点"的位置。

(1)对刀点在数控加工时,工件可以在机床加工尺寸范围内任意安装,数控机床要正确执行加工程序,必须确定工件在机床坐标系的确切位置,它是通过"对刀"来实现的。所谓对刀是指使刀具的"刀位点"与"对刀点"重合的操作。

"刀位点"是指用于确定刀具在机床上的位置的特定点,也称刀具的定位基准点。刀具在机床上的位置是由"刀位点"的位置来表示的。

不同的刀具,刀位点也不相同。如图8-45所示,对平头立铣刀、端铣刀类刀具,刀位点在底面中心;对钻头,刀位点为钻尖;对球头铣刀,刀位点为球心;对车刀、镗刀类刀具,刀位点为刀尖。

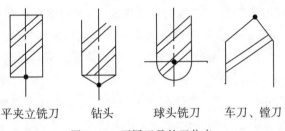

平夹立铣刀　　钻头　　球头铣刀　车刀、镗刀

图8-45 不同刀具的刀位点

"对刀点"是工件在机床上找正、装夹后,用于确定工件坐标系在机床坐标系中位置的基准点,同时也是数控加工中刀具相对工件运动的起点。对刀点设置在工件坐标系中,通过对刀,就可确定工件坐标系与机床坐标系空间位置关系。由于程序段从该点开始执行,所以"对刀点"又称为"程序起点"或"起刀点"。

对刀点的选择原则是:①便于用数学处理和简化程序编制;②在机床上容易找正,加工中便于检查;③对刀点的选择应有利于提高加工精度。

对刀点可选在工件上,也可选在工件外面(如选在夹具上或机床上),但必须与零件的定位基准有一定的尺寸关系,如图8-46所示。为了提高加工精度,对刀点应尽量选在零件的设计基准或工艺基准上,如以孔定位的工件,可选孔的中心作为对刀点。刀具的位置则以此孔来找正,使"刀位点"与"对刀点"重合。

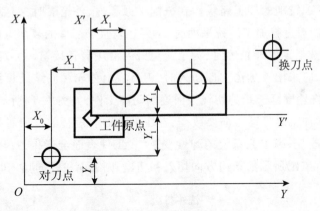

图8-46 对刀点和换刀点

对刀点既是程序的起点,也是程序的终点。因此在成批生产中要考虑对刀点的重复精度,该精度可用对刀点相距机床原点的坐标值来校核。

(2)换刀点 对车削加工中心、镗铣削加工中心等多刀加工数控机床,因加工过程中要进行换刀,故编程时应考虑不同工步间的换刀问题。所谓"换刀点"是指刀架转位换刀时的位置。换刀点可以是某一固定点(如加工中心机床,其换刀机械手的位置是固定的),也可以是任意的一点(如车床加工中心)。

为避免换刀时刀具与工件和夹具发生干涉,换刀点应设在工件或夹具的外部,以刀架转位时不碰工件及其他部件为准。其设定值可用实际测量方法或计算确定。

3.加工路线的合理设计

零件的加工路线是指数控机床加工过程中刀具的刀位点相对于被加工零件的运动轨

迹和运动方向。编程时确定加工路线的原则主要有：①应能保证零件的加工精度和表面质量的要求，且效率更高。②应尽量缩短加工路线，减少刀具空行程时间。③应使数值计算简单，程序段数量少，以减少编程工作量。④使所需要的刀具规格少，并减少换刀次数。另外，确定加工路线时，还要根据工件的加工余量和工艺系统的刚度等情况，确定是一次走刀还是多次走刀完成加工，以及在铣削加工中是采用顺铣还是逆铣等。在自动编程时，对于上述第②个问题提供了方便的优化加工路线的方法，对于第③个问题不需要考虑，但要考虑生成刀轨的流畅性。

在设计加工路线时还要考虑以下内容：①孔加工时的引伸距离的确定。孔加工在确定轴向尺寸时，应考虑一些辅助尺寸，包括刀具的引入距离和超越距离。②轮廓加工的进退刀路径设计。在对零件的轮廓进行加工时，为了保证零件的加工精度和表面粗糙度要求，应合理地设计进退刀路径，尽量选择切向进/退刀方式。

(1)点位控制的加工路线。对于点位控制的加工(如钻孔、镗孔等)，只要求定位精度较高，定位过程尽可能快，而刀具相对工件的运动路线无关紧要，因此常采用点位控制的数控机床进行加工。因此，这类加工要特别注意缩短加工路线，减少空行程的时间，提高生产效率。对于平行于坐标轴的按矩形排列的孔，可采用单轴分别移动的方法。对于排列不规则的孔，一般先以两个坐标轴同时移动，当一个坐标轴到达其终点时停止运动，而另一个坐标轴则继续运动直到到达其终点，即已到达规定位置。

(2)平面和轮廓铣削的加工路线。在铣削平面和内、外轮廓时，一般选用端铣刀的端面刃或立铣刀的侧刃进行加工。铣平面时，不要在垂直于工件的表面方向上下抬刀，以免划伤零件表面。铣削零件外轮廓时，为了避免铣刀沿法向直接切入/切出零件时在零件轮廓处留下刀痕，应采用外延法。即切入时，刀具应沿外轮廓曲线延长线的切向切入；切出时刀具应沿零件轮廓延长线的切线方向逐渐切离工件，如图8-47所示。如果刀具径向切入，在转向轮廓加工时运动方向要改变，在工件表面有短暂的停留时间，此时切削力的大小和方向也将改变，因工艺系统的弹性变形，在工件表面会产生刀痕，如图8-48(a)所示。如改为图8-48(b)所示的切向方向切入和切出，则表面较径向切入时要光整。

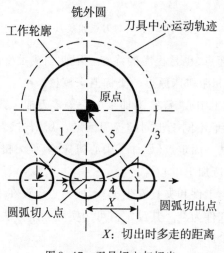

图8-47　刀具切入与切出

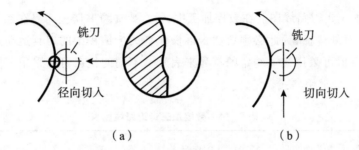

（a） （b）

图8-48 铣削外轮廓时刀具切入方向

4.数控加工工艺文件

数控加工工艺文件是数控加工工艺设计的内容之一。数控加工工艺文件既是数控加工、产品验收的依据,也是操作者要遵守、执行的规程,有的则是加工程序的具体说明,同时还为零件的重复生产积累和储备了必要的技术工艺资料。该文件主要包括数控加工工序卡、数控刀具调整单和零件数控加工程序单等。

（1）工序卡。由编程人员根据图纸和加工任务书编制数控加工工艺和作业内容,并反映使用的辅具、刃具和切削参数、切削液等,工序卡中应按已确定的工步顺序填写。数控加工工序卡与普通加工工序卡有许多相似之处,所不同的是:工序简图中应注明编程原点与对刀点,要进行简要编程说明(如:所用机床型号、程序号、刀具半径补偿、镜向对称加工方式等)及切削参数(即程序编入的主轴转速、进给速度、最大背吃刀量或宽度等)的选择,详见表8-10。不同的数控机床,其工序卡也有差别。

表8-10 数控加工工序卡片

单位	数控加工工序卡片	产品名称或代号		零件名称	零件图号
工序简图		车间		使用设备	
		工艺序号		程序号	
		夹具名称		夹具编号	

工步号	工步作业内容	加工面	刀具号	刀补量	主轴转速	进给速度	背吃刀量	备注

编制		审核		批准		年 月 日		共 页	第 页

（2）数控加工走刀路线图。在数控加工中,常常要注意并防止刀具在运动过程中与夹具或工件发生意外碰撞,为此必须设法告诉操作者关于编程中的刀具运动路线。为简化走刀路线图,一般可采用统一约定的符号来表示。不同的机床可以采用不同的图例与格式,表8-11为一种常用格式。

表8-11 数控加工走刀路线图

数控加工走刀路线图		零件图号	NC01	工序号		工步号		程序号	O100
机床型号	XK5032	程序段号	N10 ~ N170	加工内容		铣轮廓周边		共1页	第 页
								编程	
								校对	
								审批	
符号	⊙	⊗	◑	○—→	—→	←—↓	○------	→•—•→	⟹
含义	抬刀	下刀	编程原点	起刀点	走刀方向	走刀线相交	爬斜坡	铰孔	行切

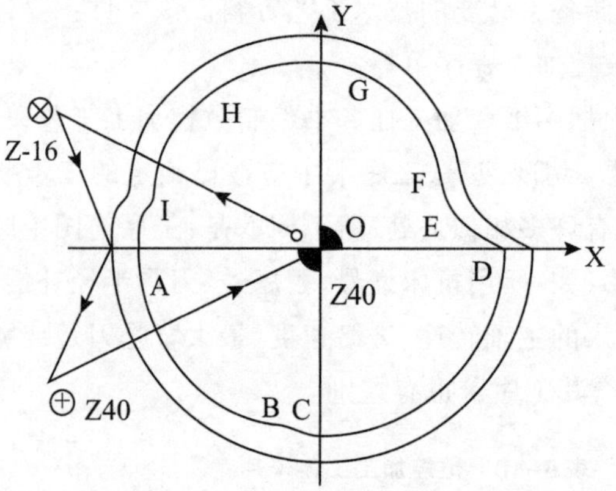

8.5 数控车床编程方法及编程实例

8.5.1 数控车床程序编制的基本知识

1.数控车床编程中的坐标系

（1）数控车床的坐标系。数控车床坐标系原点一般位于卡盘端面与主轴轴线的交点上(个别数控车床坐标系原点位于正的极限点上)。卧式数控车床的刀架结构有前置和后置两种形式,图8-49(a)为刀架前置的数控车床的坐标系,图8-49(b)为刀架后置的数控车床的坐标系。

（2）工件坐标系。工件坐标系的坐标轴方向必须与机床坐标系的坐标轴方向彼此平行,方向一致。数控车削零件的坐标系原点一般位于零件右端面或左端面与轴线的交点上。如图8-49所示。

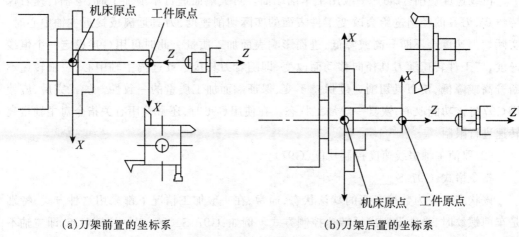

（a）刀架前置的坐标系　　　　　　　（b）刀架后置的坐标系

图8-49　数控车床坐标系与工件坐标系

（3）机床参考点。数控车床的参考点一般位于行程的正的极限点上,如图8-50所示。通常机床通过返回参考点的操作来找到机床原点。所以,开机后,加工前首先要进行返回参考点的操作。

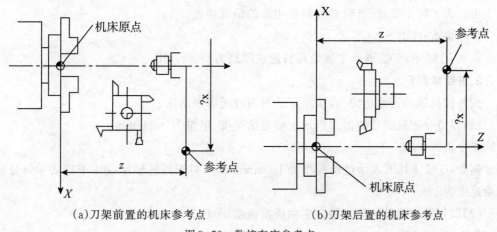

（a）刀架前置的机床参考点　　　　　　（b）刀架后置的机床参考点

图8-50　数控车床参考点

8.5.2　数控车床的常用编程指令

不同的数控系统,其编程指令有所不同,这里以FANUC系统为例介绍数控车床的基本编程指令。

1.主轴转速功能S

机床的主轴转速有恒转速（单位r/min）和恒线速度（单位m/min）两种运转方式。

（1）主轴恒线速度控制功能（G96）。主轴恒线速度控制功能表示控制主轴转速,使切削点的线速度始终保持恒定不变。

指令格式:G96 S___

例如 G96 S160,表示控制主轴转速,使切削点的线速度始终保持在 160m/min。

恒线速度切削(G96),一般用于车削端面。对大端面进行车削加工时、主轴转速若保持恒定,刀具的径向进给会改变工件表面的实际切削速度,刀具远离或接近主轴中心时,实际切削速度会不断升高或降低,进而影响表面加工质量。此时可用 G96 设定一个恒线速度,使工件转速随刀具径向移动而改变,即随着刀具接近或远离主轴中心,主轴转速不断升高或降低,使刀具切削速度保持不变,保证端面加工质量的一致性。加工完后,应使用 G97 将该功能取消,恢复一般加工状态。在使用 G96 时,还常常用有关指令对主轴最高转速进行限制。

(2)取消主轴恒线速度控制功能(G97)。

指令格式:G97 S___

该状态一般为数控车床的默认状态,通常,在一般加工情况下都采用这种方式,特别是车削螺纹时,必须设置成恒转速控制方式。例如:G97 S1000,表示注销 G96,即主轴不是恒线速度,其转速为 1000r/min。

应指出的是,当由 G96 转为 G97 时,应对 S 码赋值,否则将保留 G96 指令的最终值。当由 G97 转为 G96 时,若没有 S 指令,则按前一 G96 所赋 S 值进行恒转速控制。

(3)主轴最高转速限制功能(G50)。在使用恒线速度切削(G96)功能时,当工件直径越来越小时,主轴转速会越来越高,如果超过机床允许的最高转速时,工件有可能从卡盘中飞出。为了防止事故,有时必须限制主轴的最高转速。

指令格式:G50 S___

例如:G50 S1800,表示主轴最高转速被限制为 1800r/min。

2.进给功能 F___

按数控机床的进给功能,直接指定法有两种速度表示法。

(1)以每分钟进给量的形式指定主轴进给速度,单位为"mm/min"

指令格式:G98 F___

例如:G98 F100,表示进给速度为 100mm/min。对于回转轴如 G98 F12 表示每分钟进给速度为 12°。

(2)以每转进给量的形式指定主轴进给速度,单位为"mm/r"

指令格式:G99 F___

例如:G99 F0.5,表示进给速度为 0.5mm/r,常用于车螺纹、攻丝等。

注意:接入电源时,系统默认 G99 模式(每转进给量)。

3.坐标系设定指令

编程前首先要设定工件坐标系,数控车削编程时工件坐标系设定指令用 G50。

编程格式:G50 X___Z___ ;

式中,X、Z 是刀具刀位点在工件坐标系中的坐标值。

G50 使用方法与 G92 类似。在数控车床编程时,所有 X 坐标值均使用直径值,执行 G50 指令时,机床不动作,即 X、Z 轴均不移动,系统内部对 X、Z 的数值进行记忆,CRT 显示器上的坐标值发生了变化,这就相当于在系统内部建立了以工件原点为坐标原点的工件坐标系。

例如:如图8-51所示的坐标系可用G50指令设定为:G50 X85.0 Z90.0;

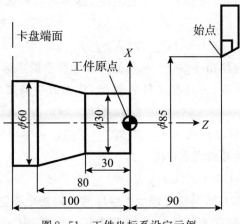

图8-51　工件坐标系设定示例

4.机床自动返回参考点指令

参考点是机床上某一特定的位置,一般位于机床移动部件(刀架、工作台等)沿其坐标轴正向移动的极限位置。该点在数控机床制造厂出厂时调好,一般不允许随意变动。

(1)返回参考点(G28)。使刀架从当前点快速到达中间点,然后从中间点快速到达参考点的移动,称为返回参考点,返回参考点结束后指示灯亮,如图8-52所示。

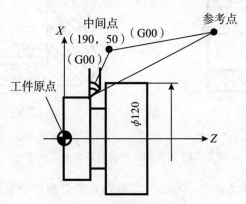

图8-52　返回数控车床参考点

编程格式:G28　X(U)__ Z(W)__;

说明:X(U),Z(W)是中间点的位置坐标值(绝对值或增量值)。

注意:使用G28指令时,须预先取消刀补量(T0000),否则会发生不正确的动作。

(2)从参考点返回(G29)。G29从参考点返回到目标点。即刀架从参考点快速到达G28指令的中间点,然后从中间点快速到达目标点。所以用G29指令之前,必须先用G28指令,否则G29不知道中间点位置,而发生错误。

编程格式:G29　X(U)__ Z(W)__;

说明:X(U),Z(W)是目标点的绝对坐标或相对于G28中间点的坐标增量。

5.刀尖圆弧自动补偿功能

(1)刀尖圆弧自动补偿的目的

①刀尖圆弧半径左补偿指令G41。从与插补平面垂直的坐标轴的正方向看向轮廓插补平面,沿刀具运动方向看,刀具在工件左侧时,称为刀尖圆弧半径左补偿,如图8-53所示。

编程格式:G41 G01(G00) X(U)__ Z(W)__ F__;

②刀尖圆弧半径右补偿指令G42。从与插补平面垂直的坐标轴的正方向看向轮廓插补平面,沿刀具运动方向看,刀具在工件右侧时,称为刀尖圆弧半径右补偿,如图8-53所示。

编程格式:G42 G01(G00) X(U)__ Z(W)__ F__;

③取消刀尖圆弧半径补偿指令G40

编程格式:G40 G01(G00) X(U)__ Z(W)__;

说明:(a)G41、G42和G40是模态指令。G41和G42指令不能同时使用,即前面的程序段中如果有G41,就不能接着使用G42,必须先用G40取消G41刀具半径补偿后,才能使用G42,否则补偿就不正常了。(b)不能在圆弧指令段建立或取消刀具半径补偿,只能在G00或G01指令段建立或取消。

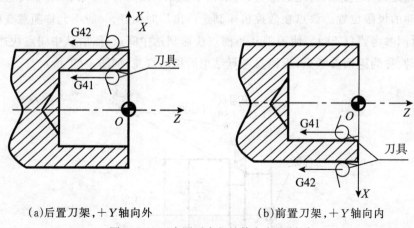

(a)后置刀架,+Y轴向外   (b)前置刀架,+Y轴向内

图8-53 刀尖圆弧半径补偿方向的判别

(2)刀具半径补偿量的设定。车刀刀具补偿功能由程序中指定的T代码来实现。T代码由字母T后面跟4位(或2位)数码组成,其中前两位为刀具号,后两位为刀具补偿号。刀具补偿号实际上是刀具补偿寄存器的地址号,该寄存器中存放有刀具的X轴偏置和Z轴偏置量(各把刀具长度、宽度不同),刀尖圆弧半径,及假想刀尖位置序号等刀具半径补偿量。

8.5.3 数控车床的固定循环功能

复合循环指令主要用于铸、锻件毛坯的粗车和棒料阶梯轴等必须重复多次加工才能完成的工件。复合循环有:外(内)圆粗车复合循环G71,端面粗车复合循环G72,封闭轮廓复合循环G73,精加工循环指令G70。

1.外(内)圆粗车复合循环指令G71

外(内)圆粗车复合循环指令G71的目的是通过沿Z轴方向的水平切削去除毛坯的加工余量,适用于圆柱毛坯粗车外圆和套筒类毛坯粗车内圆的加工。图8-54为用G71粗车外(内)圆的加工路径,A是粗车循环的起点,粗加工时刀具从A点后退△U/2、△W至C点,即自动留出精加工余量,刀具从C点出发沿图示路径开始切削。在程序中,给出A→A′→B之间的精加工路径及轴向精车余量△W、径向精车余量△U/2及背吃刀量△d,即可完成AA′BA区域内的留有精加工余量的粗车工序。e是退刀时的径向退刀量(由系统参数设定)。

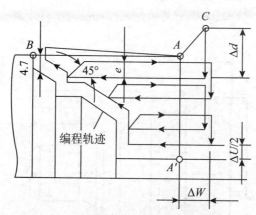

图8-54 外圆粗车循环G71指令加工路径

外(内)圆粗车循环指令G71的程序段格式为:

G71 U(△d) R(e);
G71 P(ns)Q(nf)U(△u)W(△w)F__S__T__;
N(ns)……
……
N(nf)……

式中:△d—背吃刀量,为半径值,无正负号;

ns—精加工路线中第一个程序段的程序号;

nf—精加工路线中最后一个程序段的程序号;

△u—X方向精加工余量,直径编程时为△u,半径编程为△u/2,加工内孔轮廓时,为负值;

△w—Z方向精加工余量。

使用复合循环指令G71、G72、G73编程时的说明:①G71、G72、G73程序段本身只进行粗加工,不进行精加工。②G71、G72、G73程序段不能省略除F、S、T以外的地址符。程序段中的F、S、T只在粗加工循环时有效,精加工时处于ns到nf程序段之间的F、S、T有效。③在调用G71、G72、G73循环指令之前,要应用刀尖半径补偿。在精加工循环程序段(ns到nf程序段)结束后,应取消刀尖半径补偿。④循环起点A点要选择在径向大于毛坯最大外圆(车外表面时)或小于最小孔径(车内表面时),同时轴向要离开工件的右端面的位置,以保证进刀和退刀安全。⑤精加工循环中的第一个程序段(即ns程序段)必须包含G00或G01指令,即从粗加工循环起点至精加工起始点($A \rightarrow A'$)的动作必须是直线或点定位运动。⑥精加工循环程序段的段名ns到nf需从小到大变化,而且不要有重复,否则系统会产生报警。精加工程序段的编程路线由$A \rightarrow A' \rightarrow B$用基本指令(G00、G01、G02和G03)沿工件轮廓编写。而且ns到nf程序段中不能含有子程序。⑦零件轮廓必须符合X轴、Z轴方向同时单调增大或单调减少;X轴、Z轴方向非单调时,ns到nf程序段中第一条指令必须在X、Z向同时有运动。

【例8-10】用外径粗加工复合循环,编制如图8-55所示零件的粗加工程序。要求循环起始点在$A(46,3)$,切削深度为1.5mm(半径量),退刀量为1mm,X方向精加工余量为0.4mm,Z方向精加工余量为0.1mm,其中点划线部分为工件毛坯。

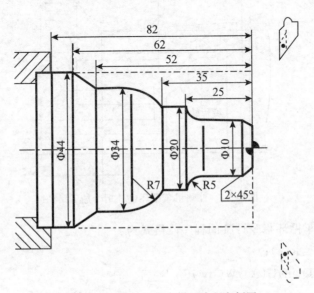

图8-55 G71外径复合循环编程实例图

```
O0030
N10 G00 X60 Z30;                      (快速运动到程序起点位置)
N20 M03 S400;                         (主轴以400r/min正转)
N30 G01 X46 Z3 F100;                  (刀具运动到循环起点位置)
N40 G71U1.5R1;                        (粗切量:1.5mm,退刀量为1mm)
N45 G71 P50 Q130 U0.4 W0.1F100;       (精切量:X0.4mm,Z0.1mm)
N50 G01 X2 Z2 F80;                    (精加工轮廓起始行,到倒角延长线)
N60 G01 X10 Z-2 F80;                  (精加工2×45°倒角)
N70 Z-20;                             (精加工φ10外圆)
N80 G02 X20 Z-25 R5;                  (精加工R5圆弧)
N90 G01 Z-35;                         (精加工φ20外圆)
N100 G03 X34 Z-42 R7;                 (精加工R7圆弧)
N110 G01 Z-52;                        (精加工φ34外圆)
N120 X44 Z-62;                        (精加工外圆锥)
```

N130 Z-82;　　　　　　　　　　（精加工ϕ44外圆,精加工轮廓结束行）

N140 X50;　　　　　　　　　　（退出已加工面）

N150 G00 X60 Z30;　　　　　　（回对刀点）

N160 M05;　　　　　　　　　　（主轴停）

N170 M30;　　　　　　　　　　（程序结束并复位）

2.端面粗车复合循环指令G72

G72是用于端面粗车的复合固定循环指令。该指令的含义与G71相同,不同之处是刀具平行于X轴方向切削,它是从外径方向往轴心方向切削端面的粗车循环,适于Z向余量小,X向余量大的圆柱棒料毛坯端面方向的粗车。图8-56为用G72端面粗车的加工路径,A点为循环起始点,刀尖从C点出发。

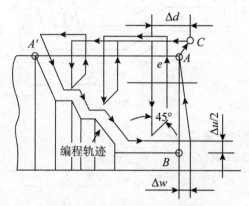

图8-56　粗车端面循环G72指令加工路径

G72指令编程格式为:

G72　U(Δd)　R(e);

G72　P(ns)　Q(nf)　U(Δu)　W(Δw)　F(f)　S(s)　T(t) ;

N(ns)……

……

N(nf)……

式中:Δd—背吃刀量;

　　　e—退刀量;

　　　ns—精加工轮廓程序段中开始程序段的段号;

　　　nf—精加工轮廓程序段中结束程序段的段号;

　　　Δu—X轴向精加工余量;

　　　Δw—Z轴向精加工余量;

　　　f、s、t—F、S、T代码。

3.封闭轮廓复合循环指令G73

封闭轮廓复合循环指令G73指令的特点是刀具轨迹平行于工件的轮廓,所以适用于粗车毛坯轮廓形状与零件轮廓形状基本接近的零件,对零件轮廓的单调性则没有要求,例如,一些锻件、铸件的粗车或已粗车成型的工件。采用G73指令进行粗加工将大大节省工时,提高切削效率。其功能与G71、G72基本相同,所不同的是刀具路径按工件精加工轮廓进行循环,其走刀路线如图8-57所示。

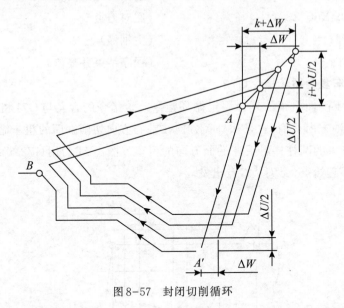

图8-57 封闭切削循环

轮廓切削循环的程序段格式为:

G73　U(Δi)　W(Δk)　R(Δd);

G73　P(ns)　Q(nf)　U(Δu)　W(Δw)　F__S__T__;

N(ns)……

……

N(nf)……

式中:Δi—X轴向总退刀量(半径值);

　　　Δk—Z轴向总退刀量;

　　　Δd—重复加工次数;

　　　ns—精加工轮廓程序段中开始程序段的段号;

　　　nf—精加工轮廓程序段中结束程序段的段号;

　　　Δu—X轴向精加工余量;

　　　Δw—Z轴向精加工余量;

　　　f、s、t—F、S、T代码。

使用G73复合循环指令,首先要确定换刀点、循环点A、切削始点A'和切削终点B的坐标位置。$A' \rightarrow B$是工件的轮廓线,$A \rightarrow A' \rightarrow B$为刀具的精加工路线,粗加工时刀具从$A$点后退至$C$点,后退距离分别为$\Delta i + \Delta u/2$,$\Delta k + \Delta w$,这样粗加工循环之后自动留出精加工余量$\Delta u/2$、$\Delta w$。

背吃刀量分别通过X轴方向总退刀量Δi和Z轴方向总退刀量Δk除以循环次数d求得。总退刀量Δi与Δk值的设定与工件的总加工余量有关。

4. 精加工循环指令G70

由G71、G72、G73完成粗加工后,可以用G70进行精加工。精加工时,G71、G72、G73

程序段中的 F、S、T 指令无效,只有在 ns—nf 程序段中的 F、S、T 才有效。

编程格式:G70 P(ns) Q(nf)

式中:ns—精加工轮廓程序段中开始程序段的段号;

nf—精加工轮廓程序段中结束程序段的段号。

在 G71、G72、G73 程序应用例中的 nf 程序段后再加上"G70 Pns Qnf"程序段,并在 ns—nf 程序段中加上精加工适用的 F、S、T,就可以完成从粗加工到精加工的全过程。

注意:

①G70 指令与 G71、G72、G73 配合使用时,不一定紧跟在粗加工程序之后立即进行。通常可以更换刀具,用另一把精加工的刀具来执行 G70 的程序段。但中间不能用 M02 或 M30 指令来结束程序。

②在使用 G71、G72、G73 进行粗加工循环时,只有在 G71、G72、G73 程序段中的 F、S、T 功能才有效。而包含在 N(ns) ~ N(nf) 程序段中的 F、S、T 功能无效。使用精加工循环指令 G70 时,在 G71、G72、G73 程序段中的 F、S、T 指令都无效,只有在 N(ns) ~ N(nf) 程序段中的 F、S、T 功能才有效。

8.5.4 数控车床的螺纹加工功能

1.螺纹加工时的几个问题

在用螺纹车削指令编程前,需对螺纹相关尺寸进行计算,以确保车削螺纹程序段的有关参考量。

(1)普通螺纹实际牙型高度。车削螺纹时,车刀总的背吃刀量是牙型高度,即螺纹牙型上牙顶到牙底之间垂直于螺纹轴线的距离。普通螺纹实际牙型高度按下式计算:

$$h = 0.6495P \tag{8-25}$$

式中:P-螺纹螺距。

近似取:

$$h = 0.65P \tag{8-26}$$

(2)螺纹大径和小径的计算。螺纹大径按下式计算:

$$d = D - 0.13P \tag{8-27}$$

式中:D-螺纹的公称直径。

螺纹小径按下式计算:

$$d_1 = d - 2 \times 0.65P \tag{8-28}$$

(3)螺纹切削进给次数与背吃刀量的确定。如果螺纹牙型较深,螺距较大,可分次进给,每次进给的背吃刀量为螺纹深度减去精加工背吃刀量所得的差按递减规律分配。常用螺纹加工的进给次数与背吃刀量见表 8-12。

表 8-12 常用螺纹加工的进给次数与背吃刀量

公制螺纹							
螺距	1.0	1.5	2.0	8.7	3.0	3.5	4.0
牙深	0.65	0.975	1.3	1.625	1.95	8.475	2.6

续表

公制螺纹								
切深		1.3	1.95	2.6	3.25	3.9	4.55	5.2
走刀次数及每次进给量	第1次	0.7	0.8	0.9	1.0	1.2	1.5	1.5
	第2次	0.4	0.5	0.6	0.7	0.7	0.7	0.8
	第3次	0.2	0.5	0.6	0.6	0.6	0.6	0.6
	第4次		0.15	0.4	0.4	0.4	0.6	0.6
	第5次			0.1	0.4	0.4	0.4	0.4
	第6次				0.15	0.4	0.4	0.4
	第7次					0.2	0.2	0.4
	第8次						0.15	0.3
	第9次							0.2

(4)螺纹起点与螺纹终点轴向尺寸的确定。如图8-58所示,由于车削螺纹起始需要一个加速过程,结束前有一个减速过程,为了避免在加速和减速过程中切削螺纹而影响螺距的精度,因此车螺纹时,两端必须设置足够的升速进刀段δ_1和减速退刀段δ_2。在实际生产中,一般δ_1值取2~5mm,大螺纹和高精度的螺纹取大值;δ_2值不得大于退刀槽宽度的一半左右,取1~3mm。若螺纹收尾处没有退刀槽时,一般按45°退刀收尾。

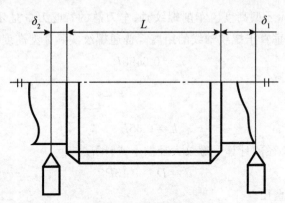

图8-58 螺纹的进刀和退刀

2.螺纹切削循环指令G92

G92为螺纹固定循环指令,可以切削圆柱螺纹和圆锥螺纹,如图8-59所示,刀具从循环起点,进行自动循环,最后又回到循环起点。其过程是:切入→切螺纹→让刀→返回起始点。

螺纹切削循环编程格式为:

G92 X(U)＿ Z(W)＿ I＿F＿;

式中:X、Z—为螺纹切削终点坐标值;

U、W—为螺纹切削终点相对循环起点的坐标增量;

I—为锥螺纹切削始点与切削终点的半径差,I为0时,即为圆柱螺纹;

F—为螺纹导程,G92是模态指令。

加工多头螺纹时的编程,应在加工完一个头后,用G00或G01指令将车刀轴向移动一个螺距,然后再按要求编写车削下一条螺纹的加工程序。

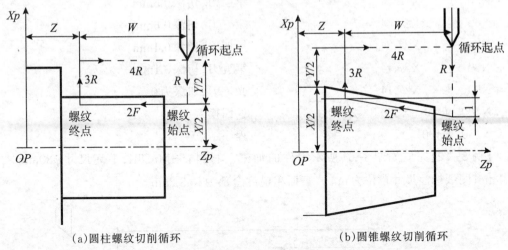

(a)圆柱螺纹切削循环   (b)圆锥螺纹切削循环

图8-59 螺纹切削固定循环G92

【例8-11】要加工如图8-60所示的M30′2普通螺纹,可使用G92指令编写下列加工程序段:

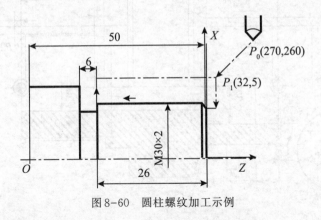

图8-60 圆柱螺纹加工示例

(1)螺纹加工尺寸计算

螺纹的实际牙型高度:$h = 0.65 \times 2 = 1.3$mm

螺纹实际大径:$d = D - 0.13P = (30 - 0.13 \times 2) = 29.74$mm

螺纹实际小径:$d_1 = d - 1.3P = (29.74 - 1.3 \times 2) = 27.14$mm

升速进刀段和减速退刀段分别取:$\delta_1 = 5$mm,$\delta_2 = 2$mm。

(2)确定背吃刀量

查表8-12得双边切深为2.6mm,分五次走刀切削,分别为0.9mm、0.6mm、0.6mm、0.4mm和0.1mm。

(3)加工程序

N5   G50 X270 Z260;   建立工件坐标系

N10 G40 G97 G99 S400 M03;   主轴正转

N20	T0404;	选4号螺纹刀
N30	G00 X32.0 Z5.0;	螺纹加工起点
N40	G92 X28.84 Z-28.0 F2.0;	螺纹车削循环第一刀,切深0.9mm,螺距2mm
N50	X28.34;	第二刀,切深0.6mm
N60	X27.64;	第三刀,切深0.6mm
N70	X27.24;	第四刀,切深0.4mm
N80	X27.14;	第五刀,切深0.1mm
N90	X27.14;	光一刀,切深为0
N100	G00 X270.0 Z260.0;	返回换刀点
N110	M30;	程序结束

【例8-12】完成如图8-61所示零件的加工。材料:9SMn28K,毛坯尺寸$\phi80mm\times$110mm(图纸标注尺寸单位为mm),表面粗糙度全部为Ra3.2μm。

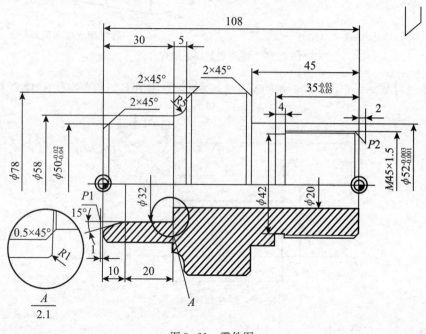

图8-61　零件图

1.图纸分析

该零件的加工内容包括端面、内外圆、倒角、圆锥面、圆弧面、外螺纹、槽等,其中$\phi50$、$\phi52$和轴向35的尺寸精度较高。

2.工艺处理

(1)工件坐标系的确定:从图纸上的尺寸标注分析,该零件左右两端为多个尺寸的设计基准,应先加工左右两端面,并分别以两端面为Z向工件原点,即该零件加工需掉头,设置2个工件坐标系,2个工件原点均定于零件装夹后的右端面(精加工面)。

(2)公差处理:尺寸公差不对称取中值。

$\phi50_{-0.04}^{-0.02}=\phi49.97\pm0.01,\phi52_{-0.001}^{+0.003}=\phi52.001\pm0.002,35_{-0.05}^{-0.03}=34.96\pm0.01$

（3）换刀点的确定：P_0（200.0，300.0）。

（4）工步和走刀路线的确定。

按加工过程确定走刀路线如下：

①用三爪定心卡盘装夹 $\phi80$ 表面，工件悬伸50mm；

粗加工零件左侧外轮廓：$2\times45°$倒角→$\phi50$外圆→$\phi58$外圆轴肩→R5圆弧→$\phi78$轴肩→$2\times45°$倒角；

精加工上述轮廓；

粗加工零件左侧内轮廓：钻$\phi18$通孔。粗加工$\phi32$内孔和15°锥孔，精加工$\phi32$内孔15°和锥孔。

②掉头用精车过的$\phi50$外圆定位、$\phi58$圆轴肩面轴向定位；

粗加工零件右侧外轮廓：$2\times45°$倒角→螺纹外圆→$\phi52$轴肩→$\phi52$外圆→$\phi78$轴肩→$2\times45°$倒角→$\phi78$外圆；

精加工上述轮廓；

粗加工零件右侧内轮廓及外螺纹：粗加工$\varphi20$内轮廓→切槽→螺纹加工。

（5）刀具的选择和切削用量的确定。根据加工内容确定所用刀具，如表8-13所示。

表8-13　切削用量选择

切削用量 加工表面	主轴转速 S(m/min)	进给速度 F(mm/r)	背吃刀量 a_p(mm)
外轮廓粗车	200	0.3	8.7
外轮廓精车	300	0.1	0.5
钻孔	180	0.05	9
内轮廓粗加工	180	0.2	1.5
内轮廓精加工	180	0.1	0.1
切槽	120	0.05	
螺纹	120	1.5	

T010l—外轮廓粗车：刀尖圆弧半径0.8mm；

T0202—外轮廓精车：刀尖圆弧半径0.8mm；

T0606—钻孔：直径18mm；

T0707—内轮廓粗加工：刀尖圆弧半径0.8mm；

T0808—内轮廓精加工：刀尖圆弧半径0.8mm；

T0404—切槽：切速120m/min，刀宽4mm；

T0505—加工螺纹：刀尖角60°。

3.数值计算

（1）螺纹加工尺寸计算

螺纹实际牙型高度 $h_1=0.65P=0.65\times1.5=0.975$mm；

螺纹实际大径 $d=D-0.13P=(45-0.13\times1.5)=44.8$mm；

螺纹实际小径 $d_1 = d - 1.3P = (44.8 - 1.3 \times 1.5) = 42.85$mm；

升降进刀段取 $\delta_1 = 5$mm；$\delta_2 = 2$mm；

确定螺纹背吃刀量，查表得双边切深为1.95mm，分四次走刀切削，分别为0.8mm、0.5mm、0.5mm、和0.15mm。

（2）起刀点坐标计算

加工左侧锥孔时，起刀点 $P_1(x_1, z_1)$；

取 $z_1 = 1$，则 $x_2 = 32 + 2 \times (10 + 1)\tan 15° = 37.894$；

加工零件右侧倒角时，起刀点 $P_2(x_2, z_2)$；

取 $z_2 = 2$，则 $x_2 = d - 2 \times (2 + 2) = 44.8 - 8 = 36.8$；

起刀点坐标计算：$P_1(37.894, 1.0)$，$P_2(36.8, 2.0)$。

4. 编制加工程序

设经对刀后刀尖点位于(200.0, 300.0)，加工前各把刀具已完成对刀。

（1）装夹 $\phi80$ 外圆，工件悬伸50mm，手动车端面，完成以下加工内容：

① 粗精加工零件左侧外轮廓：$2 \times 45°$ 倒角 → 车 $\phi50$ 外圆 → $\phi58$ 外圆轴肩 → R5 圆弧 → $\phi78$ 轴肩 → $2 \times 45°$ 倒角。

② 加工零件左侧内轮廓：钻 $\phi18$ 通孔、粗精镗 $\phi32$ 内孔和 15° 锥孔。

```
O1001
N10 G50 X200.0 Z300.0 T0101;        设定工件坐标系、换1号刀
N20 G40 G96 S200 M03;               取消刀补、设定恒线速度方式、启动主轴
N30 G00 X82.0 Z1.0 M08;             建立刀补、快进至粗车循环起点、切削液开
N40 G71 U 8.7 R0.5;                 零件左侧外轮廓粗加工循环
N50 G71 P60 Q120 U0.4 W0.2 F0.3;
N60 G00 G42 X43.97;                 快进至精加工起刀点
N70 G01 49.97 Z-2 F0.1;             倒角
N80 Z-30.0;                         车外圆
N90 X58.0;                          车轴肩
N100 G02 X68.0 Z-35.0 R5.0;         车圆弧面
N110 G01 X74.0;                     车轴肩
N120 X80.0 Z-38.0;                  倒角
N130 M05 M09;                       主轴停、关切削液
N140 G00 G40 X200.0 Z300.0 T0202;   返回换刀点、取消刀补、换2号刀
N150 S300 M03 M08;
N160 G70 P60 Q120;                  外圆精车循环
N170 M05 M09;                       主轴停、关切削液
N180 G00 G40 X200.0 Z300.0 T0606;   返回换刀点、取消刀补、换6号刀
N190 G96 S180 M03 M08;
N200 X0.0   Z1.0;                   快进至工件中心端面
```

N210　G74　　R 1.0 ；

N220　G74　Z-112.0　Q20.0　F0.05；　　钻孔

N220　G00　Z1.0；　　　　　　　　　　　退刀

N230　G00　G40　X200.0　Z300.3；

N240　S180　M03　T0707；　　　　　　　换7号刀

N250　X17.0　Z1.0；　　　　　　　　　　快进至内孔粗镗循环起点

N260　G71　U-1.5，R0.1；　　　　　　　粗镗15°锥孔和ϕ32内孔

N270　G71　P280　Q330　U0.2　W0.1　F0.2；

N280　G00　G41　X37.894；　　　　　　快进至锥孔精镗起刀点

N290　G01　X32.0　Z-10.0　F0.1；　　镗锥孔

N300　Z -29.0；　　　　　　　　　　　镗ϕ32孔

N310　G03　X30.0　Z-30.0　R1.0；　　加工R1.0圆弧

N320　G01　X21.0；　　　　　　　　　加工ϕ32孔底面

N330　X18.0　Z-31.0；　　　　　　　倒角

N340　G00　G40　X200.0　Z300.0；

N350　S180　T0808；

N360　G70　P280　Q340；　　　　　　精加工15°锥孔和ϕ32内孔

N370　G00　G40　　X200.0　Z300.0；

N380　M30；

(2)掉头用精车过的ϕ50外圆定位、ϕ58圆台阶面轴向定位，加工以下内容：

①粗精加工零件右侧外轮廓：2×45°倒角→螺纹外圆→ϕ52端面→ϕ52外圆→ϕ78端面→2×45°倒角→ϕ78外圆；

②加工零件右侧内轮廓：粗精镗ϕ20内孔；

③切槽→螺纹加工。

O1002；

N10　G50　X200.0　Z300.0；

N20　G00　G96　S200　M03　T0101；

N30　X82.0　Z2.0　M08；　　　　　　快进至外圆粗车循环起点，打开切削液

N40　G71　U 8.7　　R1.0；　　　　　零件右侧外轮廓粗加工循环

N50　G71　P60　Q130　U0.4　W0.2　F0.3；

N60　G00　G42　X36.8；　　　　　　快进至精车外圆起刀点(36.8，2.0)

N70　G01　X44.8　Z2.0　F0.1；　　倒角

N80　Z-34.96；　　　　　　　　　　加工螺纹外圆

N90　X52；　　　　　　　　　　　　加工ϕ52轴肩

N100　Z-45.0；

N110　X74.0；

N120　X78.0　Z-47.0；　　　　　　2×45°倒角

N130 Z-73.0;　　　　　　　　　　加工ϕ78外圆

N140 G00 G40 X200.0 Z300.0;

N150 S300 M03 T0202;

N160 G70 P60 Q60130;　　　　　　精加工零件右侧外轮廓

N170 G00 G40 X200.0 Z300.0 M09 M05;

N180 S180 M03T0707;

N190 X17.0 Z2.0 M08;

N200 G71 U-1.5,R0.1;

N210 G71 P220 Q230 U0.2 W0.1 F0.2;粗镗ϕ20内轮廓

N220 G00 G41 X20.0;

N230 G01 Z-78.0 F0.1;

N240 G00 G40 X200.0 Z300.0 ;

N250 S180　M03 T0808 ;

N260 G70 P220 Q230 F0.1;　　　　精镗ϕ20内轮廓

N270 G00 G40 X200.0 Z300.0 ;

N280 S140 M03 T0404;

N290 X55.0 Z34.96 M08;

N300 G01 X42.0 F0.05;　　　　　　切槽

N310 G04 X5;　　　　　　　　　　暂停进给

N320 X55.0;

N330 G00 X200.0 Z300.0;

N340 S120 M03 T0505;

N350 X46.0 Z2.0 M08;

N360 G92 X44.0 Z-33.0 F1.5;　　　螺纹加工

N370 X43.5;

N380 X43.0;

N390 X42.85;

N400 G00 G40 X200.0 Z300.0;

N410 M30;　.

复习思考题

8-1　何谓插补？常用的插补方法有哪些？

8-2　试述逐点比较法的四个节拍。

8-3　若加工第一象限直线 $\overline{OE}$，起点为坐标原点 $O(0,0)$，终点为 $E(7,5)$。

(1)试用逐点比较法进行插补计算，并画出插补轨迹；

(2)设累加器为3位，试用DDA法进行插补计算，并画出插补轨迹。

8-4　设加工第二象限直线 $\overline{OA}$，起点为坐标原点 $O(0,0)$，终点为 $A(-6,4)$，试用逐点比较法对其进行插补，并画出插补轨迹。

8-5　用逐点比较法插补第二象限的逆圆弧 PQ,起点为 $P(0,7)$,终点为 $Q(-7,0)$,圆心在原点 $O(0,0)$,写出插补计算过程并画出插补轨迹。

8-6　试述数字积分法的工作原理。

8-7　用 DDA 法插补第一象限顺圆弧 AB,起点为 $A(0,5)$,终点为 $B(5,0)$,圆心在原点 $O(0,0)$,写出插补计算过程并画出插补轨迹。

8-8　用 DDA 法插补圆弧 PQ,起点为 $P(7,0)$,终点为 $Q(0,7)$,圆心在原点 $O(0,0)$,设寄存器位数为 3 位,采用二进制计算,若 X、Y 向的余数寄存器插补前均清零,试写出插补过程并画出插补轨迹。

8-9　何谓数控机床坐标系和工件坐标系? 其主要区别是什么?

8-10　数控车床与数控铣床的机床原点和参考点之间的关系各如何?

8-11　什么叫准备功能指令和辅助功能指令? 它们的作用如何?

8-12　对刀点、换刀点指的是什么? 一般应如何设置? 常用刀具的刀位点怎么规定?

8-13　G90　X20.0　Y15.0 与 G91　X20.0　Y15.0 有什么区别?

8-14　被加工零件如题图 8-1 所示,本工序为精加工,铣刀直径为 16mm,进给速度 100mm/min,主轴转速为 400r/min,不考虑 Z 轴运动,编程单位为 mm,试编制该零件的加工程序。要求:

(1)从 A 点开始进入切削,刀具绕零件顺时针方向加工,加工完成后刀具回到起刀点;

(2)采用绝对坐标编程,指出零件上各段所对应的程序段号;

(3)程序中有相应的 M 指令、S 指令和刀补指令。

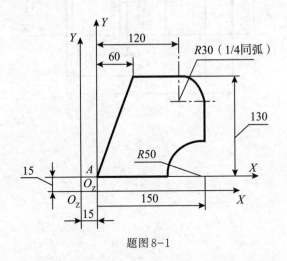

题图 8-1

8-15　题图 8-2 所示零件的粗加工已完成,对其进行精加工时,工件坐标系设在工件右端,换刀点(程序起点)位置为 X100(直径值)、Z100。试编制该零件的加工程序。

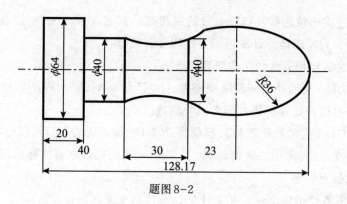

题图 8-2

8-16 简述 G92 与 G54～G59 指令的区别。

8-17 用数控车床加工如题图 8-3 所示零件,毛坯为 $\phi65\times95mm$ 的棒料,从右到左,轴向进给切削,粗加工每次进给深度为 2.0mm,进给量为 0.25mm/r,精加工余量 X 向 0.4mm,Z 向 0.1mm,切断刀宽度 4mm,按照下列要求完成本题。

(1)分析图形,选择刀具与切削参数,并制定加工工艺。

(2)确定工件坐标系。

(3)编制程序。

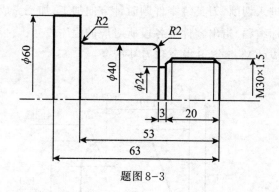

题图 8-3

参考文献

[1]邓朝晖.智能制造技术基础[M].2版.武汉:华中科技大学出版社,2021

[2]丁江民.机械制造技术基础习题集[M].北京:机械工业出版社,2020

[3]范孝良.机械制造技术基础[M].北京:中国电力出版社,2015

[4]范君艳,樊江玲.智能制造技术概论[M].武汉:华中科技大学出版社,2019

[5]范孝良.数控机床原理与应用[M].北京:中国电力出版社,2013

[6]葛英飞.智能制造技术基础[M].北京:机械工业出版社,2019

[7]李凯岭.机械制造技术基础[M].北京:机械工业出版社,2017

[8]卢秉恒.机械制造技术基础[M].4版.北京:机械工业出版社,2018

[9]刘英.机械制造技术基础[M].3版.北京:机械工业出版社,2018

[10]王红军,韩秋实.机械制造技术基础[M].4版.北京:机械工业出版社,2021

[11]汪木兰.数控原理与系统[M].北京:机械工业出版社,2014

[12]熊良山.机械制造技术基础[M].4版.武汉:华中科技大学出版社,2020

[13]于骏一,邹青.机械制造技术基础[M].2版.北京:机械工业出版社,2017

[14]张根保.现代质量控制[M].4版.北京:机械工业出版社,2020